Steuerwerke

W. Grass

Steuerwerke

Entwurf von Schaltwerken mit Festwertspeichern

Springer-Verlag
Berlin Heidelberg New York 1978

Dr.-Ing. WERNER GRASS

Institut für Nachrichtenverarbeitung der Universität Karlsruhe

Wissenschaftliche Redaktion:
Prof. Dr.-Ing. W. RUPPRECHT, Universität Kaiserslautern

Mit 64 Abbildungen

ISBN-13:978-3-540-08171-5   e-ISBN-13:978-3-642-81116-6
DOI: 10.1007/978-3-642-81116-6

Library of Congress Cataloging in Publication Data. Grass, Werner, 1943—Steuerwerke. 1. Random access storage. 2. Digital integrated circuits. 3. Switching circuits. I. Title. TK7895.M4G68   621.3819'58'33   77-26621

2061/3020-543210

Meiner Frau Verena gewidmet

Geleitwort

Seit einigen Jahren kann man die erfreuliche Entwicklung beobachten,
daß auf dem Gebiet des Schaltwerksentwurfs das methodische Vorgehen
zunehmend die mehr oder weniger geniale Bastelei verdrängt. Zum einen
ist das Wissen um die Existenz derartiger Methoden durch entsprechende
Veröffentlichungen weit verbreitet worden, zum anderen hat der tech-
nologische Fortschritt auf dem Gebiet der Großintegration mächtige
Halbleiterbausteine hervorgebracht, die einer systematischen System-
strukturierung sehr förderlich sind. Hier ist insbesondere von Bedeutung, daß sich die Kapazitäten von Festwertspeichern mit wahlfreiem
Zugriff in wenigen Jahren um beträchtliche Faktoren erhöht haben, so
daß heute Schaltwerksstrukturen optimal sein können, die früher aus
Aufwandsgründen indiskutabel waren.

Der Autor arbeitet seit 1967 in einer Umgebung, wo sowohl die Schalt-
werkstheorie als auch die Systematisierung des praktischen Schaltwerksentwurfs intensiv betrieben werden, und der ich selbst früher angehör-
te. Im Jahre 1975 wurde dort mit Beteiligung des Autors eine Projektgruppe "Entwurfsautomatisierung" eingerichtet. Die Rechnerunterstützung
des Entwurfsprozesses, d.h. die Abwicklung von Strukturierungs- und
Optimierungsalgorithmen auf dem Rechner, steht dabei im Zentrum der
Arbeit dieser Gruppe, und solche Algorithmen stehen auch im Zentrum
des Buches. Die neuesten Ergebnisse, die in diesem Buch dargestellt
sind, wurden in der Projektgruppe auf ihre Einsatzfähigkeit in der Ent-
wurfspraxis überprüft.

Als ich in meinem Buch über komplexe Schaltwerke auf der Grundlage des
Steuerkreismodells verschiedene Mikroprogrammwerksstrukturen darstell-
te, war ich mir wohl bewußt, daß dabei die meisten Probleme der Optimierung dieser Strukturen offen bleiben mußten. Diese Probleme werden

nun in dem vorliegenden Buch von Grass konsequent behandelt. Die Tatsache, daß der Autor hier die einzelnen Verfahren an einem Beispiel aus meinem Buch veranschaulicht, ist mir natürlich eine besondere Freude.

Es ist zu erwarten, daß das vorliegende Buch einen wesentlichen Beitrag dazu liefern wird, die Zahl der von den Vorteilen des methodischen Entwurfs überzeugten Entwickler weiter zu erhöhen. Ich möchte dem Autor diesen Erfolg wünschen.

Kaiserslautern, im Dezember 1977   S. Wendt

Vorwort

Steuerwerke mit Festwertspeichern, hier "RAM-Schaltwerke" genannt, sind
eine Klasse digitaler Steuerwerke, die wegen des technologischen Fort-
schritts auf dem Gebiet der Halbleiterspeicher neuerdings eine große
praktische Bedeutung besitzen. Sie bilden eine beachtenswerte Alternative zu Mikrorechnersteuerungen.

Seit 1975 beschäftigt sich unsere Arbeitsgruppe 'Entwurfsautomatisierung' mit dem Entwurf und der Realisierung von RAM-Schaltwerken. Die
Ergebnisse haben sich in mehreren Aufsätzen, Vorträgen, Entwicklungs-
aufträgen und insbesondere Vorlesungen an der Universität Karlsruhe
niedergeschlagen.

Die vorliegende Darstellung ist unseres Wissens die erste zusammenfas-
sende Buchveröffentlichung zum Thema. Sie beruht zum größten Teil auf
einem fünftägigen Seminar für Entwicklungsingenieure, bei dem der Ver-
fasser auf Einladung der Standard Elektrik Lorenz AG den Stoff im Zusammenhang vorgetragen hat. Den Teilnehmern der beiden inzwischen abge-
haltenen Seminare verdanke ich vielfältige Anregungen, die der Darstellung zugutegekommen sind.

Die Zielsetzung dieses Buches ist eine doppelte. Zunächst sollen RAM-
Schaltwerke als eine spezielle Realisierungsform von Digitalschaltungen
vorgestellt und gegenüber anderen Formen, insbesondere Mikrorechnersteuerungen, abgegrenzt werden. RAM-Schaltwerke sind nämlich vor allem
bei jenen Entwicklern noch sehr wenig bekannt, welche sich erst seit
kurzem mit der Entwicklung elektronischer Digitalschaltungen befassen.
Dies hat seinen Grund darin, daß die Zahl der Veröffentlichungen über
RAM-Schaltwerke vergleichsweise gering ist. Zudem ist die Namensgebung
für diese Schaltwerke noch nicht einheitlich, wodurch das Auffinden der
vorhandenen Literatur zusätzlich erschwert ist.

Das Hauptziel ist jedoch eine systematische Entwurfslehre für optimierte RAM-Schaltwerke. Dazu werden die bekanntgewordenen Schaltwerksstrukturen klassifiziert und es werden Algorithmen abgeleitet und diskutiert, die wichtige Schritte des Entwurfsprozesses systematisieren und optimieren.

Dementsprechend werden folgende Themen behandelt:
1. Die verschiedenen Grundstrukturen von RAM-Schaltwerken
2. Grundlegende Optimierungsmethoden für den allgemeinen Schaltwerksentwurf
3. Optimierende Entwurfsalgorithmen speziell für RAM-Schaltwerke.

Zum ersten Themenbereich (Kapitel 1 bis 4) gehören u.a. die Vorstellung der Grundbausteine und Hardware-Grundstrukturen der RAM-Schaltwerke. Letztere unterscheiden sich im Bausteinbedarf und in der Anzahl der Taktperioden, die zwischen dem Anlegen einer Eingabe und der Verfügbarkeit der hierzu gehörenden Ausgabe vergehen.

Dann werden im Kapitel 5 die zwei von der klassischen Schaltwerksoptimierung her bekannten Verfahren behandelt: Das Aufsuchen der maximalen Verträglichkeitsklassen und das Auffinden einer nach bestimmten Kriterien hinreichenden Menge mit minimaler Anzahl dieser Verträglichkeitsklassen (nichtredundante Überdeckungen). Es zeigt sich, daß die Mehrzahl der auftretenden Optimierungsaufgaben mit diesen beiden klassischen Verfahren gelöst werden kann.

Die eigentlichen Entwurfsverfahren werden in den Kapiteln 6 bis 13 dargestellt. Dabei verstehen wir unter der Systematik des Entwurfs alle Maßnahmen, die sicherstellen, daß die geplante Schaltung die vorgesehene Funktion vollständig und sicher erfüllt, während unter dem Begriff Optimierung alle Maßnahmen verstanden werden, die den Bausteinaufwand und/oder den Zeitbedarf minimieren. Das Arbeiten mit diesen Algorithmen setzt allerdings einige Kenntnisse über den systematischen Entwurf von klassischen Digitalschaltungen mit Gattern und Flipflops voraus. Lesern, die darin nicht bewandert sind, wird das Buch von Wendt [1] zur Vorbereitung empfohlen. Das praktische Beispiel, an dem alle Entwurfsverfahren verdeutlicht werden, ist ebenfalls dieser Quelle entnommen.

Die Kapitel 4 bis 12 sind vierteilig aufgebaut: Auf eine Einführung in die Problemstellung folgt jeweils eine kurze Skizzierung des Lösungsweges und dann dessen exakte Beschreibung als Algorithmus. Den Abschluß bildet jeweils ein ausführlich dargestelltes Beispiel. Für einen ersten Überblick kann es daher genügen, nur die Problemstellung sowie den Lösungsgedanken zu studieren.

Das Buch wendet sich an alle, die sich mit dem Entwurf von Digitalschaltungen befassen: Zunächst also an die Praktiker, die nach einer Darstellung des systematischen Entwurfs von RAM-Schaltwerken suchen; zum anderen an Studenten der Elektrotechnik und Informatik, die ihr Studium auf dem Gebiet des Steuerwerksentwurfs vertiefen wollen.

Ich möchte nicht versäumen, auch an dieser Stelle für vielfältige Anregungen zum Inhalt dieses Buches zu danken. So hätte dieses Buch in der vorliegenden Form ohne die Förderung durch Herrn Prof. Dr. H.M. Lipp, seinen Rat und seine Verbesserungsvorschläge nicht entstehen können. Herr Prof. Dr. W. Rupprecht gab mir wertvolle Hinweise zur Gestaltung des Buches. Aber auch die Diskussionen mit den Mitarbeitern des Instituts für Nachrichtenverarbeitung haben die Arbeiten stark beeinflußt. Namentlich möchte ich die Herren Dr.-Ing. J. Beister und Dr.-Ing. K.D. Müller nennen. Der Firma Standard Elektrik Lorenz danke ich für die Gelegenheit, die Thematik innerhalb ihres Hochschulkollegs mit Praktikern diskutieren zu können. Mein Dank gilt auch dem Bundesministerium für Forschung und Technologie, das über den Projektträger Gesellschaft für Kernforschung, Karlsruhe die Umsetzung der Algorithmen in ein industriell nutzbares Programmsystem fördert.

Nicht zuletzt danke ich auch Frau G. Ottmar und Frau G. Seegebarth für die sorgfältig ausgeführte und mühevolle Übertragung der Bilder und des Textes vom Manuskript in die Reinschrift.

Karlsruhe, im Dezember 1977   Werner Grass

Inhaltsverzeichnis

1. Einführung 1

   1.1 Vorgehen beim Entwurf komplexer Schaltwerke 1

   1.2 Die verschiedenen Techniken der Schaltwerksrealisierung . . 3

      1.2.1 Mikroprozessoren 6

      1.2.2 RAM-Schaltwerke 7

2. Standardbausteine für RAM-Schaltwerke 10

   2.1 Halbleiterspeicher 10

   2.2 Register, Zähler 12

   2.3 Multiplexer 14

   2.4 Dekodiernetz 16

3. Vorstellung verschiedener Strukturen von RAM-Schaltwerken . . . 17

   3.1 Grundstruktur von RAM-Schaltwerken 17

   3.2 Maskierung von Eingangsvariablen 18

   3.3 Relative Adressierung 22

   3.4 Abspeichern aller Verzweigungsadressen in einer
Speicherzeile 23

   3.5 Serialisierung des Ausleseprozesses 24

   3.6 Adreßbestimmung außerhalb des Speichers 27

      3.6.1 Zählerbestimmung einer von mehreren möglichen
Verzweigungsadressen 27

      3.6.2 Zählerbestimmung einer Verzweigungsadresse bei
Serialisierung des Ausleseprozesses 28

4. Darstellung von Aufgabestellungen 31

   4.1 Beschreibung einer Magnettrommelsteuerung nach Wendt . . . 31

   4.2 Konstruktion der Ablauftabelle in Mealy-Form 39

   4.3 Ablauftabelle in Moore-Form 43

      4.3.1 Formale Mealy-Moore-Transformation 43

      4.3.2 Zeitfragen bei der Mealy-Moore-Transformation 45

      Algorithmus 1: Transformation einer Mealy-
Ablauftabelle in eine Moore-Ablauftabelle 47

      Beispiel zu Algorithmus 1: Trommelspeichersteuerung
(Tabelle 4.1) 49

5. Wichtige Optimierungsmethoden für den Schaltwerksentwurf . . . 53

  5.1 Ermittlung maximaler Verträglichkeitsklassen 53
    Algorithmus 2: Erzeugung maximaler Verträglichkeitsklassen 56
    Beispiel zu Algorithmus 2: Party-Problem 58

  5.2 Ermittlung irredundanter Überdeckungen 60
    5.2.1 Prinzipbeschreibung 60
    5.2.2 Rechenvereinfachungen 63
      5.2.2.1 Kernklassen 64
      5.2.2.2 Spaltendominanz 65
      5.2.2.3 Zeilendominanz 66
    Algorithmus 3: Ermittlung irredundanter Überdeckungen . . 69
    Beispiel zu Algorithmus 3: Party-Problem 70

6. Maskierung von Eingangsvariablen 73

  6.1 Einflüsse auf den Speicherbedarf 73

  6.2 Alternativen für die Steuerung der Multiplexerbausteine . 74

  6.3 Optimierung des Multiplexeraufwands 78
    6.3.1 Formulierung als Verträglichkeitsproblem 78
    6.3.2 Festlegung der Optimierungsfunktion 80
    6.3.3 Verfahren zum Auffinden einer näherungsweisen
          optimalen Zerlegung 81

  6.4 Ermittlung der Speicherbelegung 84

  6.5 Wahlweise Beschaltung von Adreßvariablen mit
      Zustands- und Eingangsvariablen 87
    Algorithmus 4: Näherungsweise Optimierung des
    Multiplexeraufwandes für die Eingangsmaskierung 89
    Beispiel zu Algorithmus 4: Trommelspeichersteuerung . . . 92

7. Darstellung der Ausgangsfunktionen 96

  7.1 Zusammenfassung von Ausgangsfunktionen 96
    Algorithmus 5: Optimale Reduktion von Ausgangsvariablen . 99
    Beispiel zu Algorithmus 5: Trommelspeichersteuerung . . . 101

  7.2 Umkodierung der gespeicherten Ausgabeinformation durch
      Dekodiernetze 102
    Algorithmus 6: Näherungsweise optimale Zusammenfassung
    von Ausgangsvariablen, die nie gleichzeitig den Wert 1
    annehmen müssen 110
    Beispiel zu Algorithmus 6: Trommelspeichersteuerung . . . 113

8. Serialisierung der Abfrage von Eingangsvariablen 118

  8.1 Prinzip der Abfrageserialisierung 118

  8.2 Einfluß der Serialisierung auf den Speicherbedarf 120

  8.3 Bestimmung der notwendigen Serialisierungszustände 122

  8.4 Taktungsfragen 130

Algorithmus 7: Ermittlung der Serialisierungszustände
für die Abfrageserialisierung 133
Beispiel zu Algorithmus 7 135

9. Zustandskodierung bei Mealy-Schaltwerken 138

9.1 Abspeicherung von Zustandsänderungen (Relativadressierung) 140

9.1.1 Additive Relativadressierung 140

9.1.2 Relativadressierung durch Abspeichern der zu
ändernden Variablen 142

9.2 Überlappung von Wortbereichen 145

10. Der Zustandsteil von Moore-Schaltwerken 150

10.1 Erläuterung der Grundstruktur von Moore-Schaltwerken . . 150

10.2 Spaltenreduktion im Zustandsteil 151

Algorithmus 8: Maskierung von Eingangsvariablen bei
Moore-Schaltwerken 163
Beispiel zu Algorithmus 8: Trommelspeichersteuerung . . 166

10.3 Gleiche Zustandsvariablen für alle Folgezustände eines
Zustandes 168

10.3.1 Einfachzuweisung von Adressen zu Zuständen . . . 168

Algorithmus 9a: Bestimmung der Zustandsvariablen, die
unabhängig von den Eingangsvariablen gemacht werden
können (Einfachzuweisung) 170
Beispiel zu Algorithmus 9a: Modifizierte Trommelspeichersteuerung 171

10.3.2 Mehrfachzuweisung von Adressen zu Zuständen . . . 172

Algorithmus 9b: Bestimmung der Zustandsvariablen, die
unabhängig von den Eingangsvariablen gemacht werden
können (Mehrfachzuweisung) 175
Beispiel zu Algorithmus 9b: Trommelspeichersteuerung . . 176

11. Ermittlung einer von mehreren möglichen Folgeadressen durch
einen Zähler 179

11.1 Prinzipbeschreibung 179

11.2 Aufsuchen von Zählketten 184

Algorithmus 10: Zur Zählerbestimmung einer Folgeadresse 190
Beispiel zu Algorithmus 10: Trommelspeichersteuerung . . 192

12. Serialisierung des Ausleseprozesses 195

12.1 Die unterschiedlichen Adressierungstechniken bei der
Ausleseserialisierung 195

12.2 Ausleseserialisierung bei Moore-Schaltwerken 199

12.2.1 Grundstruktur 199

12.2.2 Transformation der Ablauftabelle in die Speicherbelegung für die Ausleseserialisierung 201

12.2.3 Reduktion des Adressenbedarfs ohne zusätzliche
Erhöhung des Adressenbedarfs 203

12.2.4 Reduktion des Adressenbedarfs mit zusätzlicher Erhöhung der Verarbeitungsdauer 205

12.2.5 Ausnutzung der impliziten Serialisierung der
Eingangsabfragen zur Verminderung des Multi-
plexerbedarfs 209

Algorithmus 11: Serialisierung des Ausleseprozesses
für Moore-Schaltwerke 215

Beispiel zu Algorithmus 11: Trommelspeichersteuerung . . 217

13. Entwurfsstrategien 219

13.1 Eingliederung der vorgesehenen Entwurfsschritte in
den gesamten Entwurfsprozeß 219

13.1.1 Einspareffekte bei Mealy-Schaltwerken 220

13.1.2 Einspareffekte bei Moore-Schaltwerken 225

13.2 Steuerwerkssysteme 228

Literaturverzeichnis 235

Sachverzeichnis 237

1. Einführung

1.1 Vorgehen beim Entwurf komplexer Schaltwerke
Der Entwurf komplexer Digitalschaltungen (Schaltwerke) beginnt im allgemeinen mit einer nur ungenauen Vorgabe der gewünschten Eigenschaften
des zu entwerfenden Systems und endet mit einer Vorschrift, nach der
das System im Detail realisiert werden kann. Dazwischen liegen eine ganze Reihe von Verfahrensschritten, die in die folgenden Punkte eingeordnet werden können:
1. Konkretisierung der Problemstellung
2. Aufgliedern des komplexen Problems in funktionelle Teilprobleme
   (Funktionseinheiten)
3. Zerlegen der Teilprobleme in solche überschaubarer Größenordnung
4. Auswählen der Bausteintypen und der Hardware-Grundstrukturen
5. Entwickeln von Realisierungsvorschriften
In diesem Buch beschäftigen wir uns vorwiegend mit den Punkten vier
und fünf, also mit der Beschreibung von Bausteintypen und dem Entwik-
keln von Realisierungsvorschriften für die sogenannten RAM-Schaltwerke.
Die davorliegenden Verfahrensschritte können nur kurz gestreift werden.

Zur Konkretisierung der Problemstellung gehört es, die Schnittstellen-
größen zur Außenwelt festzulegen und sie in einen zeitlichen Rahmen
einzupassen. Dabei interessiert beispielsweise, ob es sich um Analog-
oder Digitalsignale handelt, in welchen Zeitabständen Digitalsignale
abzufragen bzw. zu generieren sind, welche Zeitabstände zwischen den
Änderungen unterschiedlicher Signale mindestens oder höchstens liegen
und ähnliches.

Wegen der eingeschränkten Fähigkeit des Menschen, komplexe Zusammenhänge in allen Details gleichzeitig zu erfassen, folgt im nächsten Verfahrensschritt eine Unterteilung des Gesamtproblems in Teilprobleme,
die mit anschaulichen Begriffen charakterisiert werden können. So wird
beispielsweise ein Digitalrechner in eine Prozessoreinheit, eine Spei-

chereinheit, eine Ein-/Ausgabeeinheit und eine Kontrolleinheit aufgeteilt. Wichtig ist dabei, daß man das Zusammenspiel solcher Funktionseinheiten auch dann überblicken kann, wenn deren Detailrealisierung noch nicht vorliegt. Das Gesamtproblem läßt sich dann anschaulich in einem <u>Blockdiagramm</u> darstellen, in dem außer den Funktionseinheiten auch verbindende Signalleitungen aufgeführt sind. Wie auch beim Beispiel der Rechneraufteilung enthält ein solches Blockdiagramm grundsätzlich eine Kontrolleinheit (Steuerwerk). Sie hat die Aufgabe, das zeitliche Zusammenspiel der übrigen Funktionseinheiten zu steuern. Dieses Prinzip der Aufteilung von Digitalsystemen in <u>gesteuerte und steuernde Teile</u> wird bei der Aufgliederung der Probleme in überschaubare Größenordnungen weiterverfolgt. So zerlegt man die Funktionseinheit zunächst in der Form von Bild 1.1. Dabei kann der gesteuerte Teil wiederum in Unterblöcke mit eigener Steuerung zerlegt werden und für

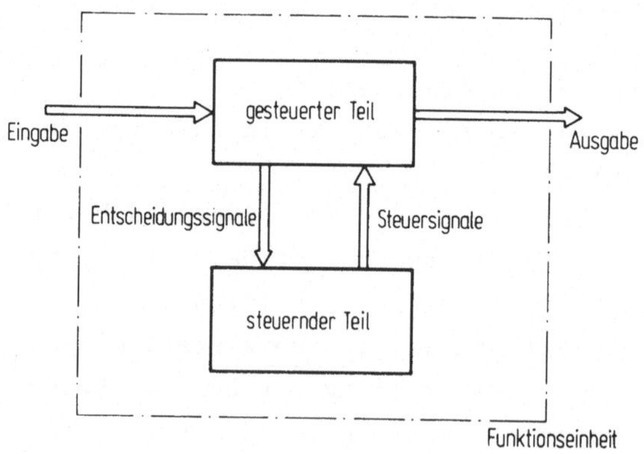

Bild 1.1. Aufteilung einer Funktionseinheit in einen gesteuerten und einen steuernden Teil

den steuernden Teil kann man einen hierarchisch angeordneten Aufbau von Teilsteuerwerken vorsehen. Letztlich endet diese Aufteilung in Blöcken, die entweder direkt durch verfügbare Bausteine wie Register, Zähler, Schreib-Lese-Speicher, Umlaufspeicher, Arithmetisch-logische-Einheit, Sieben-Segment-Anzeige, Digital-Analog-Wandler und ähnliches realisiert oder deren Funktionen durch eine Funktionstabelle (im Falle eines Schaltnetzes) oder durch ein Impuls- oder Ablaufdiagramm (im Falle eines Schaltwerks) beschrieben werden können. Das Vorgehen bei diesem Aufteilungsprozeß ist weitgehend intuitiv und wird wesentlich durch die gewünschte Verarbeitungsdauer und die verfügbaren Bausteine geprägt.

Entwurfsalgorithmen können dagegen erst auf Funktionstabellen und Impuls- oder Ablaufdiagramme angesetzt werden. Letztere dienen vor allem zur Beschreibung von Steuerwerksaufgaben, wobei <u>Ablaufdiagramme</u> wegen ihrer Anschaulichkeit vorzuziehen sind. Sie legen fest, welche Entscheidungssignale zu welcher Zeit welche Steuersignale veranlassen.

Durch diese Festlegungen sind die Teilprobleme und deren Zusammenhang untereinander genau spezifiziert und man kann beginnen, über deren Realisierungen nachzudenken.

<u>1.2 Die verschiedenen Techniken der Schaltwerksrealisierung</u>
Während in den vergangenen Jahren der größte Teil aller Steuerwerke mit den klassischen Bausteinen Zähler, Flipflop und Gatter aufgebaut wurde (sogenannte Hardwaresteuerung), werden hierfür neuerdings in steigendem Maße Mikroprozessoren und deren zugehörige Speicher- und Peripheriebausteine eingesetzt (sogenannte Softwaresteuerung). Die in diesem Buch diskutierten RAM-Schaltwerke stellen eine dritte Möglichkeit dar. Die Entwurfsmethoden für diese Schaltwerke entsprechen eher denen für die Hardwarelösungen, während das Ablegen der Steuerinformationen in Speichern auf dem Prinzip der Softwarelösungen basiert.

Der eventuelle Einfluß dieser unterschiedlichen Realisierungsmethoden auf die Struktur des gesteuerten Teils soll für die folgenden Überlegungen unberücksichtigt bleiben. Unsere Ergebnisse beziehen sich daher auf identische Schnittstellenbedingungen und einen identischen Steuerablauf. Die Form der Beschreibung eines Steuerablaufs für eine Softwaresteuerung unterscheidet sich allerdings geringfügig von der für eine Hardwaresteuerung: Die Softwarelösung stützt sich auf eine vorhandene Zeitbasis, die ein sogenannter Programmzähler festlegt, während diese bei der Hardwarelösung zusätzlich realisiert werden muß. Softwaresteuerung bedeutet ja, daß einer vorgegebenen Hardwarestruktur durch Eintragung von Daten und Befehlsfolgen in einen Speicher eine bestimmte Aufgabe zugewiesen wird.

Bild 1.2 zeigt einen Ausschnitt aus einem Ablaufdiagramm für eine <u>Softwaresteuerung</u>. Der zur vorgegebenen Hardware gehörende Programmzähler steuert normalerweise die Befehle nacheinander an, die in den in einer Kette angeordneten Befehlssymbolen (Raute, Rechteck) eingetragen sind. Dabei unterscheidet man zwischen den Verzweigungsbefehlen, den Befehlen zur Festlegung der Ausgabe und den Sprungbefehlen. Mit Hilfe der

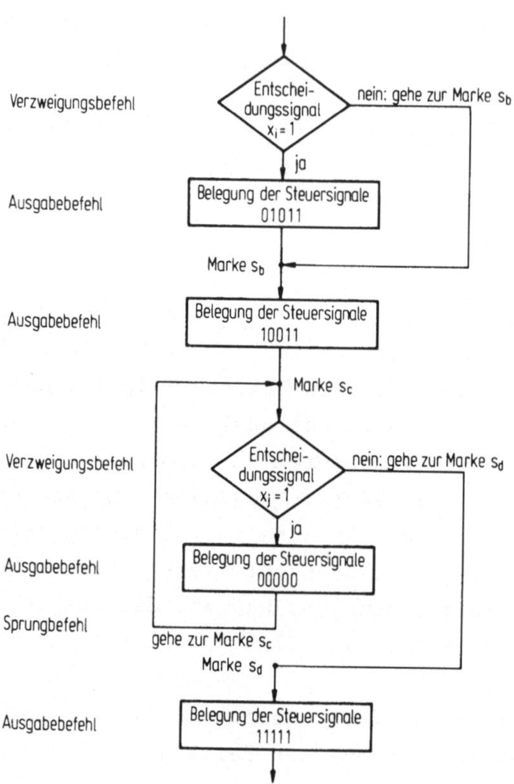

Bild 1.2. Ausschnitt aus dem Ablaufdiagramm für eine Softwaresteuerung

Verzweigungs- und Sprungbefehle kann der normale Befehlsablauf an jeder beliebigen Stelle umgesteuert werden. Zur Kennzeichnung des Sprungziels setzt man Marken (z.B. die Marken s_b, s_c und s_d) in den Ablauf ein.

Den entsprechenden Ablauf für eine <u>Hardwaresteuerung</u> zeigt Bild 1.3. Da ein Programmzähler fehlt, ist nach jeder Ausgabevorschrift festzuhalten, an welcher Stelle des Ablaufs man sich befindet. Im Softwarediagramm entspräche das dem Einführen von Marken nach jedem Ausgabebefehl. Im Hardwarediagramm spricht man dagegen von Zuständen, die die jeweilige "Vorgeschichte" des Ablaufs charakterisieren. Die Zustände werden in die Symbole mit den schwarzen Balken eingetragen. Eine genauere Beschreibung des Hardwarediagramms folgt in Kapitel 4.

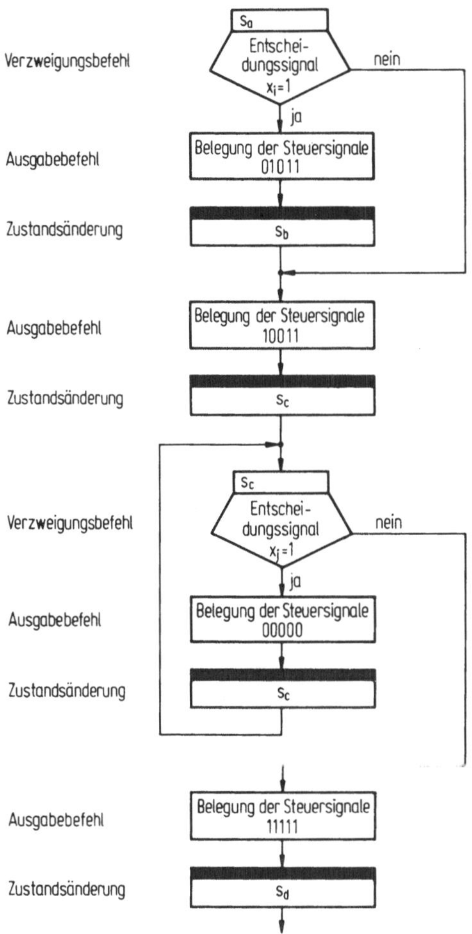

Bild 1.3. Ausschnitt aus dem Ablaufdiagramm für eine Hardwaresteuerung

In den letzten Jahren sind Entwurfsverfahren entwickelt worden, die es erlauben, ausgehend von einem Ablaufdiagramm die Hardwarerealisierung mit Hilfe eines Rechners zu gewinnen. Dies führt nicht nur zu einer Befreiung des Entwerfers von Routinearbeiten, sondern auch zu einer Reihe weiterer Vorteile, die später noch geschildert werden. Die Entwicklung solcher Methoden für Softwarelösungen steckt dagegen noch in den Anfängen. Die Schwierigkeiten, die hierbei auftreten, werden bei genauerer Betrachtung der Funktionsweise von Mikroprozessoren deutlich, da diese die zentralen Bausteine der Softwaresteuerung bilden.

1.2.1 Mikroprozessoren

Für Steuerungszwecke eingesetzte Mikroprozessoren sind im allgemeinen
mikroprogrammiert. Dies bedeutet, daß mehrere Befehlsfolgen vorprogram-
miert sind und jeweils durch Anlegen eines bestimmten Kodewortes aufgerufen werden. Bild 1.4 zeigt ein Blockdiagramm, das die Funktionsweise einer Mikrorechnersteuerung erklärt. Kernstück ist der Mikroprozessor, der hier durch das klassische Blockdiagramm eines Digitalrech-
ners repräsentiert wird. Die zu verarbeitenden Daten bestehen in diesem Fall aus den Entscheidungssignalen, die das gesteuerte Werk liefert und die zunächst an das durch den Prozessor verarbeitbare Signalformat (das ist die Zahl der Bits, die parallel vom Prozessor eingelesen werden können) angepaßt werden müssen. Im äußeren Speicher sind

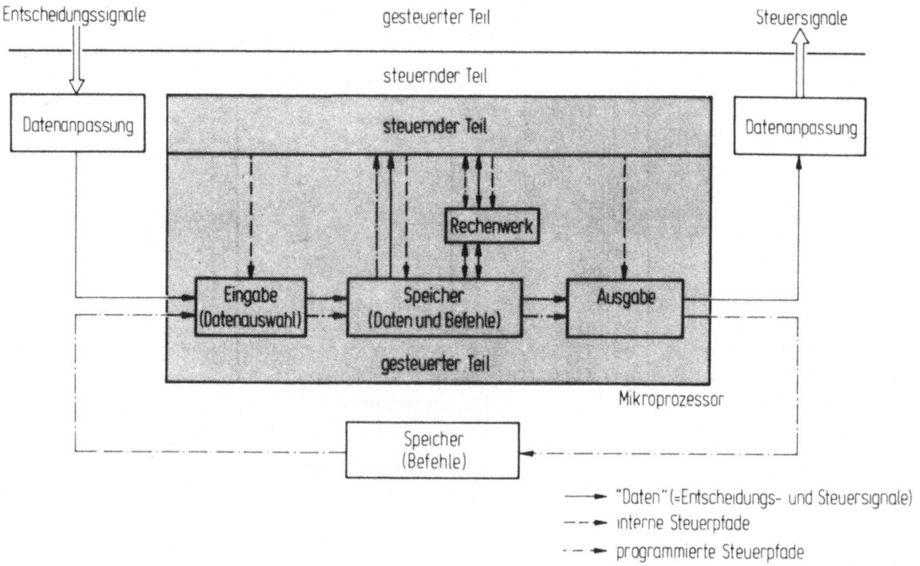

Bild 1.4. Prinzipieller Aufbau von Mikroprozessoren und deren Einsatz
in Steuerwerken

die aufgabenspezifischen Ablaufvorschriften (Programm) abgelegt. Diese
werden zusammen mit den Entscheidungssignalen zu Steuersignalen und
zur Adresse der nächsten Ablaufvorschrift verarbeitet. Zur Steuerung
dieser Verarbeitung dienen die internen Steuersignale, die durch ein
internes Programm (Mikroprogramm) erzeugt werden. Die Datenanpassung
der externen Steuersignale ist dann erforderlich, wenn der Prozessor
nicht genügend viele Signale parallel erzeugen kann.

Das <u>Mikroprogramm</u> enthält naturgemäß nur eine eingeschränkte Anzahl
an Steuerabläufen. Da es sich um Standardbausteine handelt, sind auf-
gabenspezifische Modifikationen nicht möglich. Der Entwerfer muß daher die geforderten Steuerabläufe aus den vorhandenen Teilabläufen
zusammensetzen. Dieses Konzept vermindert die Ablaufgeschwindigkeit
aus drei Gründen:
1. Die innere Organisation des Prozessors erfordert bei jedem Aufruf
   eines vorprogrammierten Steuerablaufs eine Vorbereitungszeit, ehe
   der eigentliche Ablauf beginnen kann.
2. Wegen des begrenzten Vorrats an vorprogrammierten Steuerabläufen
   müssen manche Ablaufschritte der Aufgabenstellung in mehrere Teil-
   schritte aufgegliedert werden.
3. Wegen fehlender Optimierungsalgorithmen hängt die Güte des Entwurfs
   wesentlich vom Geschick des Entwerfers ab.
Im zweiten Punkt sind auch die Schwierigkeiten begründet, effektive
Algorithmen zur Umwandlung einer Steuerungsaufgabe in ein Programm für
einen Mikroprozessor zu finden. Dies ist aber die Voraussetzung, um
den Entwurfsprozeß mit Unterstützung eines Rechners und damit im ersten Durchlauf fehlerfrei durchführen zu können. Das Mikrorechnerpro-
gramm muß daher durch eine im allgemeinen umfangreiche Simulation überprüft werden.

Mikrorechner besitzen somit zwar eine verhältnismäßig <u>einfache und
standardisierte Hardware</u>. Die Entwurfsprobleme sind aber im allgemeinen nicht verringert sondern lediglich in den Bereich der Software ver-
lagert worden. Dies sollte man bei der Auswahl einer Mikrorechnersteuerung bedenken, zumal der Vorteil der verhältnismäßig einfachen Änderbarkeit und Erweiterbarkeit von Programmen nicht auf diese Art von
Steuerungen beschränkt bleibt. Auch die im folgenden behandelten RAM-
Schaltwerke besitzen diesen Vorteil.

1.2.2 RAM-Schaltwerke

Die Grundstruktur eines RAM(random access memory)-Schaltwerks ergibt
sich aus der Struktur klassischer Schaltwerke durch Ersetzen des Schalt-
netzblocks durch einen Speicherbaustein. Bild 1.5 verdeutlicht diesen
Zusammenhang.

Statt aus der Kenntnis des derzeitigen Zustandes und der Eingabe mit
Hilfe von <u>Verknüpfungsgliedern</u> die Ausgabe und den Folgezustand zu generieren (Bild 1.5a), betrachtet man den derzeitigen Zustand und die

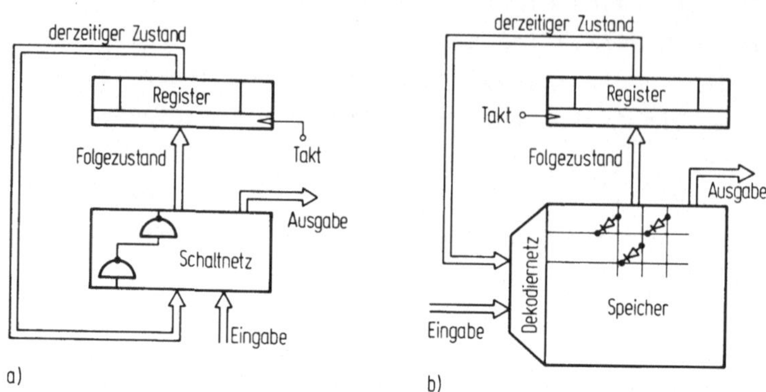

Bild 1.5. Zusammenhang zwischen klassischen Schaltwerken und
RAM-Schaltwerken.
a. Grundstruktur eines klassischen Schaltwerks
b. Grundstruktur eines RAM-Schaltwerks

Eingabe als <u>Adresse eines Speicherwortes</u>. Dieses Speicherwort enthält
den Folgezustand und die Ausgabebelegung (Bild 1.5b). Der prinzipielle
Unterschied beider Vorgehensweisen wird an einem Beispiel deutlich,
das mit der Themenstellung dieses Buches nichts zu tun hat, nämlich
der Berechnung der Einkommenssteuer. Will man etwa wissen, wieviel
Einkommenssteuer man für ein bestimmtes Jahreseinkommen zu bezahlen
hat, dann gibt es zwei Wege, um dies zu ermitteln.
1. Man setzt das Jahreseinkommen in die Steuerformel ein.
2. Man schaut in einer Einkommenssteuertabelle nach, welcher Steuer-
   betrag zu diesem Einkommen gehört.
Die erste Methode entspricht dem Einsatz von Verknüpfungsgliedern, die
zweite der Realisierung einer Schaltnetzfunktion durch einen RAM-Spei-
cher.

Im Vergleich zur Mikrorechnerlösung wird bei RAM-Schaltwerken der Mikroprozessor durch ein Register ersetzt und die Anpassung der Ein- und
Ausgangsleitungen des Steuerwerks an ein festes Signalformat entfällt.

Die RAM-Schaltwerke bilden zur Alternative Mikrorechner oder klassische
Schaltwerke eine wesentliche Ergänzung. Während einesteils viele Vorteile der klassischen Realisierung erhalten bleiben, können andernteils
die meistgenannten Vorzüge der Softwaresteuerung voll ausgenutzt werden.
Die Vorteile der RAM-Schaltwerke sind im einzelnen:
1. Die Formulierung der Aufgabenstellung erfolgt wie bei der Hardware-

realisierung. Daher muß der Entwerfer nicht umdenken.

2. Ausgehend vom Ablaufdiagramm (für Hardwaresteuerungen) ist der weitere Entwurf algorithmisierbar. Dies schließt den Vorteil einer Entwurfsstandardisierung und -optimierung ein. Das Ergebnis dieses Entwurfschrittes ist daher nicht vom jeweiligen Geschick des Entwerfers abhängig.

3. Falls die Umsetzung des Ablaufdiagramms in Programmierdaten für die RAMs mit Hilfe eines Rechners durchgeführt wird, kann eine Überprüfung des Entwurfsergebnisses, etwa durch Simulation, entfallen.

4. Der Hardwareaufbau kann standardisiert werden. Die jeweilige Aufgabenstellung ist dann einer vorgegebenen Struktur anzupassen. Trotz der Standardisierung der Aufbautechnik kann der Hardwareaufwand der jeweils erforderlichen Verarbeitungsgeschwindigkeit angepaßt werden.

5. Die Modifikation einer realisierten Lösung ist nicht schwieriger als bei der Mikrorechner-Realisierung. Wegen der grundsätzlich kürzeren Verarbeitungsdauer bei RAM-Schaltwerken kann man sich hier sogar eher den Einsatz von Schreib-Lese-Speichern erlauben als bei Mikrorechnern.

6. RAM-Schaltwerke benötigen im wesentlichen nur wenige groß- und mittelintegrierte Bausteine wie Festwert- oder Schreib-Lese-Speicher, Register, Multiplexer, Dekodiernetze und gegebenenfalls Kellerspeicher für Unterprogrammtechniken. Die in Bild 1.5b nicht aufgeführten Bausteine dienen zur Verminderung des Speicherbedarfs gegenüber der dort gezeigten Grundstruktur.

Für RAM-Schaltwerke lassen sich mehrere Grundstrukturen angeben, die sich hinsichtlich des Speicherplatzbedarfs und der erforderlichen Verarbeitungsdauer unterscheiden und die einfache Modifikationen der Struktur von Bild 1.5b darstellen. Für jede Grundstruktur sind andere Beschreibungsformen der zu realisierenden Problemstellungen notwendig. Von Vorteil ist dabei, daß diese unterschiedlichen Beschreibungsformen durch rein <u>formale Transformationen</u> ineinander überführt werden können.

Aufgabe dieses Buches ist es, solche formalen Transformationen zu erläutern und, ausgehend von den verschiedenen Beschreibungsformen für RAM-Schaltwerke, den jeweiligen Speicherbedarf zu optimieren. Wo eine Optimierung wegen des Rechenaufwandes unzweckmäßig erscheint, werden Entscheidungskriterien für ein heuristisches Vorgehen aufgeführt. So bietet dieses Buch, außer der Einführung in die Problemstellung der RAM-Schaltwerke, die Grundlagen für einen mit Unterstützung eines Rechners durchführbaren Entwurfsprozeß.

2. Standardbausteine für RAM-Schaltwerke

In diesem Kapitel werden die später verwendeten Bausteine angegeben
und ihre Eigenschaften zusammengestellt. Es ist jedoch nicht Aufgabe
dieser Darstellung, den inneren Aufbau integrierter Schaltungen zu erläutern.

2.1 Halbleiterspeicher

Halbleiterspeicher bilden das Kernstück von RAM-Schaltwerken. Sie werden in solchen als Festwertspeicher benutzt. Das bedeutet, daß nur der
Leseprozeß wichtig für die Schaltwerksstruktur ist, der Schreibprozeß
ist dagegen nur von sekundärem Interesse. Er betrifft lediglich die
Änderbarkeit der gespeicherten Informationen und damit die Korrektur
eventueller Entwurfsfehler.

Die Schaltwerksstruktur (siehe Kapitel 3) wird mitgeprägt durch das An-
gebot an Adressenzahl und Wortlänge der verschiedenen Speichertypen.
Die Auswahl der Struktur hat zusätzlich auf Zugriffszeiten zu den gespeicherten Informationen Rücksicht zu nehmen, da die minimale Taktperiodendauer auch hiervon abhängt. Die beiden letztgenannten Punkte
sind außerdem technologieabhängig, sodaß nur eine sorgfältige Untersuchung der gesamten Palette angebotener Halbleiterspeicher eine optimale Auswahl für den konkreten Anwendungsfall garantiert.

Bild 2.1 zeigt den prinzipiellen Aufbau eines Speicherbausteins. Die
Information ist in dem mit "Speicher" gekennzeichneten Block zeilen-
weise abgespeichert. Der Inhalt einer Zeile heißt Speicherwort. Das
Auslesen eines Wortes geschieht durch Anlegen eines Adreßsignals an
das Dekodiernetz. Die Leitung "Speicherauswahl" ermöglicht die Zusam-
menschaltung mehrerer Speicherbausteine zu einem größeren Speicher.
Einzelheiten hierüber werden später zusammen mit Bild 2.2 erläutert.
In anderen hier nicht betrachteten Anwendungsfällen legt das Speicher-

auswahl-Signal das Zeitintervall fest, in welchem das gelesene Wort
am Ausgang erscheint.

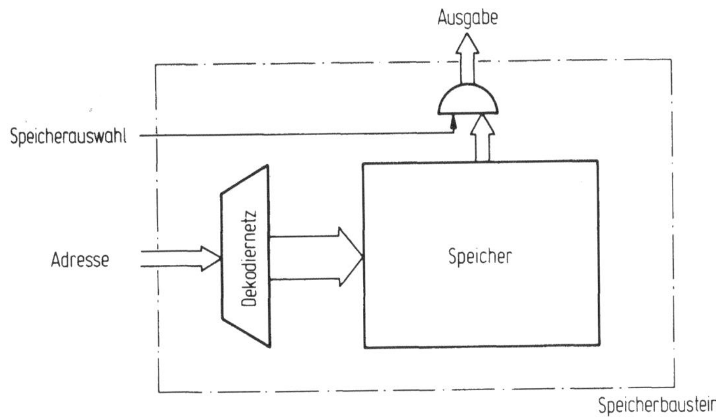

Bild 2.1. Prinzipieller Aufbau eines Speicherbausteins

Anhand von Bild 2.1 können einige Begriffe im Zusammenhang mit dem
Speicher definiert werden. Die Zeilenzahl eines Speichers heißt Adreßumfang, die Speicherstellen in einer Zeile bilden die Wortlänge. Es gilt
$$\text{Speicherumfang} = \text{Adreßumfang} \times \text{Wortlänge}$$
Reichen Adressenzahl oder Wortlänge eines verfügbaren Speicherbausteins
nicht aus, so lassen sich beide unabhängig voneinander durch Einsatz
entsprechend vieler Speicherbausteine erweitern. Die Wortlänge wird
größer durch Parallelschalten der Adreßleitungen und durch Aneinanderfügen der Ausgaben. Der Adreßumfang wird vergrößert, indem man außer
der Zeilenadresse zur Ansteuerung der Zeilen in den Speicherbausteinen
eine Adresse zur Ansteuerung von Speicherbausteinen vorsieht. Die Adressierung der Speicherbausteine erfolgt über die Speicherauswahl-Eingänge.

Bild 2.2 zeigt als Beispiel das Prinzip einer Erweiterung der Adressenzahl um den Faktor vier und eine gleichzeitige Erweiterung der Wortlänge um den Faktor zwei. Jeder der eingezeichneten Blöcke 1a, 1b, ..., 4b
stellt einen kompletten Speicherbaustein entsprechend Bild 2.1 dar. Die
Erweiterung der Wortlänge geschieht durch die Ergänzung der Blöcke a
durch einen jeweiligen Block b. Die Gesamtadresse erfordert bei der Erweiterung des Adreßumfangs um den Faktor vier zwei zusätzliche Adreßleitungen. Die beiden entsprechenden Adreßsignale werden durch einen
Dekodiernetzbaustein (siehe Abschnitt 2.4) in vier unterschiedliche Spei-
cherauswahlsignale gewandelt.

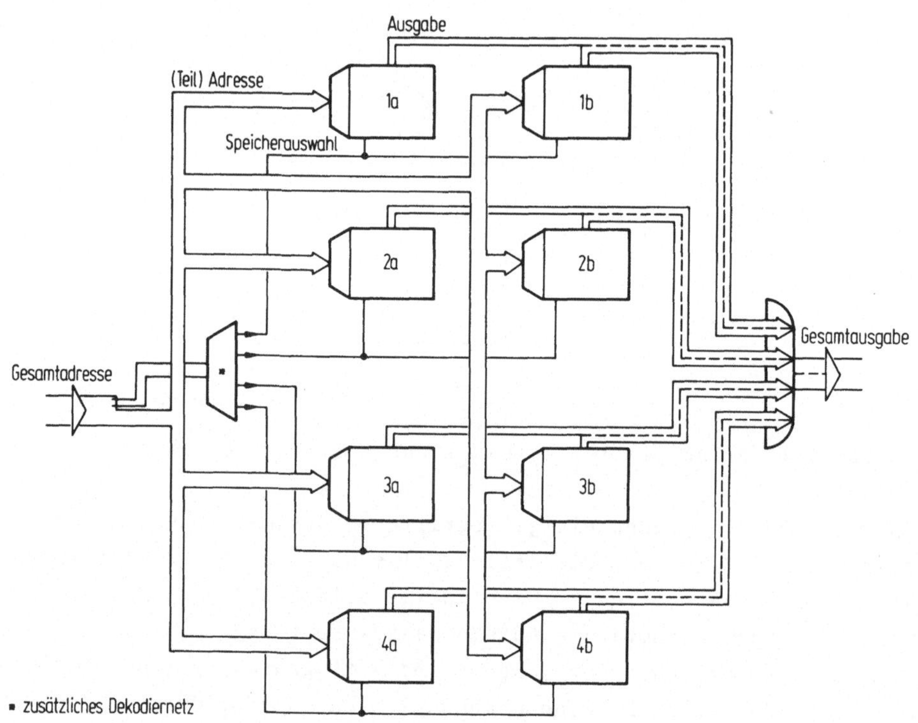

Bild 2.2. Erweiterung des Adreßumfangs um den Faktor vier und der Wortlänge um den Faktor zwei.

2.2 Register, Zähler

Registerbausteine bestehen aus aneinandergereihten Flipflops. Sie dienen zur Zwischenspeicherung von Adreß- und Ausgabeinformationen. Für die Adressenzwischenspeicherung sind Register aus Master-Slave-Flipflops vorzuziehen, da andernfalls Wettlaufsituationen ungünstig ausgehen können und dann ein Fehlverhalten des Schaltwerks hervorrufen. Für die Betrachtung des Zeitverhaltens gilt nämlich ähnliches wie bei den herkömmlichen Schaltwerksrealisierungen. Die Durchlaufzeit des Schaltnetzes in Bild 1.5 ist lediglich durch die Speicherauslesezeit (und evtl. durch zusätzliche Gatterverzögerungszeiten) zu ersetzen. Solange allerdings Laufzeitstreuungen auf unterschiedlichen Signalpfaden kleiner sind als die Auslesezeit, kann man auch Register aus einflankengesteuerten

Flipflops einsetzen. Gleichbedeutend mit dieser Möglichkeit ist die Verwendung von Registern aus pegelgesteuerten Flipflops, die mit schmalen Taktimpulsen getriggert werden.

In Bild 2.3a ist ein Beispiel einer kritischen Wettlaufsituation dargestellt. Betrachtet werden die pegelgesteuerten Registerflipflops i und j, die eigentlich gleichzeitig neue Werte von p_i und p_j übernehmen sollten. Aufgrund der unterschiedlichen Laufzeiten des Taktsignals zu den Flipflops, kann es vorkommen, daß das Flipflop i früher als das Flipflop j seinen Inhalt ändert. Der neue Inhalt des Flipflops i kann zur Folge haben, daß die Information am Eingang des Flipflops j bereits erneut geändert ist, bevor der Taktimpuls dieses Flipflop j erreicht

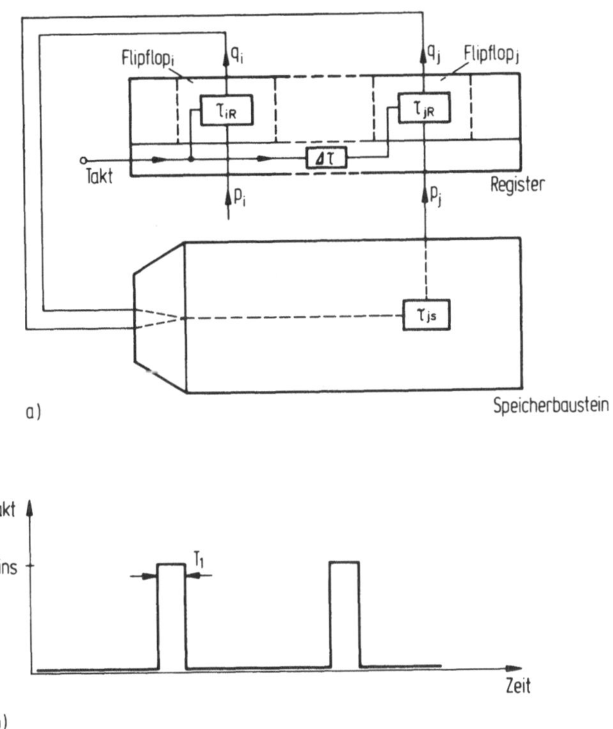

Bild 2.3. Darstellung von Schaltwerkshasards bei RAM-Schaltwerken
a. Pfade, auf denen ein Wettlauf stattfindet
b. Taktsignal

hat. Damit übernimmt Flipflop j die falsche, nämlich bereits geänderte Information, anstelle der richtigen, nämlich ursprünglich dort anliegenden. Zur quantitativen Beschreibung dieses Verhaltens sind in Bild

2.3a die beteiligten Verzögerungszeiten τ durch Kästchen markiert. Es entsteht ein Wettlauf zwischen den Signalen auf dem Pfad über τ_{iR} und τ_{jS} einerseits und dem Taktsignal über den Pfad mit $\Delta\tau$ andrerseits. Da die Flipflops die anliegende Information solange übernehmen, wie das Taktsignal das Niveau Eins besitzt, ergibt sich aufgrund von Bild 2.3b als Bedingung für die Fehlerfreiheit $\tau_{iR} + \tau_{jS} > T_1 + \Delta\tau$. Nach Ablauf der Zeit $T_1 + \Delta\tau$ ist nämlich das Flipflop j nicht mehr aufnahmebereit. Das Einhalten dieser Zeitbedingung für Fehlerfreiheit ist in der Praxis leicht möglich.

Wichtig für den Einsatz von Registern in RAM-Schaltwerken ist deren Rücksetzmöglichkeit über asynchron zum Takt wirkende Eingänge. Falls die Flipflops nur gemeinsam rücksetzbar sind, läßt sich nur die Adresse 00...0 für den Beginn eines Steuerablaufs auf einfache Weise einstellen.

Häufig ist es von Vorteil, statt eines Registers ohne zusätzliche Funktionen, die Registerflipflops untereinander zu einem Aufwärtszähler zu schalten. Die im Zähler gespeicherte Information kann dann wahlweise durch einen Zählvorgang oder durch Parallelübernahme von Informationen geändert werden.

2.3 Multiplexer

Multiplexer dienen zur Auswahl eines von mehreren Datenkanälen. Dabei besteht ein Datenkanal aus einer oder mehreren Datenleitungen. Die Anzahl der Datenleitungen heißt Breite des Datenkanals. Bild 2.4 zeigt die prinzipielle Wirkungsweise eines einzelnen Multiplexerbausteins

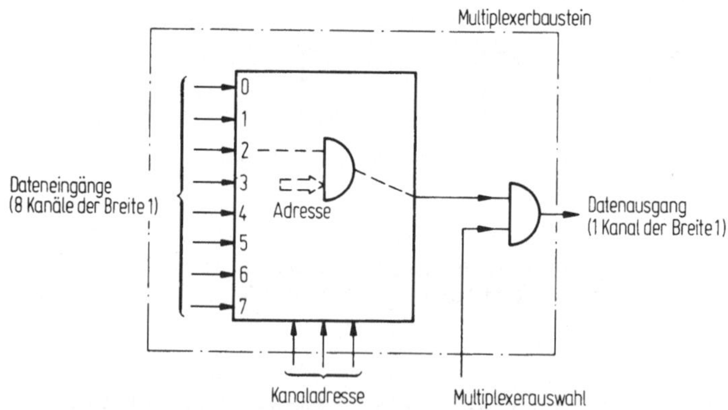

Bild 2.4. Prinzipieller Aufbau eines Multiplexerbausteins

für Datenkanäle der Breite 1. Jedem der auswählbaren Datenkanäle ist eine Kanaladresse zugewiesen. Für die eingezeichneten acht Datenkanäle benötigt man drei Adreßleitungen. Die Leitung Multiplexerauswahl bietet eine Erweiterungsmöglichkeit auf mehr als acht Datenkanäle.

In Bild 2.5 ist dargestellt, wie mit Hilfe von vier Multiplexerbausteinen eine Auswahl unter 32 Datenkanälen verwirklicht werden kann.

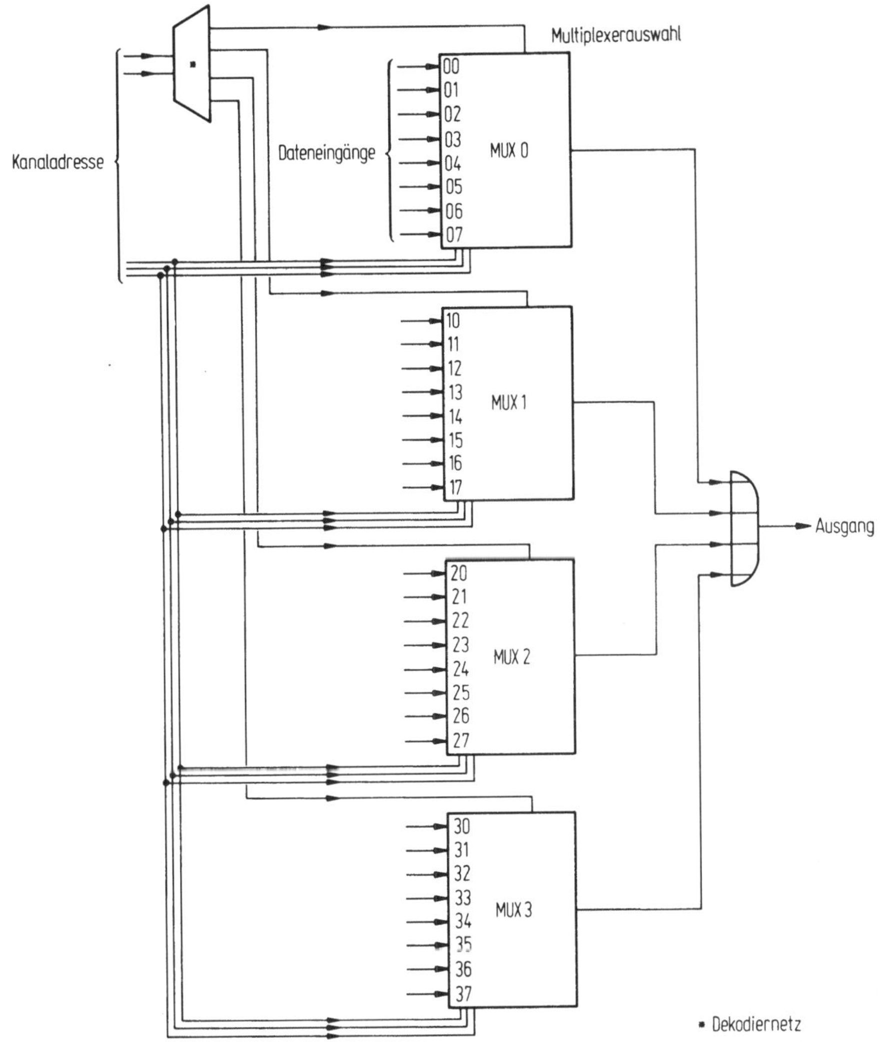

Bild 2.5. Multiplexerschaltung zur Auswahl eines von 32 Datenkanälen zusammengesetzt aus vier Multiplexerbausteinen

Durch Einsatz eines Dekodiernetzes wird über zwei zusätzliche Adreßleitungen jeweils einer der vier Multiplexer ausgewählt. Jeder Datenkanal ist durch eine zweistellige Oktalzahl gekennzeichnet. Deren erste
Stelle (0 bis 3) gibt die Nummer des Multiplexerbausteins an, die zweite Ziffer numeriert die zu jeweils einem Multiplexer führenden Kanäle.
(Die Oktalzahl 37 ist gleich der Dezimalzahl 32).

Die Breite der Datenkanäle wird größer durch Parallelschalten der
Adreßleitungen und durch Aneinanderfügen der Ausgaben von gleichartig
strukturierten Multiplexerschaltungen. Hierbei geht man ähnlich vor
wie bei der Erweiterung der Wortlänge von Speicherbausteinen, vergl.
Abschnitt 2.2.

2.4 Dekodiernetz

Ein Dekodiernetz wandelt einen n-stelligen Dualzahlenkode in einen
1-aus-2^n-Kode. Bild 2.6 kennzeichnet für n=3 die Ein- und Ausgangsleitungen eines Dekodiernetzbausteins. Die Dateneingangsleitungen des Dekodiernetzes können als Adreßleitungen aufgefaßt werden. Die anliegende Adresse bestimmt dann, welche der von 0 bis 2^n-1 numerierten Aus-

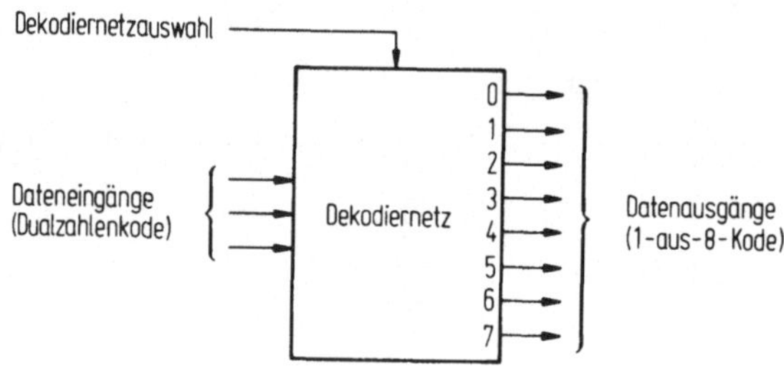

Bild 2.6. Dekodiernetzbaustein

gangsleitungen ein Einspotential führt. Zusätzliche Voraussetzung ist
allerdings, daß das Signal "Dekodiernetzauswahl" nicht alle Ausgangsleitungen auf dem Nullpotential festhält. Mit Hilfe dieses Signals ist
es möglich, ein Dekodiernetz für größere Werte von n unter Verwendung
von Dekodiernetzbausteinen wie im Bild 2.6 aufzubauen. Das Prinzip
dieser Erweiterung entspricht dem von Bild 2.5 für Multiplexerbausteine.

3. Vorstellung verschiedener Strukturen von RAM-Schaltwerken

Dieses Kapitel stellt Strukturen vor, die später genauer untersucht werden. Die globale Betrachtung wird vorangestellt, damit das eigentliche Ziel der später beschriebenen Entwurfsmethoden nicht in der Beschreibung der detaillierten Vorgehensweisen verloren geht. Dabei ist durchaus eingeplant, daß bezüglich der Bereichsunterteilung des Speichers oder seiner Adressierung Fragen zunächst offenbleiben, deren Klärung späteren Kapiteln vorbehalten ist.

3.1 Grundstruktur von RAM-Schaltwerken

Bild 3.1 zeigt die Grundstruktur eines RAM-Schaltwerks. Die Adresse wird bestimmt sowohl durch die Eingangsvariablen als auch durch die Vorgeschichte des Schaltwerks, die sich im sogenannten Zustand des Schaltwerks ausdrückt. Das Adreßwort hat also die Länge m+n, wobei m

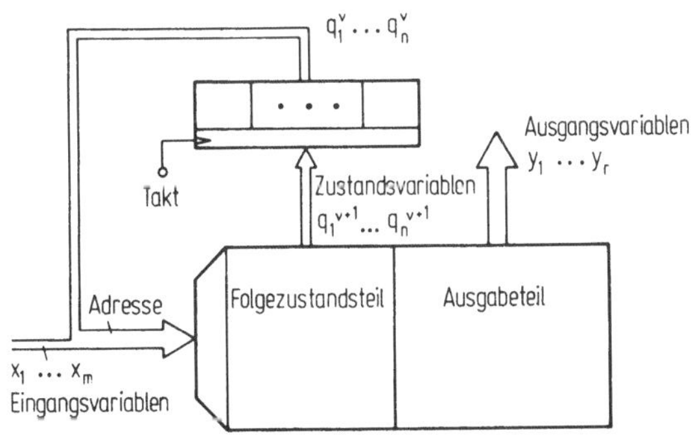

Bild 3.1. Grundstruktur eines RAM-Schaltwerks

die Anzahl der Eingangsvariablen und n die Anzahl der Zustandsvariablen ist. Der Adreßumfang ist damit 2^{m+n}.

Im Ausgabeteil sind die Steuersignale für jede gesteuerte Einheit gespeichert (Funktionalbitsteuerung). Sie liegt dort also nicht in kom-
primierter, d.h. mit minimaler Bitzahl kodierter, Form vor. Bei komplexeren Aufgabenstellungen scheitert die Realisierung nach Bild 3.1 vor
allem an der großen Anzahl der Eingangsvariablen und damit am Adreßumfang bzw. am Speicherumfang. Letzterer bestimmt sich aus dem Produkt
von Adreßumfang und Wortlänge. Da die Länge des gespeicherten Wortes
(Zeilenlänge) n+r ist, ergibt sich der Speicherumfang zu $(n+r) \cdot 2^{m+n}$.

Die meisten Maßnahmen zur Verminderung des benötigten Speicherumfangs
auf verfügbare Größenordnungen erfordern die Einführung zusätzlicher
Schaltnetzbauelemente in die Grundstruktur. Ziel des Entwurfs ist es,
auch für diese zusätzlichen Schaltnetzbauelemente Standardschaltungen
der MSI-Technik (medium scale integration) einzusetzen. Die Möglichkeit
zur Reduktion des notwendigen Speicherumfangs bietet sich, weil die
beschriebene Realisierungsart eine ganze Reihe von möglichen Redundanzen beinhaltet.

Diese Redundanzen können offensichtlich sein, d.h. es gibt irrelevan-
te Adreßinhalte (don't care) oder unterschiedliche Adressen mit identischen Eintragungen. Zum anderen können diese Redundanzen in der Zahl
der zur Bestimmung der Folgeadresse oder Ausgabeinformation verwendeten Binärstellen liegen (beispielsweise die Funktionalbitsteuerung
statt der komprimierten Speicherung) und damit weniger offensichtlich
sein. Die nachfolgenden Kapitel zeigen, wie diese Redundanzen abgebaut
werden können.

3.2 Maskierung von Eingangsvariablen

Bei praktischen Aufgabenstellungen sind normalerweise jeweils nur wenige Eingangsvariablen zur Bestimmung des Folgezustandes und des Ausgabe-
verhaltens während einer Taktperiode relevant. Dies äußert sich in
einer offensichtlichen Redundanz, wie in Tabelle 3.1 an einem Beispiel
gezeigt wird.

In Kapitel 1.2 wurde das Ablaufdiagramm zur Beschreibung einer Schaltwerksaufgabe eingeführt. In diesem Diagramm (Bild 1.3) sind jeweils
die in einem Verzweigungsbefehl angegebenen Entscheidungssignale rele-

Tabelle 3.1. Beispiel für die Abspeicherung desselben Speicherinhalts unter verschiedenen Adressen, sodaß die Eingangsvariable x_1 zur Adressierung nicht relevant ist.

Gesamtadresse		gespeichertes Wort	
Eingangsvariablen	Zustand zur Taktzeit ν	Zustand zur Taktzeit $\nu+1$	Ausgangsvariablen
$x_3\ x_2\ x_1$	$(q_2\ q_1)^\nu$	$(q_2\ q_1)^{\nu+1}$	$y_3\ y_2\ y_1$
0 0 0	1 0	1 1	1 0 1
0 0 1	1 0	1 1	1 0 1

vant. Diese Entscheidungsvariablen in Bild 1.3 sind mit den Eingangsvariablen in Bild 3.1 identisch.

Da bei den verschiedenen Verzweigungsbefehlen im allgemeinen jeweils unterschiedliche Eingangsvariablen relevant sind, erreicht man eine Reduktion des Adreßraumes, indem man die Eingangsleitungen nicht direkt mit Adreßleitungen verbindet, sondern diese Verbindung je nach Bedarf schaltet. So gelangt man zur Struktur von Bild 3.2a oder Bild 3.2b.

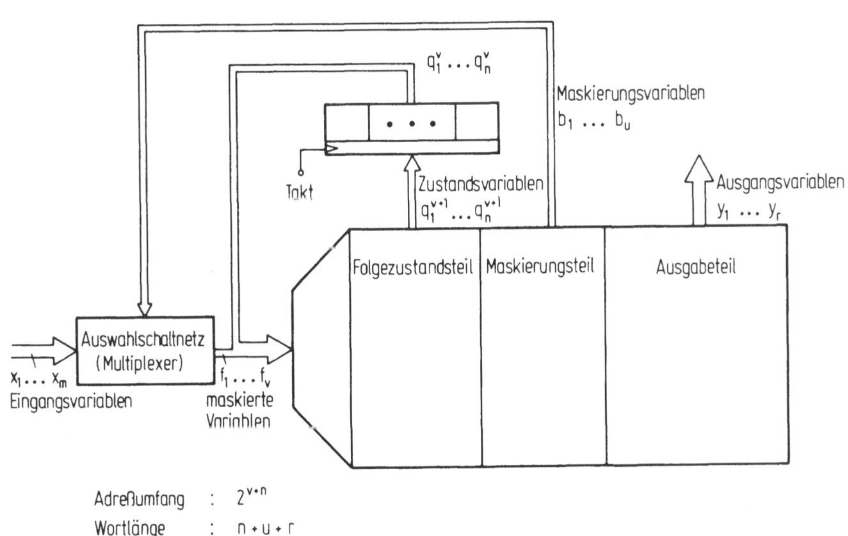

Bild 3.2a. Maskierung von Eingangsvariablen ohne Zwischenspeicherung der Maskierungsinformation in einem Register

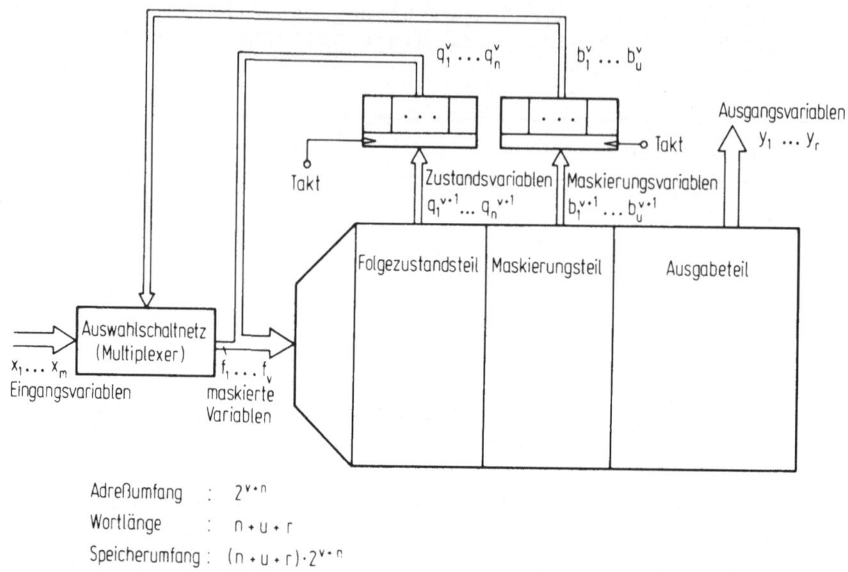

Bild 3.2b. Maskierung von Eingangsvariablen <u>mit</u> Zwischenspeicherung
der Maskierungsinformation in einem Register

In den Bildern 3.2 ist gezeigt, wie mit Hilfe sogenannter Maskierungsvariablen b_1, ..., b_u festgelegt wird, welche der Eingangsvariablen
x_1, ..., x_m für die nächste Taktzeit relevant sind. Letztere heißen maskierte Variablen und werden mit f_1, ..., f_v gekennzeichnet ($v < m$). Dieses Verfahren setzt allerdings voraus, daß die Wortlänge im Speicher um
die Anzahl der Maskierungsstellen erweitert wird. Wie sich für diesen
Fall die Werte von Adreßumfang, Wortlänge und Speicherumfang verändern,
ist durch die Formelausdrücke in den Bildern 3.2a und 3.2b dargestellt.

Die in Bild 3.2a gezeigte Struktur sieht für die Maskierungsvariablen
keine Zwischenspeicherung in einem Register vor. Dies ist nur dann zulässig, wenn die Maskierungsinformation für den gesamten durch einen
Zustand (Teiladresse) definierten Speicherbereich identisch ist. Die
Übernahme eines Zustandes in das Register löst dann den Ausleseprozeß
für die gewünschte Maskierungsinformation aus. In einem Taktzyklus ist
daher für zwei Auslesevorgänge Zeit zu lassen. Dies soll mit Bild 3.3
verdeutlicht werden. In diesem Bild sind die Maskierungsvariablen in
einem getrennten Speicher abgelegt, der allein mit den Zustandsvariablen adressiert wird.

Für den Fall der Zwischenspeicherung der Maskierungsvariablen in einem
Register (Bild 3.2b) sind deren Werte dem jeweils abgespeicherten Folge-

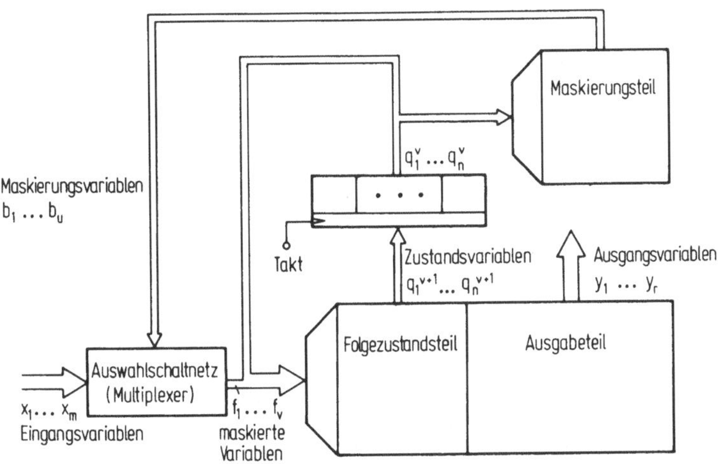

Bild 3.3. Auflösung der Struktur von Bild 3.2a zur Verdeutlichung des tatsächlichen Ablaufs

zustand zuzuordnen. Sind daher in verschiedenen Speicherworten dieselben Folgezustände eingetragen, dann gehören hierzu jeweils dieselben Maskierungsinformationen.

Einsparungen an Speicherzellen gegenüber der Grundstruktur (Bild 3.1) sind in Bild 3.2 nur dann möglich, falls hinsichtlich der Speicherumfänge die folgende Bedingung erfüllt ist:

$$(n+u+r) \cdot 2^{v+n} < (n+r) \cdot 2^{m+n}$$

oder

$$(1+\frac{u}{n+r}) \cdot 2^{v-m} < 1.$$

Da bei praktischen Aufgabenstellungen die Anzahl v der maskierten Variablen sehr viel kleiner ist als die Anzahl m der Eingangsvariablen, ist diese Bedingung stets erfüllt.

Aufgabe des Entwurfsprozesses ist es, die Wortlänge u des Maskierungsteils möglichst klein zu halten. Allerdings ist der Einfluß der Anzahl v der maskierten Variablen auf den Speicherzellenbedarf wesentlich größer. Eine untere Grenze für v ist durch die maximale Anzahl der für die Bestimmung eines Folgezustandes relevanten Eingangsvariablen gegeben. Sofern die zeitlichen Randbedingungen es erlauben, läßt sich die Zahl v durch eine teilweise oder vollständige Serialisierung der Eingangsabfragen vermindern. Durch die Serialisierung sinkt nämlich die Anzahl der für die Bestimmung eines Folgezustandes relevanten Eingangsvariablen.

Das Auswahlschaltnetz in den Bildern 3.2 besteht aus v Multiplexern, die jeweils einen Datenkanal der Breite 1 durchschalten können.

3.3 Relative Adressierung

Statt den Folgezustand und damit den von den Eingangsvariablen unabhängigen Adreßteil vollständig abzuspeichern, kann man auch nur die Änderung der neuen Teiladresse gegenüber der vorangegangenen im Speicher vermerken und so aus der alten Teiladresse die neue erzeugen. Dadurch wird die versteckte Redundanz im allgemeinen vermindert. Zur Berechnung der neuen Teiladresse ist ein Schaltnetz erforderlich. Das kann beispielsweise ein Addier/Subtrahiernetz sein. Es sind jedoch auch andere Möglichkeiten denkbar.

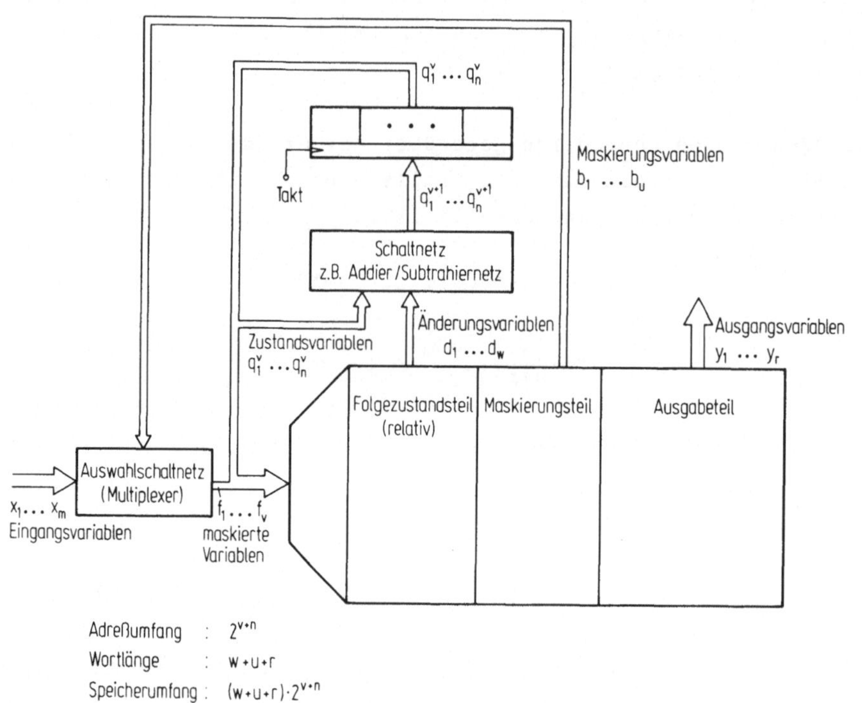

Bild 3.4. Struktur eines RAM-Schaltwerks mit relativer Adressierung

Bild 3.4 entspricht bis auf das neu eingeführte Schaltnetz vollkommen dem Bild 3.2a. Das Schaltnetz kann aber auch sinngemäß in Bild 3.2b eingebaut werden. Die Information für die Änderung der neuen Teiladresse gegenüber der vorausgegangenen wird in Bild 3.4 durch die Änderungsvariablen $d_1, \ldots, d_w$ gegeben.

Die eventuellen Einsparungen an Speicherzellen sind relativ gering, da ein Einfluß nur auf die Wortlänge und nicht auf den Adreßumfang besteht. Diese Reduktion an notwendigen Speicherzellen ist in Relation zu setzen zum Aufwand für das zusätzliche Schaltnetz. Außerdem muß darauf hingewiesen werden, daß die Anzahl w der notwendigen Änderungsvariablen sehr stark von der spezifischen Aufgabenstellung abhängt und nicht unbedingt kleiner sein muß als die Anzahl n der Zustandsvariablen. Nachträgliche Änderungen der Aufgabenstellung können daher unter Umständen eine Änderung der Struktur erforderlich oder zumindest sinnvoll machen.

3.4 Abspeichern aller Verzweigungsadressen in einer Speicherzeile

Bisher dienten die Eingabebelegungen oder die Belegungen der maskierten Variablen direkt zur Adressierung der Speicherworte. Eine Alternative besteht darin, im Speicher alle zu einer Taktzeit erreichbaren Folgezustände in einer Zeile abzuspeichern und den gewünschten Weg in der Verzweigung des Ablaufs erst nach dem Auslesen mit Hilfe der Eingabeinformation zu wählen. Es wird später ersichtlich, daß hierdurch offensichtliche Redundanz vermindert wird.

In Bild 3.5 sind maximal k Folgezustände für jede Speicherzeile vorgesehen. Die Auswahl des gewünschten Folgezustandes aus allen für den Zeitpunkt des Ablaufs möglichen erfolgt über ein Auswahlschaltnetz, das k Datenkanäle der Breite n schalten kann. Die Steuerung dieser Multiplexer geschieht durch die maskierten Variablen. Im allgemeinen ist $k < 2^v$, sodaß einige Multiplexereingänge mit identischen Informationen beschaltet werden.

Es sei noch darauf hingewiesen, daß in Bild 3.5 die Anzahl der Zustände und damit die Anzahl der Zustandsvariablen für dieselbe Aufgabenstellung im allgemeinen größer ist als in den Bildern 3.1 bis 3.4. Die Umwandlung der bei diesen Bildern zugrunde gelegten Darstellungsart in die hier beschriebene ist nicht trivial und wird gesondert behandelt (Mealy-Moore-Wandlung).

Bild 3.5 zeigt im unteren Teil noch die Formelausdrücke für den Adreßumfang, die Wortlänge und den Speicherumfang.

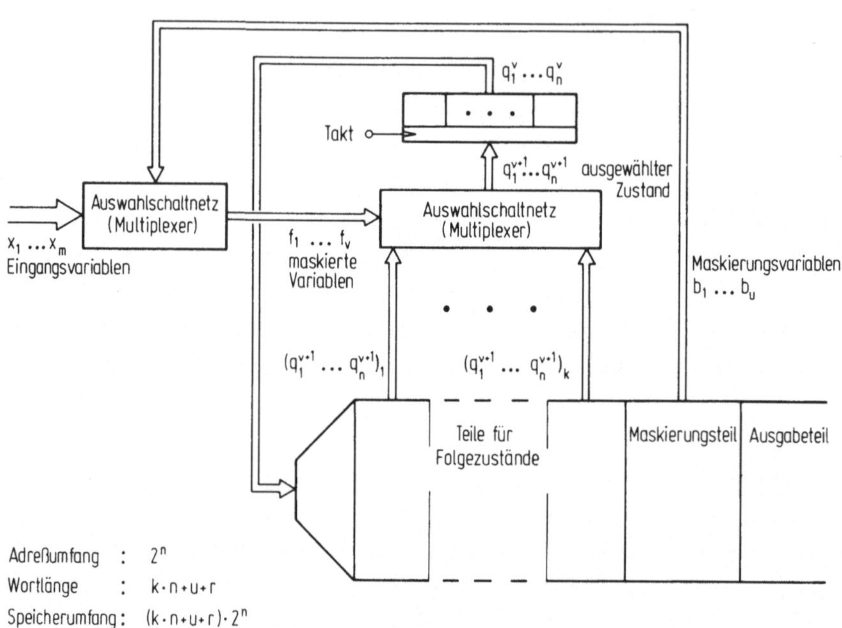

Bild 3.5. Abspeichern aller möglichen Verzweigungsadressen in einer
Speicherzeile

3.5 Serialisierung des Ausleseprozesses

Bei den in den vorausgegangenen Kapiteln beschriebenen Methoden wurden
die für die Dauer einer Periode des Steuerwerkstaktes gültigen Folgezu-
stands-, Maskierungs- und Ausgabeinformationen gleichzeitig aus dem
Speicher ausgelesen. Diesen Vorgang kann man jedoch auch serialisieren,
das heißt in eine zeitliche Aufeinanderfolge bringen. Dies hat, zunächst
ohne Speicherplatzgewinn, eine Verlängerung der Verarbeitungsdauer zur
Folge. Erst zusätzliche Maßnahmen (beispielsweise die in Abschnitt 3.6.2
beschriebenen) führen zu einer Verminderung des Speicherbedarfs.

Bild 3.6 zeigt die Aufteilung des ursprünglichen Speicherwortes in p
Teile. Das ursprüngliche Speicherwort setzt sich aus $k \cdot n$ Stellen für

die Folgezustandsinformation, u Stellen für die Maskierungsinformation
und r Stellen für die Ausgabeinformation zusammen. Die p Teile werden
nacheinander in die p Register R_1, ..., R_p eingelesen. Diesen Vorgang
steuern p Takte, die aus einem zentralen Takt gewonnen werden. Die Um-

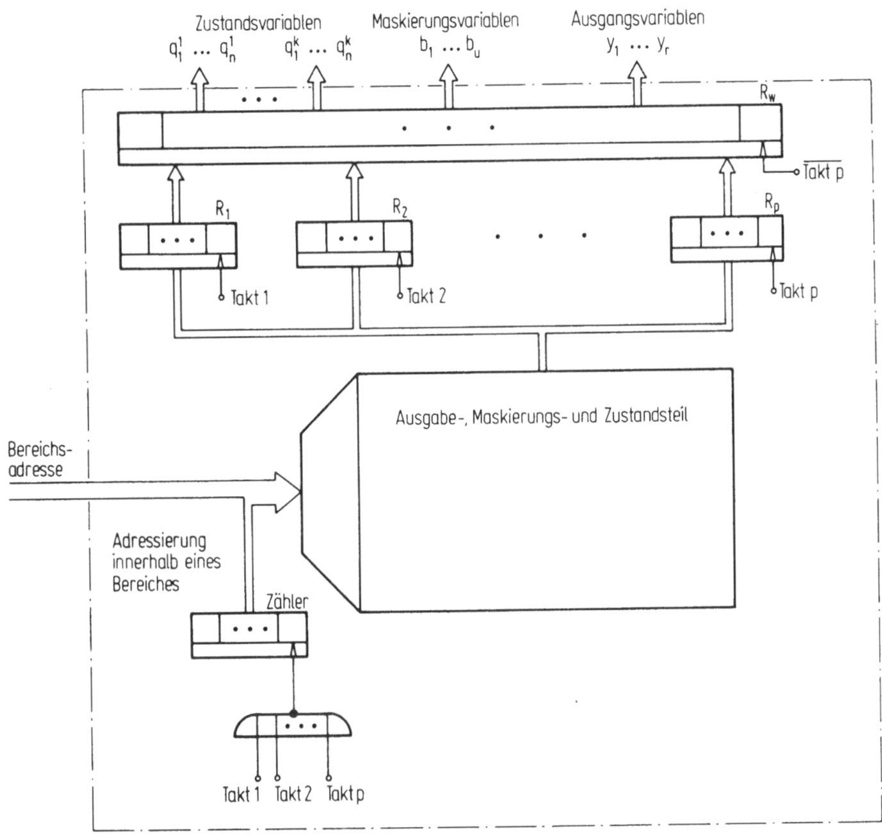

Bild 3.6. Serialisierung des Ausleseprozesses

speicherung in ein weiteres Register R_w sorgt dafür, daß alle Informationen des ursprünglichen Speicherwortes in einer definierten Zeitspan-
ne zur Verfügung stehen. Der Takt zur Übernahme in das Register R_w kann
mit dem negierten Takt p identisch sein. Die p Takte veranlassen die
Fortschaltung eines Zählers, der p Teiladressen definiert.

Bild 3.7 zeigt eine Möglichkeit, wie für den Fall p=4 die einzelnen
Takte aus einem zentralen Takt gewonnen werden. In Zeile a ist das zugrunde gelegte zentrale Taktsignal, in den Zeilen b bis e die daraus

ausgeblendeten Taktmuster für die Register R_1 bis R_4 abgebildet. Die
Rückflanken der Takte 1 bis 4 bestimmen die Zeitpunkte, von denen ab
die jeweils neue Teiladresse (Zeile f) vorliegt. Wie Zeile g veranschaulicht, wird die Übernahme in die Register R_1 bis R_4 mit den Takt-
vorderflanken bewirkt. Die Rückflanke des vierten Taktimpulses bestimmt
den Übernahmezeitpunkt in das Register R_w. Der eigentliche Steuerwerkstakt hat die fünffache Periodendauer des zentralen Taktes und ist in
Zeile h abgebildet.

Bild 3.6 kann als interner Aufbau eines Speichers aufgefaßt werden.
Dann dient der gestrichelte Block als Ersatz für die Speicher in den
übrigen Bildern dieses Kapitels.

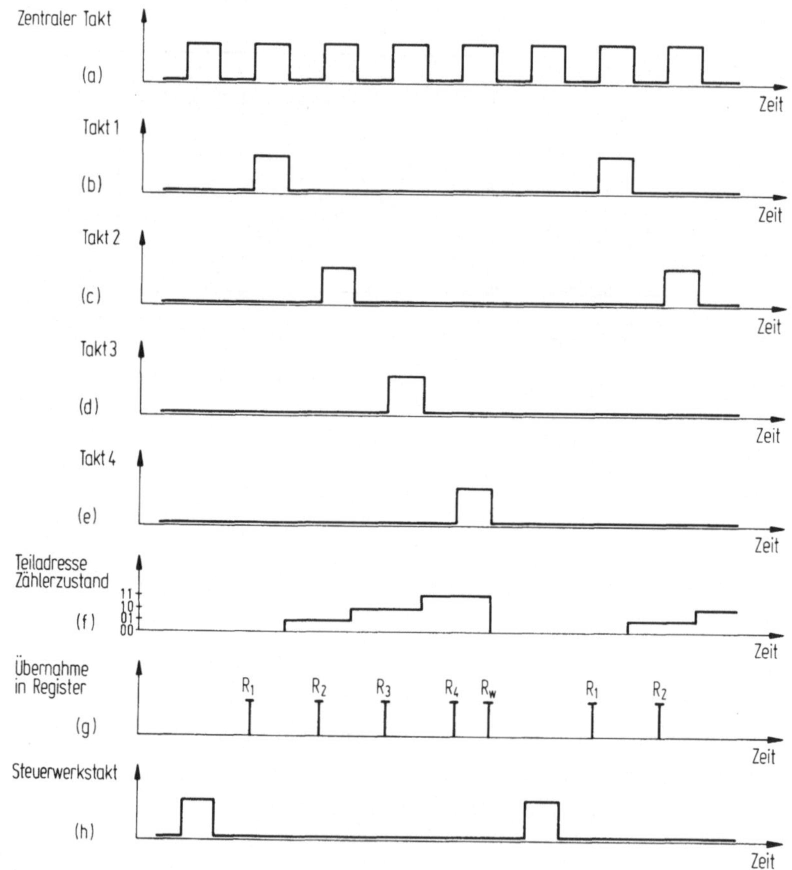

Bild 3.7. Zur Erläuterung des zeitlichen Ablaufs bei der Ausleseserialisierung nach Bild 3.6

Wählt man etwa die Struktur von Bild 3.1, so läßt sich zeigen, daß sich
der Speicherbedarf bei Einsatz der Technik von Bild 3.6 wie folgt bestimmt. (In Bild 3.1 ist k=1 und u=0).

$$\text{Wortlänge} \quad = \left\lceil \frac{r+n}{p} \right\rceil$$

$$\text{Adreßumfang} \quad = 2^{m+n+\lceil \text{ld } p \rceil}$$

$$\text{Speicherumfang} = \left\lceil \frac{r+n}{p} \right\rceil \cdot 2^{m+n+\lceil \text{ld } p \rceil} > (r+n) \cdot 2^{m+n}.$$

Dabei bedeuten ld p: Logarithmus zur Basis 2 von p
$\lceil a \rceil$: kleinste ganze Zahl, die größer als a oder gleich
a ist

3.6 Adreßbestimmung außerhalb des Speichers

Zähler benötigen zur Änderung ihres Zustandes außer dem Taktsignal keine
zusätzliche Information. Wenn es daher gelingt, den zeitlichen Ablauf
zumindest teilweise durch einen Zähler steuern zu lassen, dann muß für
diese Zustandsänderung keine Information im Speicher abgelegt sein. Deshalb kann man auf diese Art die notwendige Speicherwortlänge vermindern.
Die Einsparungen beruhen allerdings nicht auf Verminderung von Redundanz,
vielmehr wird eine Teilfunktion aus dem Speicher ausgegliedert und extern
mit einem anderen Baustein, nämlich dem Zähler, ausgeführt.

3.6.1 Zählerbestimmung einer von mehreren möglichen Verzweigungsadressen

Im Abschnitt 3.4 wurde vorgeschlagen, alle Zustände, in die ein Ablauf zu
einer bestimmten Taktzeit verzweigen kann, in einem Speicherwort abzulegen. Bild 3.5 stellte die entsprechende Schaltwerksstruktur vor. Die
Zustände sind bei dieser Struktur mit den Speicheradressen identisch.
Will man jeweils eine der möglichen Verzweigungsadressen, die in Bild
3.5 in einem Speicherwort abgelegt sind, durch einen Zähler generieren,
dann gelangt man zu der Struktur von Bild 3.8.

Bild 3.8 unterscheidet sich von Bild 3.5 dadurch, daß das Register durch
einen Zähler mit dem Steuersignal Zählen/Parallelübernehmen ersetzt ist.
Das Steuersignal wird durch eine UND-Schaltung aus den maskierten Variablen erzeugt. Ist das Steuersignal gleich 1, dann geht der Zählerzustand
in die nächst höhere Dualzahl über, falls nicht, übernimmt der Zähler den
durch den Multiplexer mit der Kanalbreite n geschalteten Folgezustand.

Das Speicherwort enthält nun statt $k \cdot n$ nur noch $(k-1) \cdot n$ Stellen für die Folgezustände. Dies hat den in Bild 3.8 aufgeführten Einfluß auf die notwendige Wortlänge und den erforderlichen Speicherumfang.

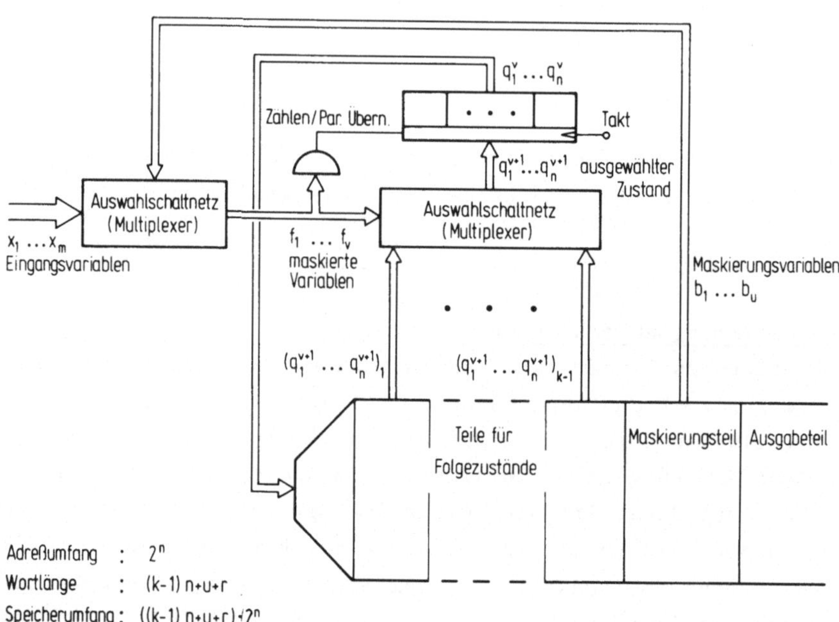

Bild 3.8. Zählerbestimmung einer von mehreren möglichen Verzweigungs-adressen

3.6.2 Zählerbestimmung einer Verzweigungsadresse bei Serialisierung des Ausleseprozesses

In Abschnitt 3.5 wurde die Möglichkeit der Serialisierung des Ausleseprozesses vorgestellt. Dabei war das ursprüngliche Speicherwort in p Teile zerlegt worden, ohne Rücksicht auf den Inhalt dieser p Teile zu nehmen. Nun betrachten wir den eingeschränkten Fall, daß ein Speicherwort entweder nur Ausgabeinformationen oder nur Informationen über eine Verzweigungsadresse und die zugehörige Maskierung der Eingangsvariablen beinhaltet. Die Bilder 3.9a und b zeigen entsprechende Speichereinteilungen. Außerdem setzen wir einen Zähler ein, der nicht mehr nur die Teiladressen in einem Zustandsbereich bestimmt, wie in Bild 3.5, sondern der nacheinander alle Zeilen des Speichers ansteuert. Diese Fortschaltung kann nur unterdrückt werden, wenn die gerade maskierten Eingangsvariablen alle einen bestimmten Wert annehmen (beispielsweise alle gleich 1 sind). Dann erfolgt die Übernahme der im gerade adressierten Wort gespeicherten Verzweigungsadresse in den Zähler. Enthält das gerade angesteuerte Speicherwort Ausgabeinformationen, dann wird der Zähler fortgeschaltet.

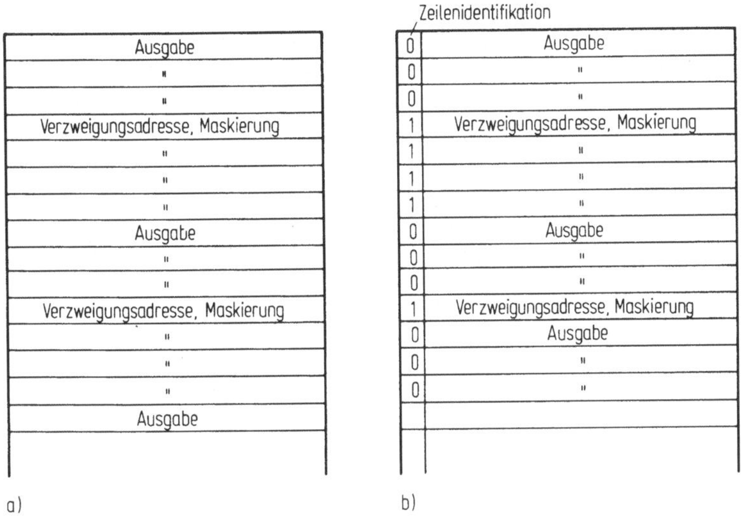

Ausgabe
"
"
Verzweigungsadresse, Maskierung
"
"
"
Ausgabe
"
"
Verzweigungsadresse, Maskierung
"
"
"
Ausgabe

a)

Zeilenidentifikation

0	Ausgabe
0	"
0	"
1	Verzweigungsadresse, Maskierung
1	"
1	"
1	"
0	Ausgabe
0	"
0	"
1	Verzweigungsadresse, Maskierung
0	Ausgabe
0	"
0	"

b)

Bild 3.9. Speicheraufteilung für die Ausleseserialisierung
a. konstante Speichereinteilung
b. variable Speichereinteilung mit Identifikationsbit

Die Information, ob eine angesteuerte Speicherzeile eine Ausgabeinformation oder eine Verzweigungsadresse enthält, kann man extern gewinnen, wenn die Zahl aufeinanderfolgender Ausgabezeilen und Adreßzeilen jeweils konstant ist (Bild 3.9a). Häufig vermindert sich jedoch die offensichtliche Redundanz, wenn man zuläßt, daß die Zahl der aufeinanderfolgenden Adreßzeilen zwischen den verschiedenen Ausgabebereichen variieren kann. Dann muß allerdings eine zusätzliche Zeilenidentifikation die jeweilige Information der verschiedenen Zeilen kennzeichnen (Bild 3.9b). Dies kann durch eine einzige Binärvariable beispielsweise am Zeilenanfang geschehen. Binär 0 bedeutet Ausgabe, binär 1 Verzweigungsadresse + Maskierung.

Für den Fall, daß sich jeweils nur eine Ausgabezeile mit beliebig vielen Adreßzeilen abwechselt, zeigt Bild 3.10 eine mögliche Realisierung.

Das Zeilenidentifikationsbit steuert die Übernahme in das Ausgaberegister und den Zähler. Die Übernahme in den Zähler erfolgt allerdings nur, wenn zusätzlich die ausgewählten Eingangsvariablen jeweils einen entsprechenden Wert besitzen. Um den jeweiligen Wert für alle Abfragen konstant zu belassen, muß man dem Auswahlschaltnetz außer den bejahten Eingangsvariablen auch die negierten zuführen.

Das Zeilenidentifikationssignal in Bild 3.10 kann zusätzlich zur Erzeugung des Taktes für den gesteuerten Teil eingesetzt werden. Hierzu führt man das negierte Zeilenidentifikationssignal zusammen mit dem negierten Takt des Steuerwerks auf ein UND-Glied.

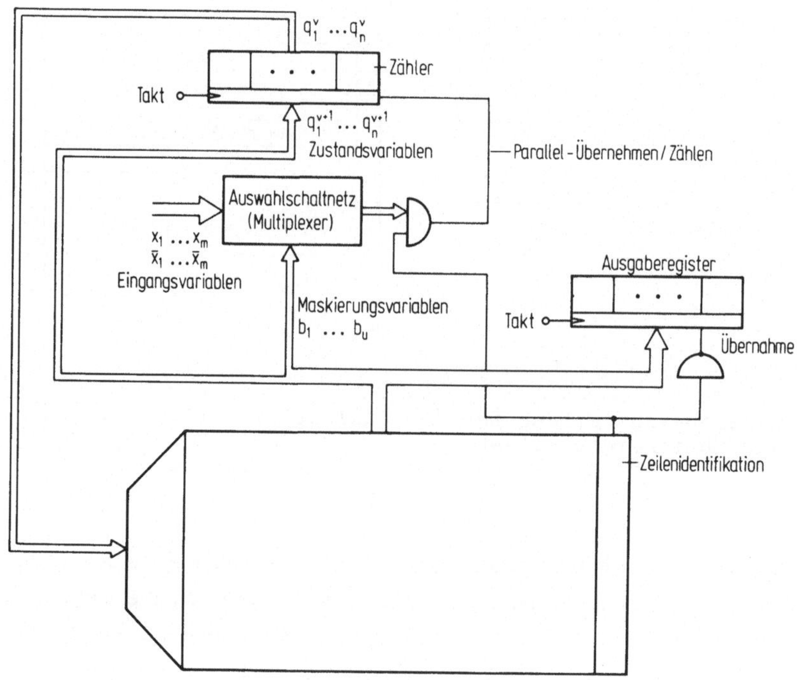

Bild 3.10. Ausleseserialisierung mit Adreßbestimmung durch einen Zähler

4. Darstellung von Aufgabestellungen

In Kapitel 1 wurden bereits die hier betrachteten Schaltwerkstypen auf
Steuerwerke eingeschränkt. Die Beschreibung des Entwurfsprozesses von
gesteuerten Werken ist in dem Buch von S. Wendt [1] ausführlich dargestellt. Die gesteuerten Werke heißen dort Operationswerke. Auf dem Inhalt dieses Buches aufbauend braucht die Transformation von einer ver-
balen Aufgabenstellung in ein Ablaufdiagramm für ein Steuerwerk hier
nicht behandelt zu werden. Ausgangspunkt der folgenden Entwurfsalgorithmen ist daher ein gegebenes Ablaufdiagramm.

4.1 Beschreibung einer Magnettrommelsteuerung nach Wendt

Die schrittweise Entwicklung der Aufgabenstellung für eine Magnettrommelsteuerung, wie sie Bild 4.1b zeigt, findet der Leser in [1, S. 184
bis 208]. Wir haben lediglich die Symbole innerhalb des Ablaufdiagramms
modifiziert. Zur Erläuterung des Ablaufdiagramms stellen wir hier nur
das fertige Operationswerk vor (Bild 4.1a) und skizzieren den ungefäh-
ren Steuerablauf. Dies wäre eigentlich für das Verständnis der folgenden Kapitel nicht notwendig, doch kann man nur so die konkrete Bedeutung der eingesetzten Entscheidungs- und Steuervariablen sehen.

Im Zentrum von Bild 4.1a befindet sich der Trommelspeicher, der für jede Spur einen Schreib-Lese-Kopf besitzt. Diese Köpfe sind direkt adres-
sierbar, d.h. durch Anlegen einer Adresse wird ein bestimmter Kopf ohne
wesentlichen Zeitverzug ausgewählt. Die Kopfadresse befindet sich im
oberen Teil des Adreßregisters. Die einzelnen Spuren enthalten jeweils
25 x 256 Binärinformationen (Bits). Die Einteilung der Spuren in diese
25 x 256 "Zellen" erfolgt durch die, in einer hierfür reservierten Spur,
eingeschriebene Taktinformation. Der dieser Taktspur zugeordnete Kopf
liefert für jede Zelle einen Taktimpuls. (In Wirklichkeit sind die Verhältnisse etwas komplizierter, jedoch genügt für unsere Zwecke die ver-
einfachte Darstellung.) Ein sogenannter Bitzähler zählt die Taktimpulse

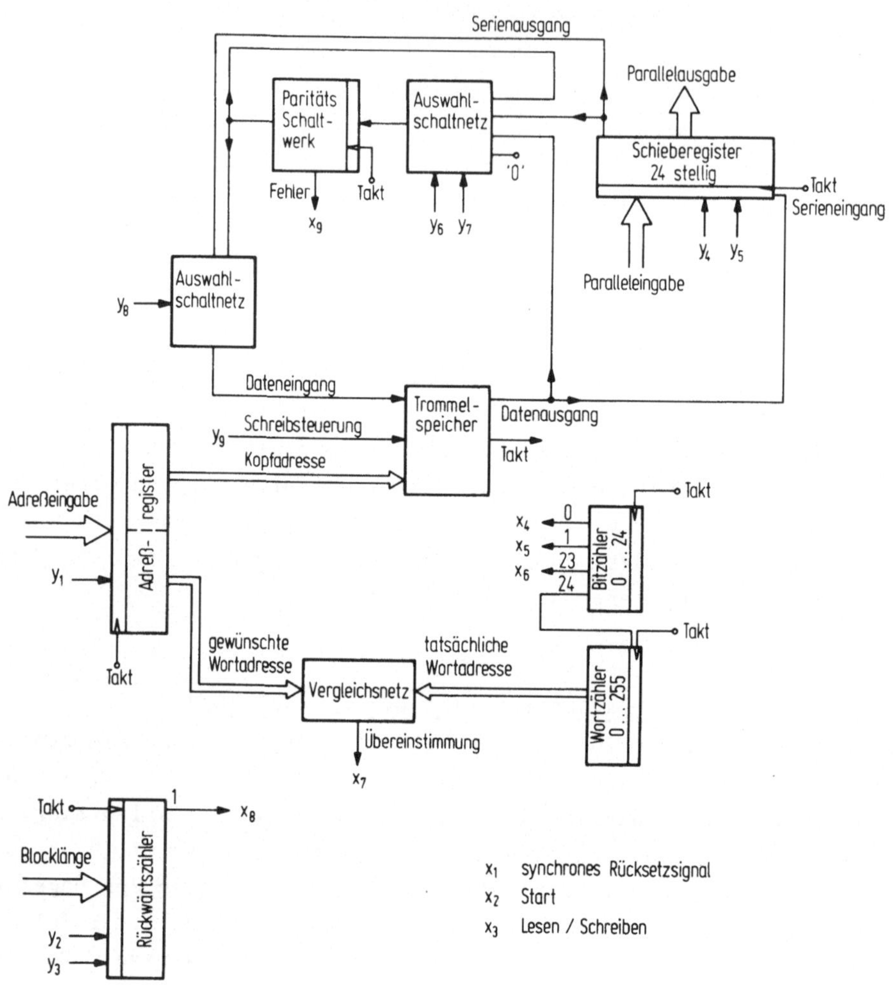

Bild 4.1a. Operationswerk für eine Magnettrommelsteuerung nach [1]

und liefert nach jeweils 25 Impulsen ein Signal für einen Wortzähler, dessen Inhalt laufend mit der gewünschten Wortadresse verglichen wird.

Die gewünschte Wortadresse befindet sich im unteren Teil des Adreßregisters. Der Vergleich mit dem Inhalt des Wortzählers erfolgt über ein Vergleichsnetz. Bei Übereinstimmung der tatsächlichen mit der gewünschten Wortadresse nimmt die Variable x_7 den Wert 1 an. Jetzt können Informationen in den ausgewählten Bereich auf dem Trommelspeicher eingeschrieben oder aus diesem Bereich ausgelesen werden. Der Wert der Variablen x_3 entscheidet über die Betriebsart ($x_3=0$ bedeutet Lesen, $x_3=1$

bedeutet Schreiben). Die Variable x_3 hat keinen direkten Einfluß auf
das Operationswerk, vielmehr wird sie im zu entwerfenden Steuerwerk
verarbeitet. Das Steuerwerk liefert dann das Signal y_9, das den Schreib-
Lese-Prozeß des Trommelspeichers steuert.

Die Variable y_1 bewirkt die Übernahme einer neuen Adresse in das Adreßregister.

Falls <u>gelesen</u> werden soll, werden die ersten 24 Bits des adressierten
Wortes in ein Register geschoben <u>(Schieberegister 24stellig)</u> und dann
parallel ausgegeben. Die Steuersignale für das Schieberegister heißen
y_4 und y_5. Sie entscheiden, ob der Registerinhalt unverändert bleiben
soll, ob ein neues Wort parallel übernommen oder ob der Inhalt des Registers um eine Stelle nach links geschoben werden soll. Während des
Auslesens bestimmt das <u>Paritäts-Schaltwerk</u> die Mod-2-Quersumme der ersten 24 Bits und vergleicht sie mit dem 25. Bit des ausgelesenen Wortes. Hierzu schalten die Variablen y_6 und y_7 den Datenausgang des Trommelspeichers auf den Eingang des Paritäts-Schaltwerks durch. Ergibt die
Quersummenprüfung einen Fehler, dann wird die Variable x_9 zu 1.

Soll <u>geschrieben</u> werden, dann übernimmt das 24stellige Schieberegister
das zu schreibende Wort von der Außenwelt. Sobald Adreßübereinstimmung
besteht, wird das Wort seriell in den Trommelspeicher eingeschrieben.
Während dieses Schreibvorgangs erzeugt das <u>Paritäts-Schaltwerk</u> die Mod-
2-Quersumme dieser 24 Bits. Hierzu schalten die Steuervariablen y_6 und
y_7 den Serienausgang des Schieberegisters auf den Eingang des Paritäts-
Schaltwerks. Die Mod-2-Quersumme (Paritätsbit) schließt sich den 24 In-
formationsstellen an, sodaß ein Wort mit 25 Stellen in den Trommelspeicher eingeschrieben wird. Dies erfolgt dadurch, daß auf den Dateneingang
des Trommelspeichers nach 24 Takten nicht mehr der Serienausgang
des 24stelligen Schieberegisters, sondern der Ausgang des Paritäts-
schaltwerks geschaltet wird. Die Variable y_8 übernimmt die Steuerung
des entsprechenden Auswahlschaltnetzes.

Sollen mehrere Wörter hintereinander ausgelesen oder eingeschrieben werden, dann tritt der Blocklängenzähler <u>(Rückwärtszähler)</u> in Aktion. Ihm
ist die Anzahl der Wörter (Blocklänge) zu melden, die er dann nach jedem bearbeiteten Wort um Eins reduziert. Ist der Inhalt des Rückwärts-
zählers gleich Eins, soll also nur noch ein Wort geschrieben oder gelesen werden, dann wird das Signal x_8 zu 1. Die Variablen y_2 und y_3 steuern die Übernahme der Blocklänge oder das Rückwärtszählen. Auf die Be-

deutung der Variablen x_1 und x_2 sowie x_4, x_5 und x_6 braucht zunächst nicht weiter eingegangen zu werden.

Das Steuerwerk liefert außer den erläuterten Signalen y_1 bis y_9 noch die Signale y_{10}, y_{11} und y_{12}. Falls y_{10} gleich 1 ist, arbeitet die Trommelsteuerung und kann keine neuen Informationen aufnehmen. Das Signal y_{10} heißt daher Beschäftigtsignal. Das Signal y_{11} gibt an, wann ein neuer Datenblock von der Außenwelt geliefert werden darf, und y_{12} schließ lich signalisiert der Außenwelt einen erkannten Paritätsfehler.

Die Schnittstellensignale und ihre Bedeutung seien im folgenden nochmals zusammengefaßt. Dabei bedeuten die mit x gekennzeichneten Signale Entscheidungssignale und die mit y gekennzeichneten Signale Steuersignale, entsprechend der Definition von Bild 1.1.

$x_1=1$:   Synchrone Rücksetzung $x_2=1$:   Start

$x_3=0$:   Lesen $x_4=1$:   Bitzählerstand 0

$x_3=1$:   Schreiben $x_5=1$:   Bitzählerstand 1

$x_7=1$:   Übereinstimmung der Wortadressen $x_6=1$:   Bitzählerstand 23

$x_8=1$:   Letztes Wort eines Blockes $x_9=1$:   Paritätsfehler

$y_1=1$:   Übernahme der anliegenden Adresse in das Adreßregister

$y_2y_3=00$: Inhalt des Blocklängenregisters bleibt unverändert

$y_2y_3=01$: Inhalt des Blocklängenregisters um Eins vermindern

$y_2y_3=10$: Übernahme der anliegenden Blocklänge in das Register

$y_4y_5=00$: Inhalt des 24stelligen Schieberegisters bleibt unverändert

$y_4y_5=01$: Inhalt des Registers um eine Stelle verschieben

$y_4y_5=10$: Parallelübernahme neuer Daten in das Schieberegister

$y_6y_7=00$: Paritäts-Schaltwerk bleibt in Ruhe

$y_6y_7=01$: Serienausgang des Schieberegisters auf den Eingang des Paritäts-Schaltwerks schalten

$y_6y_7=10$: Rücksetzen des Paritäts-Schaltwerks

$y_6y_7=11$: Trommelspeicherausgang auf den Eingang des Paritäts-Schaltwerks schalten

$y_8=0$:   Serienausgang des Schieberegisters auf den Trommelspeichereingang schalten

$y_8=1$:   Ausgang des Paritäts-Schaltwerks auf den Trommelspeichereingang schalten

$y_9=0$:   Vom Trommelspeicher lesen

$y_9=1$:   Auf Trommelspeicher schreiben

$y_{10}=1$: Magnettrommelsteuerung beschäftigt

$y_{11}=1$: Anlieferung eines neuen Datenblockes von der Außenwelt möglich

$y_{12}=1$: Meldung eines Paritätsfehlers an die Außenwelt

Bild 4.1b zeigt das Ablaufdiagramm, das die Aufgabe des zu Bild 4.1a
gehörenden Steuerwerks eindeutig festlegt. Das Ablaufdiagramm als Beschreibungsform einer Schaltwerksaufgabe wurde bereits in Bild 1.3 vorgestellt.

Die Entscheidungssignale x werden in den von der Rauteform abgeleite-
ten Symbolen auf ihre Werte abgefragt. Die bezeichnete Abfrage erfolgt
nur, wenn sich das Steuerwerk in dem in demselben Symbol angegebenen
Zustand befindet. In Bild 4.1b Stelle A ist dies der mit der Ziffer 1
numerierte Zustand. Die Werte der Signale Start (x_2) und Schreiben/
Lesen (x_3) entscheiden über den weiteren Steuerablauf, die Werte der
übrigen Entscheidungssignale sind im Zustand 1 ohne Bedeutung. Je
nach dem Ergebnis der Abfrage bleibt das Schaltwerk im Zustand 1
(x_2=0, x_3 beliebig) oder es geht in den Zustand 2 (x_2=1, x_3=1) oder
in den Zustand 8 (x_2=1, x_3=0) über. Dies ist durch die drei dem Abfragesymbol folgenden Symbole mit den schwarzen Balken (Zustandskästchen) festgelegt. Der schwarze Balken soll andeuten, daß nicht nur die
Abfragebedingung erfüllt sein, sondern auch noch die Triggerung durch
den Takt erfolgen muß, ehe sich der Zustand in der spezifizierten Weise
ändert.

Oberhalb der Zustandskästchen befinden sich noch die Symbole zur Festlegung der Werte für die Steuervariablen y_1 bis y_{12}. Diese Wertzuwei-
sung gilt solange, wie sich das Schaltwerk im Zustand 1 befindet und
die Variablen x_2 und x_3 die zugehörigen Werte besitzen. Dabei wurden
aus Platzgründen die Variablen y_1 bis y_{12} durch ihre Indizes ersetzt.
Die Steuervariablen können die drei Werte 0,1 oder * (beliebiger Binär-
wert) annehmen.

Eine Besonderheit im Diagramm von Bild 4.1b ist die Abfrage auf das
synchrone Rücksetzsignal x_1 (Stelle B). Diese Abfrage müßte in jedem
Zustand (1 bis 13) erfolgen, da jeder Zustand für x_1=1 in den Anfangszustand 1 überführt werden soll. Um das Ablaufdiagramm nicht unübersichtlich zu gestalten, wurde an der Stelle B die Rücksetzung für alle
Zustände gemeinsam formuliert: Für jeden Zustand (-) erzwingt x_1=1 die
Rücksetzung in den Zustand 1, bei allen anderen im Diagramm aufgeführten Abfragen ist x_1=0 zu ergänzen. Man kann sich das so vorstellen,
daß die Abfrage an der Stelle B unmittelbar nach jedem Zustandskästchen in den Ablauf eingeschoben werden sollte.

An der Stelle C in Bild 4.1b ist die Abfrage nach den Werten der Ent-

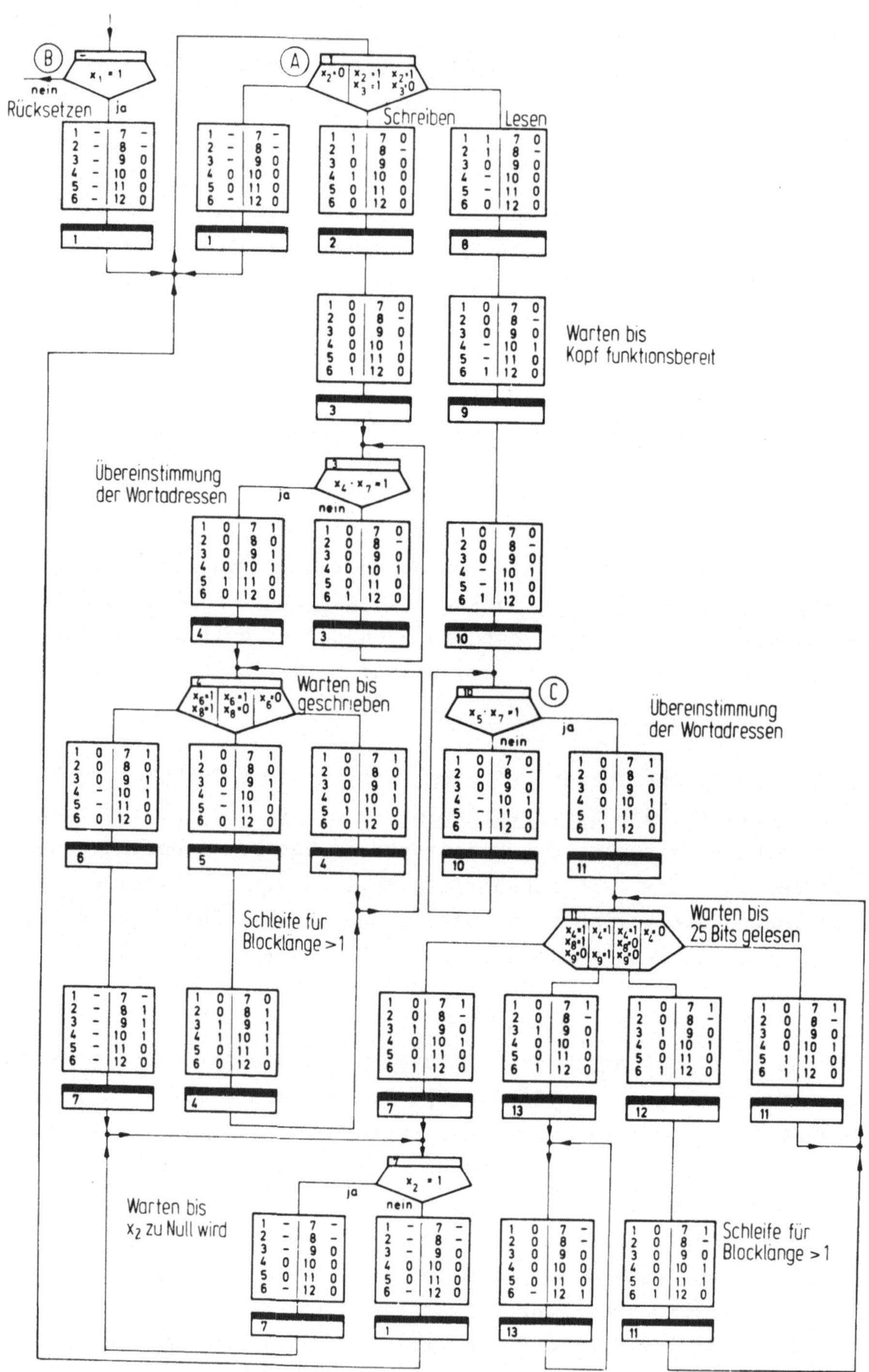

Bild 4.1b. Ablaufdiagramm zur Steuerung des Operationswerkes in Bild 4.1

scheidungsvariablen als logische Gleichung formuliert, die je nach den Werten von x_5 und x_7 erfüllt sein kann oder nicht. Bild 4.2 zeigt die zu dieser Darstellung äquivalente Abfrage nach den Werten von x_5 und x_7.

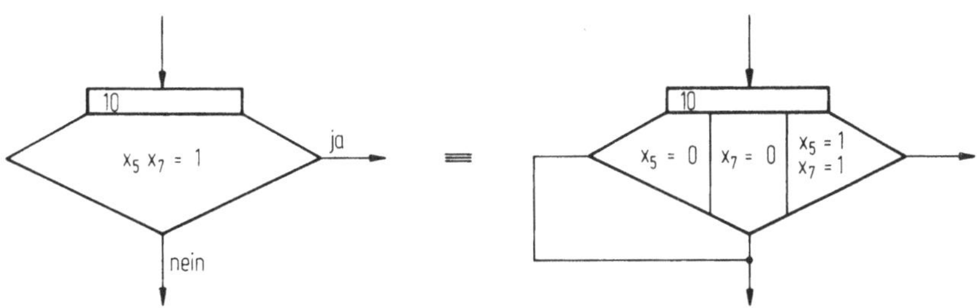

Bild 4.2. Äquivalente Abfragen in einem Ablaufdiagramm

Nach diesen Hinweisen zur Form des Ablaufdiagramms folgen nun einige Angaben zum Inhalt. Der in den Ablauf eingetragene Text kennzeichnet wesentliche Stationen des Steuerablaufs. Zusätzlich erläutert werden die drei folgenden Punkte.

1. Die Kopfadresse muß eine Taktperiode lang anliegen, ehe der adressierte Kopf funktionsbereit ist. (Übergang vom Zustand 2 zum Zustand 3 im Falle des Schreibens und vom Zustand 8 zum Zustand 9 im Falle des Lesens).

2. Das Startsignal x_2 muß nach erfolgtem Schreib- oder Leseprozeß mindestens für eine Taktperiode zu O werden, ehe ein neuer Schreib- oder Leseprozeß gestartet werden darf (Abfrage von x_2 im Zustand 7).

3. Falls ein Paritätsfehler erkannt wurde, bleibt das Schaltwerk solange in einer Warteschleife (Zustand 13), bis eine Rücksetzung mit dem Signal x_1 erfolgt.

Die gemachten Angaben reichen sicher nicht aus, um den Ablauf in Bild 4.1b im Detail nachvollziehen zu können. Es wurde jedoch bereits zu Beginn dieses Kapitels darauf hingewiesen, daß dies zum Verständnis der Entwurfsverfahren auch nicht notwendig ist.

Bevor jedoch Entwurfsverfahren behandelt werden, die von einem gegebenen Ablaufdiagramm ausgehen, ist noch ein grundsätzlicher Hinweis zur Erstellung von Ablaufdiagrammen sinnvoll, dessen Bedeutung erst später klar wird.

Bei Festlegung eines Steuerablaufs ist es nahezu gleichgültig, ob das Steuerwerk in der klassischen Form oder durch ein RAM-Schaltwerk reali-

siert werden soll. Die Struktur der Ablaufdiagramme zur Beschreibung
eines Steuerablaufs sind für beide Realisierungsarten identisch. Lediglich bei der Festlegung der Abfrage von Entscheidungssignalen kann man
unterschiedlich vorgehen. Für die klassische Schaltwerksrealisierung ist
es zweckmäßig, bei jeder Ablaufverzweigung die Werte der Entscheidungssignale möglichst genau festzulegen. Für RAM-Schaltwerke sollen jedoch
nur die Variablen spezifiziert werden, die zur Entscheidung über den
weiteren Ablauf unbedingt erforderlich sind.

Als Beispiel diene ein Zähler, dessen Zählerstände 6, 8 und 10 abgefragt werden (Bild 4.3). Die Zustandsvariablen q_4 bzw. q_3, q_2, q_1

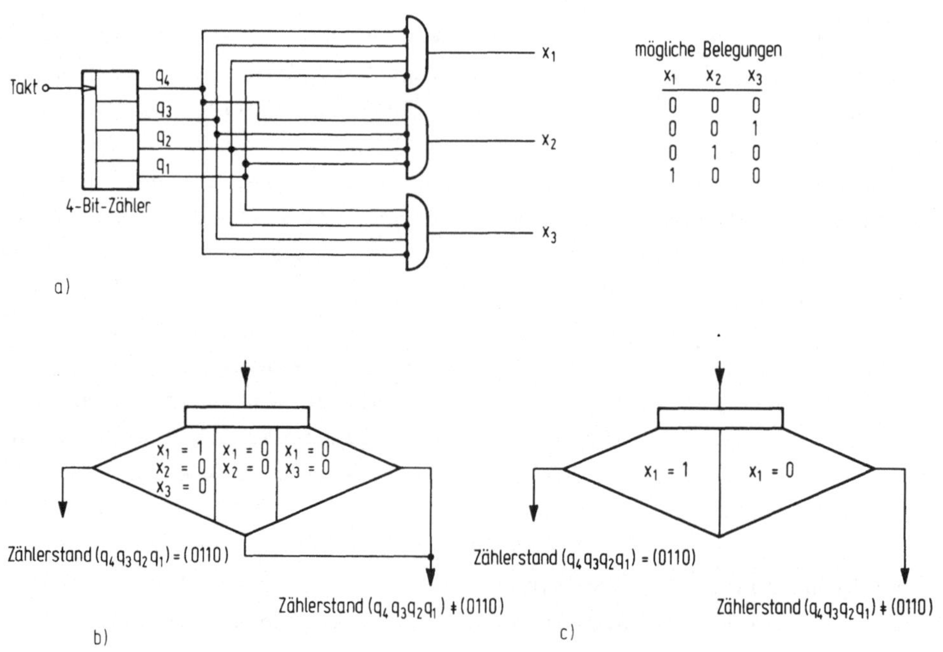

Bild 4.3. Zur Gestaltung von Abfragen im Ablaufdiagramm
a. Schaltwerk zur Zählung von 6, 8 oder 10 Taktimpulsen
b. Abfrage auf den Zählerstand 6 im Ablaufdiagramm für klassische Schalt
  werke
c. Abfrage auf den Zählerstand 6 im Ablaufdiagramm für RAM-Schaltwerke

haben dabei die Wertigkeiten 2^3 bzw. 2^2, 2^1, 2^0. Die Signale $x_1 = \bar{q}_4 q_3 q_2 \bar{q}_1$
$x_2 = q_4 \bar{q}_3 \bar{q}_2 \bar{q}_1$ sowie $x_3 = q_4 \bar{q}_3 q_2 \bar{q}_1$ zeigen daher die Zählerstände 6, 8 und
10 an. Wenn eines der drei Signale den Wert 1 annimmt, müssen gleich-
zeitig die beiden anderen Signale 0 sein. Wenn man nun ein klassisches

Steuerwerk entwerfen will, für das x_1, x_2 und x_3 Entscheidungssignale darstellen, dann wird man im Ablaufdiagramm für dieses Steuerwerk nur auf jeweils eine der folgenden vier Belegungen abfragen:

x_1 x_2 x_3	Zählerstände
0 0 0	alle, außer 6, 8 und 10
0 0 1	10
0 1 0	8
1 0 0	6

In Bild 4.3b ist die Abfrage auf den Zählerstand 6 für den klassischen Schaltwerksentwurf dargestellt. Für die in der Abfrage nicht enthaltenen Belegungen bleibt das Verhalten des Schaltwerks unspezifiziert, d.h. es ist beliebig.

Beim Entwurf von RAM-Schaltwerken ist es jedoch zweckmäßig, die Belegungen der Entscheidungssignale so weit wie möglich unspezifiziert zu lassen:

x_1 x_2 x_3	Zählerstände
0 0 0	alle, außer 6, 8 und 10
- - 1	10
- 1 -	8
1 - -	6

Das Verhalten des Schaltwerks wird jetzt für alle acht denkbaren Belegungen der drei Variablen x_1, x_2, x_3 spezifiziert.

Ein solcher Fall tritt auch bei der Trommelsteuerung auf, bei der die Signale x_4, x_5 und x_6 (Bild 1.4a) drei nie gleichzeitig auftretende Zählerzustände anzeigen.

Nach diesen Vorbemerkungen kann nun auf den weiteren Entwurfsprozeß für RAM-Schaltwerke eingegangen werden.

4.2 Konstruktion der Ablauftabelle in Mealyform

Entwurfsverfahren für Schaltwerke lassen sich einfacher darstellen, wenn man als Beschreibungsform für den Steuerablauf kein Diagramm sondern eine Tabelle, die sogenannte Ablauftabelle, wählt. Zur Trans-

40

formation des Diagramms in eine Tabelle betrachtet man alle Tripel der
Form

  1. Abfragebedingung

  2. Steuervorschrift

  3. Folgezustandsvorschrift.

In Bild 4.4a ist ein solches Tripel als Ausschnitt aus einem Ablaufdiagramm gezeigt. Wie man aus Bild 4.4a ersieht, entspricht das vorgestellte Tripel einer Zeile in der Ablauftabelle. Die Abfragebedingung besteht
aus dem derzeitigen Zustand $s^\nu=4$ (ν kennzeichnet eine beliebige Taktperio
de) und bestimmten Werten der Entscheidungsvariablen x_1, x_4 und x_6. Die
gerade nicht abgefragten Entscheidungsvariablen sind in ihrem Wert beliebig (-). Diese Aussage über die Entscheidungsvariablen wird in der Tabelle als Eingabebelegung $(x_1 x_2 x_3 x_4 x_5 x_6)$ = 0--1-0 dargestellt. In entsprechender Weise wird die Steuervorschrift als Ausgabebelegung eingetragen.

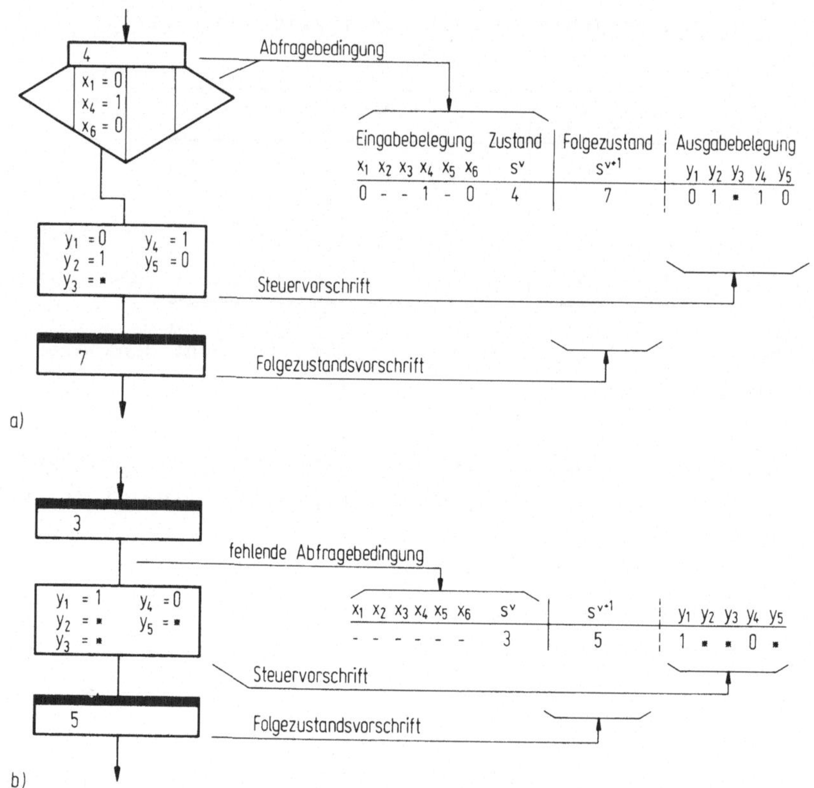

Bild 4.4. Transformation eines Ablaufdiagramms in eine Ablauftabelle
a. mit explizit aufgeführter Abfragebedingung
b. ohne explizit aufgeführte Abfragebedingung

Für die Steuervariablen sind die Wert 0, 1 und * vorgesehen. Der Wert * bedeutet, daß die binäre Steuervariable entweder 0 oder 1 sein darf. Schließlich muß noch der Folgezustand $s^{\nu+1}=7$ in die Tabelle eingesetzt werden (ν+1 kennzeichnet die auf ν folgende Taktperiode).

Beim Zeichen für den beliebigen Wert einer Variablen oder eines Zustandes sollte man unterscheiden, ob es sich einerseits um unabhängige Größen, also Entscheidungsvariablen oder einen derzeitigen Zustand, oder andererseits um abhängige Größen, also Steuervariablen oder einen Folgezustand handelt. Für den ersten Fall wird in diesem Buch das Zeichen - gewählt, für den zweiten Fall ist das Zeichen * vorgesehen.

Wenn vor einer Steuervorschrift die Abfragebedingung fehlt, so bedeutet dies, daß das Schaltwerk taktgesteuert, d.h. unabhängig von allen Entscheidungssignalen, den eingeschlagenen Weg im Ablauf weiterverfolgt. Die entsprechende Transformation zeigt Bild 4.4b. Die Eingabebelegung weist nur Striche auf, der Zustandseintrag entspricht dem vorangehenden Folgezustandseintrag ($s^{\nu}=3$).

Mit Hilfe dieser Vorbemerkungen kann nun das Ablaufdiagramm von Bild 4.1b in die Ablauftabelle (Tabelle 4.1) transformiert werden. Die erste Zeile dieser Ablauftabelle entspricht beispielsweise dem Tripel Abfragebedingung, Steuervorschrift und Folgezustandsvorschrift an der Stelle B im Ablaufdiagramm: Aus jedem beliebigen Zustand (-) überführt das Signal $x_1=1$, unabhängig von den Werten der übrigen Variablen x_2 bis x_9, das Schaltwerk in den Zustand 1 und setzt die Steuervariablen y_9 bis y_{12} jeweils zu 0. Die restlichen Steuervariablen sind beliebig (*). Die nächsten drei Zeilen der Ablauftabelle zeigen die möglichen Verzweigungen vom Zustand 1 aus usw.

Die vorgestellte Ablauftabelle ist vom <u>Mealy-Typ</u>. Dieser ist dadurch gekennzeichnet, daß die Steuervariablen nicht nur vom Zustand und damit von den Eingabebelegungen der Vergangenheit allein abhängen, sondern auch von der derzeitigen Eingabebelegung. Die meisten Aufgabenstellungen lassen sich leichter in dieser Art formulieren als in der Form des <u>Moore-Typs</u>, der eine Alternative darstellt. Beide Darstellungsarten sind aber formal ineinander überführbar. Sie unterscheiden sich aber nicht nur im Realisierungsaufwand, sondern auch darin, daß beim Moore-Typ das Ausgangsverhalten mit dem Takt synchronisiert ist, beim Mealy-Typ dagegen nicht. Die Vor- und Nachteile beider Schaltwerkstypen werden bei der detaillierteren Diskussion der unterschiedlichen

Tabelle 4.1. Ablauftabelle (Mealy-Form) für die Trommelsteuerung in Bild 4.1b

Zustand s^ν	x_1	x_2	x_3	x_4	x_5	x_6	x_7	x_8	x_9	Folgezustand $s^{\nu+1}$	y_1	y_2	y_3	y_4	y_5	y_6	y_7	y_8	y_9	y_{10}	y_{11}	y_{12}	$= Y$
–	1	–	–	–	–	–	–	–	–	1	∗	∗	∗	∗	∗	∗	∗	∗	0	0	0	0	$= Y_1$
1	0	0	–	–	–	–	–	–	–	1	∗	∗	∗	0	0	∗	∗	∗	0	0	0	0	$= Y_2$
1	0	1	1	–	–	–	–	–	–	2	1	1	0	1	0	0	0	∗	0	0	0	0	$= Y_3$
1	0	1	0	–	–	–	–	–	–	8	1	1	0	∗	∗	0	0	∗	0	0	0	0	$= Y_4$
2	0	–	–	–	–	–	–	–	–	3	0	0	0	0	0	1	0	∗	0	1	0	0	$= Y_5$
3	0	–	–	1	–	–	1	–	–	4	0	0	0	0	1	0	1	0	1	1	0	0	$= Y_6$
3	0	–	–	0	–	–	–	–	–	3	0	0	0	0	0	1	0	∗	0	1	0	0	$= Y_5$
3	0	–	–	–	–	–	0	–	–	3	0	0	0	0	0	1	0	∗	0	1	0	0	$= Y_5$
4	0	–	–	–	–	1	–	1	–	6	0	0	0	∗	∗	0	1	0	1	1	0	0	$= Y_7$
4	0	–	–	–	–	1	–	0	–	5	0	0	0	∗	∗	0	1	0	1	1	0	0	$= Y_7$
4	0	–	–	–	–	0	–	–	–	4	0	0	0	0	1	0	1	0	1	1	0	0	$= Y_6$
5	0	–	–	–	–	–	–	–	–	4	0	0	1	1	0	0	0	1	1	1	1	0	$= Y_8$
6	0	–	–	–	–	–	–	–	–	7	∗	∗	∗	∗	∗	∗	∗	1	1	1	0	0	$= Y_9$
7	0	1	–	–	–	–	–	–	–	7	∗	∗	∗	0	0	∗	∗	∗	0	0	0	0	$= Y_2$
7	0	0	–	–	–	–	–	–	–	1	∗	∗	∗	0	0	∗	∗	∗	0	0	0	0	$= Y_2$
8	0	–	–	–	–	–	–	–	–	9	0	0	0	∗	∗	1	0	∗	0	1	0	0	$= Y_{10}$
9	0	–	–	–	–	–	–	–	–	10	0	0	0	∗	∗	1	0	∗	0	1	0	0	$= Y_{10}$
10	0	–	–	–	0	–	–	–	–	10	0	0	0	∗	∗	1	0	∗	0	1	0	0	$= Y_{10}$
10	0	–	–	–	–	–	0	–	–	10	0	0	0	∗	∗	1	0	∗	0	1	0	0	$= Y_{10}$
10	0	–	–	–	1	–	1	–	–	11	0	0	0	0	1	1	1	∗	0	1	0	0	$= Y_{11}$
11	0	–	–	1	–	–	–	1	0	7	0	0	1	0	0	1	1	∗	0	1	0	0	$= Y_{12}$
11	0	–	–	1	–	–	–	–	1	13	0	0	1	0	0	1	1	∗	0	1	0	0	$= Y_{12}$
11	0	–	–	1	–	–	–	0	0	12	0	0	1	0	0	1	1	∗	0	1	0	0	$= Y_{12}$
11	0	–	–	0	–	–	–	–	–	11	0	0	0	0	1	1	1	∗	0	1	0	0	$= Y_{11}$
12	0	–	–	–	–	–	–	–	–	11	0	0	0	0	0	1	1	∗	0	1	1	0	$= Y_{13}$
13	0	–	–	–	–	–	–	–	–	13	0	0	0	0	0	∗	∗	∗	0	0	0	1	$= Y_{14}$

Strukturen von RAM-Schaltwerken noch deutlicher. An dieser Stelle genügt es auf die eventuelle Notwendigkeit einer formalen Transformation hinzuweisen und für die Aufbereitung einer Problemstellung für ein RAM-Schaltwerk den folgenden Weg vorzuschlagen:

1. Ablaufdiagramm (normalerweise in Mealy-Form, da diese einfacher zu entwerfen ist)
2. Ablauftabelle in Mealy-Form
3. eventuell Ablauftabelle in Moore-Form

4.3 Ablauftabelle in Moore-Form

In diesem Abschnitt wird die formale Transformation einer Ablauftabelle
vom Mealy-Typ in eine vom Moore-Typ behandelt. Bei einem Mealy-Schaltwerk werden die Steuervariablen in Abhängigkeit des derzeitigen Zustandes und der Entscheidungsvariablen erzeugt. Beim Moore-Schaltwerk hängen
die Steuervariablen dagegen nur vom derzeitigen Zustand ab. Der Folgezustand entsteht bei beiden Typen aus der Kenntnis der Entscheidungsvariablen und des derzeitigen Zustandes. Aufgrund der unterschiedlichen Abhängigkeiten der Steuervariablen sind beide Schaltwerkstypen
hinsichtlich ihres zeitlichen Verhaltens nicht identisch. Die im folgenden vorgestellte formale Transformation von einer Mealy- in eine
Moore-Darstellung berücksichtigt diesen Zeitaspekt nicht. Die Gültigkeit der formalen Transformation muß daher durch Überprüfung des geän-
derten zeitlichen Verhaltens nachgewiesen werden.

4.3.1 Formale Mealy-Moore-Transformation

Die formale Transformation erreicht man, indem jedem unterschiedlichen
Paar aus Folgezustand und Ausgabebelegung $(s^{\nu+1}, Y^\nu)$ des Mealy-Schaltwerks ein Zustand des Moore-Schaltwerks zugewiesen wird. Tabelle 4.2
verdeutlicht die Vorgehensweise. Teil a zeigt einen Ausschnitt aus
einer Mealy-Ablauftabelle. Zur Vereinfachung wurden die Eingabebelegungen mit X und die Ausgabebelegungen mit Y bezeichnet und auf die Benen-
nung der Entscheidungs- und Steuervariablen verzichtet. Der Ausschnitt
wurde so gewählt, daß nur ein Zustand, nämlich s_2, in der Spalte der
Folgezustände auftaucht. Allerdings tritt in jeder Zeile eine andere
Ausgabebelegung auf. Man kann daher die drei eigentlich identischen
Eintragungen in der Folgezustandsspalte mit einer genaueren Charakteri-
sierung unterscheiden: Zustand s_2, dem Y_2 zugeordnet ist, Zustand s_2,
dem Y_3 zugeordnet ist und Zustand s_2, dem Y_4 zugeordnet ist. Benutzt
man die Ausgabebelegung mit zur Zustandskennzeichnung, so kann man die
gewünschte Ausgabebelegung allein aus der Kenntnis des Zustandes gewinnen (Tabelle 4.2b).

Nun ist der Einfluß der neuen Bezeichnungen für die Folgezustände auf
die Eintragungen für die derzeitigen Zustände zu klären. In der Spalte
der derzeitigen Zustände steht in Tabelle 4.2b nach wie vor beispielsweise der Zustand s_2 ohne Zusatz. Dies ist so zu interpretieren, daß,
gleichgültig welche Ausgabebelegung gerade zu s_2 gehört, dieser Zustand s_2 von der Eingabebelegung X_1 in den Zustand $s_2(Y_4)$ überführt
wird. Die Ausgabebelegungen sind also in der Spalte der derzeitigen

Tabelle 4.2. Erläuterungen zur Mealy-Moore-Transformation
a. Ausschnitt aus einer Mealy-Ablauftabelle
b. Genauere Spezifikation der Folgezustände durch die zugehörigen Ausgabebelegungen
c. Einführung neuer Kennzeichen in der Spalte der derzeitigen Zustände
d. Änderung der Bezugsgrößen für die Ausgabebelegungen

derzeitiger Zustand S^{ν}	Eingabebelegung X^{ν}	Folgezustand $S^{\nu+1}$	Ausgabebelegung Y^{ν}

a.

S_1	X_1	S_2	Y_2
S_1	X_2	S_2	Y_3
S_2	X_1	S_2	Y_4

b.

S_1	X_1	$S_2\ (Y_2)$	Y_2
S_1	X_2	$S_2\ (Y_3)$	Y_3
S_2	X_1	$S_2\ (Y_4)$	Y_4

c.

$S_1\ (\,-\,)$	X_1	$S_2\ (Y_2)$	Y_2
$S_1\ (\,-\,)$	X_2	$S_2\ (Y_3)$	Y_3
$S_2\ (Y_2)$	X_1	$S_2\ (Y_4)$	Y_4
$S_2\ (Y_3)$	X_1	$S_2\ (Y_4)$	Y_4
$S_2\ (Y_4)$	X_1	$S_2\ (Y_4)$	Y_4

d.

$S_1\ (\,?\,)$	X_1	$S_2\ (Y_2)$	$?$
$S_1\ (\,?\,)$	X_2	$S_2\ (Y_3)$	$?$
$S_2\ (Y_2)$	X_1	$S_2\ (Y_4)$	Y_2
$S_2\ (Y_3)$	X_1	$S_2\ (Y_4)$	Y_3
$S_2\ (Y_4)$	X_1	$S_2\ (Y_4)$	Y_4

Zustände redundant einzutragen, z.B. mit $s_2(-)$. Damit aber die derzeitigen Zustände und die Folgezustände dieselben Namen haben, splittet man die Zeilen mit $s_2(-)$ so oft, wie s_2 durch Ausgabebelegungen in der Folgezustandsspalte unterschieden wurde (hier dreimal). Außer in der Spalte der derzeitigen Zustände haben die drei gesplitteten Zeilen in allen Spalten identische Eintragungen (Tabelle 4.2c).

Um den Algorithmus zu vervollständigen, muß man noch den Bezug der Ausgabebelegungen ändern. Diese sollen nicht vom Folgezustand, sondern vom derzeitigen Zustand abhängen. Tabelle 4.2d zeigt die entsprechende Transformation. Die Ausgabebelegungen sind jeweils identisch mit den in derselben Zeile und in der Spalte der derzeitigen Zustände in Klammern aufgeführten Ausgabebelegungen. Die Fragezeichen stehen deshalb, weil über s_1 keine weiteren Angaben gemacht worden waren.

Selbstverständlich braucht man nach dieser Transformation, die Identifikation der Zustände durch die Ausgabebelegungen nicht mehr aufrecht zu erhalten, sondern kann die Zustände beliebig neu benennen. Beispielsweise kann man $s_2(Y_2)$ durch s_{2a}, $s_2(Y_3)$ durch s_{2b} sowie $s_2(Y_4)$ durch s_{2c} ersetzen.

Die beschriebenen Transformationsregeln machen deutlich, daß die Anzahl der Zustände in der Moore-Darstellung im allgemeinen größer, mindestens aber gleich derjenigen in der Mealy-Darstellung ist. Die Moore-Darstellung benötigt jedoch höchstens soviele Zustände, wie die Ablauftabelle in Mealy-Form Zeilen besitzt.

4.3.2 Zeitfragen bei der Mealy-Moore-Transformation

Die rein formale Transformation von einem Schaltwerkstyp in einen anderen berücksichtigt, wie bereits erwähnt, eventuell auftretende Zeitprobleme nicht. Diese treten beim Zusammenspiel von zwei und mehr Werken auf, die beispielsweise durch Aufteilung einer Funktionseinheit in gesteuerte und steuernde Teile entstehen. Ein Mealy-Typ reagiert nach der Speicherauslesezeit auf Änderungen der Eingabebelegungen. Der Moore-Typ muß dagegen erst die nächste wirksame Taktflanke abwarten, ehe er die Ausgabebelegung ändern kann. (Bild 3.1 zeigt beispielsweise ein Schaltwerk vom Mealy-Typ, Bild 3.5 eines vom Moore-Typ.)

Normalerweise sind Operationswerke (gesteuerte Teile) vom Moore-Typ. Dann bewirkt aber die Wandlung des Steuerwerks vom Mealy- in den Moore-

46

Typ eine Verdopplung der wirksamen Taktperiode. Bild 4.5 soll das verdeutlichen. In Zeile a ist der für beide Werke gemeinsame Takt dargestellt. Die Zeile b zeigt die Änderung eines im Operationswerk gewonnenen Entscheidungssignals für das Steuerwerk. Diese Änderung ist gegenüber der sie auslösenden Taktflanke 1 leicht verzögert. Falls auch
das Steuerwerk auf ansteigende Taktflanken reagiert, kann es die Änderung des Entscheidungssignals erst zum Zeitpunkt 2 registrieren. In
entsprechender Weise wird die Reaktion des Operationswerkes auf ein
Steuersignal erst mit der Taktflanke 3 möglich. Wäre das Steuerwerk
dagegen vom Mealy-Typ, dann erfolgte die Reaktion des Operationswerkes
bereits mit der Taktflanke 2.

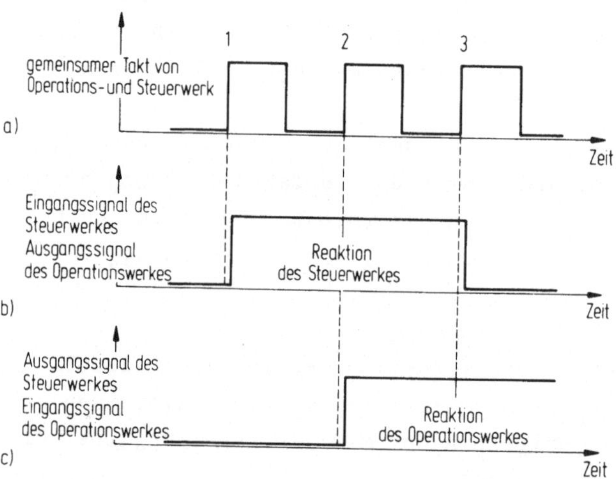

Bild 4.5. Zeitverhalten zweier gekoppelter Moore-Schaltwerke

Außer der Verdopplung der wirksamen Taktperiode beinhaltet die Transformation die Gefahr einer Fehlfunktion. In Bild 4.5 bearbeiten sowohl
die Taktflanke 1 als auch die Taktflanke 2 dieselbe Steuerinformation.
In Wirklichkeit sollte aber diese Steuerinformation nur einmal ausgewertet werden. Dieses Problem kann man dadurch lösen, daß man zwei verschiedene Takte für beide Werke einführt. Der eine Takt entsteht beispielsweise aus einem zentralen Takt durch Ausblenden der ersten, dritten, fünften, ... Impulse, der andere durch Ausblenden der zweiten,
vierten, sechsten, ... Impulse.

Vielfach kann man auch dem Operationswerk den bejahten und dem Steuerwerk den negierten zentralen Takt zuführen. Diese Lösung bietet sich
auch im Fall der Trommelsteuerung an, da der zentrale Takt von der Trom-
mel gewonnen wird und eine Ausblendung nicht in Frage kommt.

Entscheidungssignale, die dem Steuerwerk von der Außenwelt zugeführt werden, sollten mit dem Takt des Operationswerkes synchronisiert sein.

In manchen Fällen ist es auch möglich, statt der <u>formalen Transformation</u> vom Mealy- in den Moore-Typ eine <u>inhaltliche</u> durchzuführen, die die Zeitverschiebung berücksichtigt. Da diese Möglichkeit jedoch an konkrete Aufgabenstellungen gebunden ist, soll hier die Beschreibung der allgemeineren Lösung genügen.

Die im vorigen Abschnitt vorgestellte formale Transformation wird nun in einen Algorithmus gekleidet.

<u>Algorithmus 1: Transformation einer Mealy-Ablauftabelle in eine Moore-Ablauftabelle</u>

<u>Schritt 1:</u>
Man gehe von einer Mealy-Ablauftabelle aus und entwerfe eine Tabelle mit den Überschriften Folgezustand und Ausgabebelegung. Diese Tabelle erhält für jeden Zustand s_i ($1 \leq i \leq N$) einen Bereich. Man setze i=1.
<u>Schritt 2:</u>
Man suche in der Mealy-Tabelle die Zeilen, in denen s_i als Folgezustand auftritt, und liste die zugehörigen Ausgabebelegungen in beliebiger Reihenfolge im Bereich für s_i.
Ist i=N, dann gehe man zu Schritt 3, andernfalls erhöhe man i um 1 und wiederhole Schritt 2.
<u>Schritt 3:</u>
Man versuche die einzelnen Bereiche zu verkleinern. Hierzu sucht man innerhalb eines Bereichs
a. nach identischen Ausgabebelegungen. Jede Ausgabebelegung wird innerhalb eines Bereichs nur einmal aufgeführt.
b. nach Ausgabebelegungen, die jeweils mindestens eine andere Ausgabebelegung umfassen. Eine Belegung Y_{jk} umfaßt die Belegung Y_{jl}, falls beim stellenweisen Vergleich jeweils einer der fünf folgenden Fälle auftritt:

$$
\begin{array}{c|c|c|c|c|c}
Y_{jk} & 0 & 1 & * & * & * \\
\hline
Y_{jl} & 0 & 1 & 0 & 1 & *
\end{array}
$$

Zu Schritt 3b: Grundsätzlich könnte man solche Ausgabebelegungen zusammenfassen, die für keine Steuervariable unterschiedliche Werte besitzen. Dies brächte aber Nachteile für die Effektivität der in Kapitel 7 vorgestellten Algorithmen.

Solche umfassenden Ausgabebelegungen können aus dem entsprechenden Bereich entfernt werden.

Schritt 4:

Sofern ein Zustandsbereich s_i noch mehr als eine Ausgabebelegung enthält, muß s_i entsprechend oft gesplittet werden. Aus dem Zustand s_i entstehen so die Zustände s_{ia}, s_{ib}, s_{ic}, ...

Schritt 5:

Man ersetze in den Zeilen der Mealy-Tabelle, in denen s_i als Folgezustand auftritt, die unter Schritt 3b entfernten Ausgabebelegungen Y_{ik} jeweils durch eine der von Y_{ik} umfaßten Ausgabebelegungen.

Schritt 6:

Man erstelle die Moore-Ablauftabelle aus der in Schritt 5 modifizierten Mealy-Ablauftabelle nach folgenden Transformationsregeln:

derzeitiger Zustand s^{ν}	Eingabe-belegung X^{ν}	Folge-zustand $s^{\nu+1}$	Ausgabe-belegung Y^{ν}
s_i	X_{α}	$s_{i\alpha}$	$Y_{i\alpha}$
s_i	X_{β}	$s_{i\beta}$	$Y_{i\beta}$
⋮	⋮	⋮	⋮
s_i	X_{ω}	$s_{i\omega}$	$Y_{i\omega}$

Mealy

$s_{ia} = s_i \; (Y_a)$

	X_{α}	$s_{i\alpha} \; (Y_{i\alpha})$	
	X_{β}	$s_{i\beta} \; (Y_{i\beta})$	
	⋮	⋮	Y_a
	X_{ω}	$s_{i\omega} \; (Y_{i\omega})$	

$s_{ib} = s_i \; (Y_b)$

	X_{α}	$s_{i\alpha} \; (Y_{i\alpha})$	
	X_{β}	$s_{i\beta} \; (Y_{i\beta})$	
	⋮	⋮	Y_b
	X_{ω}	$s_{i\omega} \; (Y_{i\omega})$	

Moore

usw.

Die Tabelle zeigt zunächst einen Ausschnitt aus einer Mealy-Tabelle und zwar alle möglichen Übergänge vom Zustand s_i zu seinen Folgezuständen. Dieser Zustand wird nach Schritt 4 in die Zustände s_{ia}, s_{ib}, ... gesplittet. Für jeden dieser Zustände sind in der Moore-Tabelle so viele Zeilen vorzusehen, wie s_i Zeilen in der Mealy-Tabelle benötigt. Die Spalte der Eingabebelegungen wird unverändert übernommen. Die Einträge in den Spalten der Folgezustände und der Ausgabebelegungen bestimmen die jeweiligen Folgezustände der Moore-Tabelle. Die Einträge in der Spalte der Ausgabebelegungen beziehen sich jeweils auf den derzeitigen Zustand. Die Folgezustände sind noch in die in Schritt 4 definierten neuen Namen umzubenennen.

Die Moore-Ablauftabelle ist folgendermaßen zu lesen: Der Zustand s_{ia} erzeugt unabhängig von der anliegenden Eingabebelegung die Ausgabebelegung Y_a. Das Schaltwerk wird mit der Eingabebelegung X_α in den Zustand $s_{i\alpha}(Y_{i\alpha})$ überführt, mit der Eingabebelegung X_β in den Zustand $s_{i\beta}(Y_{i\beta})$ usw..

Beispiel zu Algorithmus 1: Trommelspeichersteuerung (Tabelle 4.1)
Schritte 1 und 2:

Folgezustand $s^{\nu+1}$	y_1	y_2	y_3	y_4	y_5	y_6	y_7	y_8	y_9	y_{10}	y_{11}	y_{12}	$=$	Y
1	*	*	*	*	*	*	*	*	0	0	0	0	=	Y_1
	*	*	*	0	0	*	*	*	0	0	0	0	=	Y_2
	*	*	*	0	0	*	*	*	0	0	0	0	=	Y_2
2	1	1	0	1	0	0	0	*	0	0	0	0	=	Y_3
3	0	0	0	0	0	1	0	*	0	1	0	0	=	Y_5
	0	0	0	0	0	1	0	*	0	1	0	0	=	Y_5
	0	0	0	0	0	1	0	*	0	1	0	0	=	Y_5
4	0	0	0	0	1	0	1	0	1	1	0	0	=	Y_6
	0	0	0	0	1	0	1	0	1	1	0	0	=	Y_6
	0	0	1	1	0	0	0	1	1	1	0	=	Y_8
5	0	0	0	*	*	0	1	0	1	1	0	0	=	Y_7
6	0	0	0	*	*	0	1	0	1	1	0	0	=	Y_7
7	*	*	*	*	*	*	*	1	1	1	0	0	=	Y_9
	*	*	*	0	0	*	*	*	0	0	0	0	=	Y_2
	0	0	1	0	0	1	1	*	0	1	0	0	=	Y_{12}
8	1	1	0	*	*	0	0	*	0	0	0	0	=	Y_4
9	0	0	0	*	*	1	0	*	0	1	0	0	=	Y_{10}

Schritte 1 und 2 (Fortsetzung):

Folgezustand $s^{\nu+1}$	Ausgabebelegung													
	y_1	y_2	y_3	y_4	y_5	y_6	y_7	y_8	y_9	y_{10}	y_{11}	y_{12}	=	Y
10	0	0	0	*	*	1	0	*	0	1	0	0	=	Y_{10}
	0	0	0	*	*	1	0	*	0	1	0	0	=	Y_{10}
	0	0	0	*	*	1	0	*	0	1	0	0	=	Y_{10}
11	0	0	0	0	1	1	1	*	0	1	0	0	=	Y_{11}
	0	0	0	0	1	1	1	*	0	1	0	0	=	Y_{11}
	0	0	0	0	0	1	1	*	0	1	0	0	=	Y_{13}
12	0	0	1	0	0	1	1	*	0	1	0	0	=	Y_{12}
13	0	0	1	0	0	1	1	*	0	1	0	0	=	Y_{12}
	0	0	0	0	0	*	*	*	0	0	0	1	=	Y_{14}

Schritt 3:

Folgezustand	1	2	3	4	5	6	7	8	9	10	11	12	13
verbleibende Ausgabebelegungen	Y_2	Y_3	Y_5	Y_6 Y_8	Y_7	Y_7	Y_9 Y_2 Y_{12}	Y_4	Y_{10}	Y_{10}	Y_{11} Y_{13}	Y_{12}	Y_{12} Y_{14}

Schritt 4:

Die Zustände 4, 7, 11 und 13 müssen gesplittet werden. Die folgenden
neuen Namen werden vereinbart:

Folgezustand	Ausgabebelegung	neuer Name
4	Y_6	4a
4	Y_8	4b
7	Y_9	7a
7	Y_2	7b
7	Y_{12}	7c
11	Y_{11}	11a
11	Y_{13}	11b
13	Y_{12}	13a
13	Y_{14}	13b

Schritt 5:

Die einzige Ausgabebelegung, die eine andere in demselben Bereich umfaßt
ist Y_1 im Bereich des Folgezustands 1. In der ersten Zeile der Ablauftabelle (Tabelle 4.1) ist daher die Belegung Y_1 durch die Belegung Y_2 zu
ersetzen, d.h. die Steuervariablen y_4 und y_5 werden in dieser Zeile jeweils zu 0 gesetzt.

Außerdem ist der Eintrag der Redundanz für den derzeitigen Zustand in
der ersten Zeile der Ablauftabelle aufzulösen. Aus der einen Zeile werden dann 13 Zeilen. In jeder der 13 Zeilen wird ein anderer Zustand
durch die Belegung 1-------- in den Zustand 1 zurückgesetzt.

Schritt 6:

Zustand s^ν	x_1	x_2	x_3	x_4	x_5	x_6	x_7	x_8	x_9	Folgezustand $s^{\nu+1}$	Ausgabebelegung $y_1\,y_2\,y_3\,y_4\,y_5\,y_6\,y_7\,y_8\,y_9\,y_{10}\,y_{11}\,y_{12} = Y$
1	1	-	-	-	-	-	-	-	-	1	* * * 0 0 * * * 0 0 0 0 = Y_2
	0	0	-	-	-	-	-	-	-	1	
	0	1	1	-	-	-	-	-	-	2	
	0	1	0	-	-	-	-	-	-	8	
2	1	-	-	-	-	-	-	-	-	1	1 1 0 1 0 0 0 * 0 0 0 0 = Y_3
	0	-	-	-	-	-	-	-	-	3	
3	1	-	-	-	-	-	-	-	-	1	0 0 0 0 0 1 0 * 0 1 0 0 = Y_5
	0	-	-	1	-	-	1	-	-	4a	
	0	-	-	0	-	-	-	-	-	3	
	0	-	-	-	-	-	0	-	-	3	
4a	1	-	-	-	-	-	-	-	-	1	0 0 0 0 1 0 1 0 1 1 0 0 = Y_6
	0	-	-	-	-	1	-	1	-	6	
	0	-	-	-	-	1	-	0	-	5	
	0	-	-	-	-	0	-	-	-	4a	
4b	1	-	-	-	-	-	-	-	-	1	0 0 1 1 0 0 0 1 1 1 1 0 = Y_8
	0	-	-	-	-	1	-	1	-	6	
	0	-	-	-	-	1	-	0	-	5	
	0	-	-	-	-	0	-	-	-	4a	
5	1	-	-	-	-	-	-	-	-	1	0 0 0 * * 0 1 0 1 1 0 0 = Y_7
	0	-	-	-	-	-	-	-	-	4b	
6	1	-	-	-	-	-	-	-	-	1	0 0 0 * * 0 1 0 1 1 0 0 = Y_7
	0	-	-	-	-	-	-	-	-	7a	
7a	1	-	-	-	-	-	-	-	-	1	* * * * * * * 1 1 1 0 0 = Y_9
	0	1	-	-	-	-	-	-	-	7b	
	0	0	-	-	-	-	-	-	-	1	
7b	1	-	-	-	-	-	-	-	-	1	* * * 0 0 * * * 0 0 0 0 = Y_2
	0	1	-	-	-	-	-	-	-	7b	
	0	0	-	-	-	-	-	-	-	1	
7c	1	-	-	-	-	-	-	-	-	1	0 0 1 0 0 1 1 * 0 1 0 0 = Y_{12}
	0	1	-	-	-	-	-	-	-	7b	
	0	0	-	-	-	-	-	-	-	1	
8	1	-	-	-	-	-	-	-	-	1	1 1 0 * * 0 0 * 0 0 0 0 = Y_4
	0	-	-	-	-	-	-	-	-	9	
9	1	-	-	-	-	-	-	-	-	1	0 0 0 * * 1 0 * 0 1 0 0 = Y_{10}
	0	-	-	-	-	-	-	-	-	10	
10	1	-	-	-	-	-	-	-	-	1	0 0 0 * * 1 0 * 0 1 0 0 = Y_{10}
	0	-	-	-	0	-	-	-	-	10	
	0	-	-	-	-	-	0	-	-	10	
	0	-	-	-	1	-	1	-	-	11a	

Schritt 6 (Fortsetzung):

Zustand s^{ν}	Eingabebelegung $x_1\ x_2\ x_3\ x_4\ x_5\ x_6\ x_7\ x_8\ x_9$	Folgezustand $s^{\nu+1}$	Ausgabebelegung $y_1\ y_2\ y_3\ y_4\ y_5\ y_6\ y_7\ y_8\ y_9\ y_{10}\ y_{11}\ y_{12}\ =\ Y$
11a	1 - - - - - - - - 0 - - 1 - - - 1 0 0 - - 1 - - - - 1 0 - - 1 - - - 0 0 0 - - 0 - - - - -	1 7c 13a 12 11a	0 0 0 0 1 1 1 * 0 1 0 0 $\ =\ Y_{11}$
11b	1 - - - - - - - - 0 - - 1 - - - 1 0 0 - - 1 - - - - 1 0 - - 1 - - - 0 0 0 - - 0 - - - - -	1 7c 13a 12 11a	0 0 0 0 0 1 1 * 0 1 1 0 $\ =\ Y_{13}$
12	1 - - - - - - - - 0 - - - - - - - -	1 11b	0 0 1 0 0 1 1 * 0 1 0 0 $\ =\ Y_{12}$
13a	1 - - - - - - - - 0 - - - - - - - -	1 13b	0 0 1 0 0 1 1 * 0 1 0 0 $\ =\ Y_{12}$
13b	1 - - - - - - - - 0 - - - - - - - -	1 13b	0 0 0 0 0 * * * 0 0 0 1 $\ =\ Y_{14}$

5. Wichtige Optimierungsmethoden für den Schaltwerksentwurf

Beim Entwurf klassischer Digitalschaltungen setzt man zur Minimierung des Bedarfs an Bausteinen zwei allgemeine Optimierungsverfahren ein, die durch die Stichworte "maximale Verträglichkeitsklassen" und "irredundante Überdeckung" charakterisiert sind. Sie werden beispielsweise bei der Suche nach einer optimalen Zustandsreduktion eingesetzt; das zweite Verfahren dient aber auch zur Auswahl von möglichst wenigen Primimplikanten einer Schaltfunktion.

Da beide Optimierungsverfahren auch für die später beschriebenen Entwurfsmethoden eine große Bedeutung besitzen, werden sie in diesem Kapitel vorgestellt. Das zur Veranschaulichung ausgewählte Party-Beispiel zeigt ihre allgemeine Anwendbarkeit über den Bereich der Technik hinaus: Ein Ehepaar hat einen großen Bekanntenkreis, demgegenüber sich die "Verpflichtungen" angesammelt haben, ihn zu einem geselligen Abend einzuladen. Allerdings verstehen sich die Personen dieses Bekanntenkreises nicht alle gut miteinander, sodaß diese Verpflichtungen nicht durch eine gemeinsame Einladung des gesamten Bekanntenkreises erfüllt werden sollen. Der Gastgeber will nun wissen, wieviele Abende er mindestens veranstalten muß, wenn an keinem Abend auch nur zwei Personen zusammenkommen dürfen, die sich nicht vertragen. Außerdem möchte er eine Liste, die aufzeigt, welche Personen zu welchem Abend unter den genannten Bedingungen einzuladen sind. Hierzu teilt er das Problem in zwei Teile und ermittelt zunächst die maximalen Klassen miteinander verträglicher Personen (maximale Verträglichkeitsklassen).

5.1 Ermittlung maximaler Verträglichkeitsklassen

Verträglichkeit wird hier als eine Beziehung aufgefaßt, die zwischen mindestens zwei Objekten, beispielsweise auch Menschen, bestehen oder nicht bestehen kann. Beim Entwurf von Digitalschaltungen haben wir es mit abstrakten Objekten wie Zuständen, Belegungen oder Variablen zu

54

tun, das vorgestellte Party-Beispiel behandelt die Verträglichkeit von
Personen.

Die Entscheidung, ob _zwei_ Objekte verträglich zu nennen sind, erfolgt
aufgrund bestimmter Kriterien oder Erfahrungen (bei Personen), auf die
im konkreten Anwendungsfall einzugehen sein wird. _Mehrere_ Objekte (=eine
Klasse von Objekten) heißen verträglich, wenn alle Paare, die man mit
den Objekten dieser Klasse bilden kann, jeweils verträglich sind. Eine
solche Verträglichkeitsklasse ist schließlich _maximal_, wenn sie durch
keine der insgesamt verfügbaren Objekte ergänzt werden kann, ohne daß
ein Paar von Objekten dieser neuen Klasse unverträglich wäre. Diese De-
finitionen werden anhand des Party-Beispiels nun erläutert.

Zunächst legt der Gastgeber eine Namensliste für die insgesamt einzu-
ladenden Personen bzw. Ehepaare an. Wegen seines guten Gedächtnisses
für weibliche Vornamen charakterisiert er die Ehepaare durch die Vornamen der Ehefrauen:

1. Anja
2. Bettina
3. Christine
4. Daniela
5. Eva
6. Felicitas
7. Gabriele
8. Heike
9. Inge
10. Judith

Nun stellt er eine Halbmatrix auf, die für jedes Paar dieser Namen ein
Feld vorsieht (Bild 5.1). Die Halbmatrix besitzt bei zehn Namen $\binom{10}{2}=45$
Felder. Für jedes Paar von Namen überlegt er sich, ob sich die zugehörigen Ehepaare vertragen (Haken) oder nicht (Kreuz). Diese Aufstellung
zeigt Bild 5.1 ebenfalls. Die Halbmatrix bietet die Grundlage für ein
systematisches Aufsuchen der maximalen Verträglichkeitsklassen aus den
definierten paarweisen Verträglichkeiten. (Es gibt aber auch einen Verträglichkeitsbegriff, der nicht aus der paarweisen Verträglichkeit von
Elementen einer Klasse allein auf die Verträglichkeit der gesamten Klasse schließen läßt. Auf diesen wird hier nicht näher eingegangen).

Die folgenden Überlegungen bereiten die Beschreibung eines algorithmi-
schen Vorgehens zum Auffinden der maximalen Verträglichkeitsklassen vor
und werden zunächst ohne direkten Bezug zum Party-Beispiel durchgeführt.

Auf irgendeine Weise sei festgestellt worden, daß sich die Elemente
der Klasse $\{i_1, i_2, \ldots, i_\alpha, j_1, j_2, \ldots, j_\beta\}$ paarweise miteinander
vertragen. Würde man eine Halbmatrix entsprechend Bild 5.1 nur für die-
se Elemente i_1 bis j_β erstellen, dann enthielten alle $\binom{\alpha+\beta}{2}$ Felder jeweils einen Haken. Wir führen jetzt die zusätzlichen Elemente k und h_1
bis h_γ ein. Von diesen sei bekannt, daß die Paare $\{k, i_1\}$, $\{k, i_2\}$,
$\ldots$, $\{k, i_\alpha\}$, $\{k, h_1\}$, $\{k, h_2\}$, $\ldots$, $\{k, h_\gamma\}$ jeweils verträglich sind.
Hierfür schreiben wir in Zukunft k: i_1, i_2, $\ldots$, i_α, h_1, h_2, $\ldots$, h_γ.
Mit allen anderen Elementen, also beispielsweise auch mit j_1 bis j_β,
sei k dagegen unverträglich. Die entsprechende Halbmatrix für die Ele-
mente k, i_1, i_2, $\ldots$, i_α, j_1, j_2, $\ldots$, j_β, h_1, h_2, $\ldots$, h_γ enthielte
in der Spalte k in den Zeilen i_1, i_2, $\ldots$, i_α und h_1, h_2, $\ldots$, h_γ jeweils einen Haken, in den Zeilen j_1, j_2, $\ldots$, j_β dagegen jeweils ein
Kreuz. Diese Information genügt, um eine neue Klasse verträglicher Elemente zu bilden: $\{k, i_1, i_2, \ldots, i_\alpha\}$. Dies soll nun begründet werden.

Die Elemente i_1, i_2, $\ldots$, i_α sind laut Voraussetzung alle miteinander
verträglich. Da k mit jedem dieser Elemente verträglich ist, kann man
in der neuen Klasse kein Elementepaar finden, das sich nicht verträgt.
Man gewinnt daher aus einer bereits bekannten Verträglichkeitsklasse
$\{i_1, i_2, \ldots, i_\alpha, j_1, j_2, \ldots, j_\beta\}$ eine neue Verträglichkeitsklasse dazu, indem man die bekannte Verträglichkeitsklasse mit der Menge der
zu einem neuen Element k verträglichen Elemente $\{i_1, i_2, \ldots, i_\alpha, h_1,$
$h_2, \ldots, h_\gamma\}$ schneidet und die Durchschnittsmenge $\{i_1, i_2, \ldots, i_\alpha\}$ um
k zur neuen Verträglichkeitsklasse $\{k, i_1, i_2, \ldots, i_\alpha\}$ erweitert.

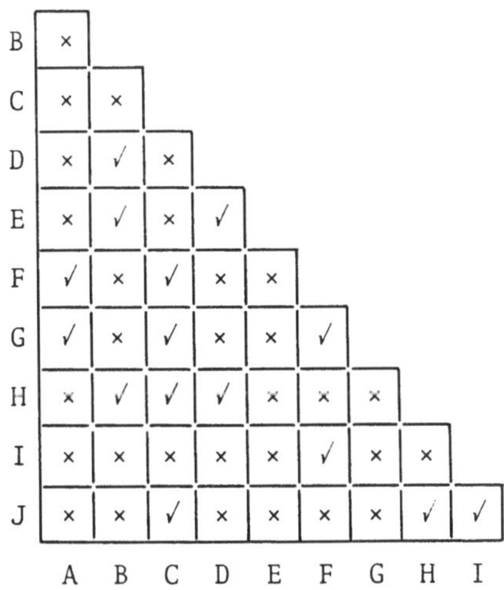

Bild 5.1. Verträglichkeitshalbmatrix

56

Im Beispiel in Bild 5.1 beginnt man mit der leeren Menge als bisher bekannte Verträglichkeitsklasse, d.h. zunächst sind noch keine Elemente als verträglich fesgestellt worden. Danach ermittelt man in Spalte
J das verträgliche Paar $\{I, J\}$, das der obigen Klasse $\{i_1, i_2, \ldots,
i_\alpha, j_1, j_2, \ldots, j_\beta\}$ entspricht. Nun liest man ab, daß H mit J verträg-
lich ist. Die Menge $\{i_1, i_2, \ldots, i_\alpha, h_1, h_2, \ldots, h_\gamma\}$ enthält hier also nur ein Element, nämlich J. Schneidet man die Mengen $\{I, J\}$ und $\{J\}$,
dann entsteht die Menge $\{J\}$, die zusammen mit H die neue Verträglichkeitsklasse $\{H, J\}$ ergibt. In entsprechender Weise arbeitet man nun die übrigen Spalten von rechts nach links ab und erhält nach Bearbeitung der
Spalte A die maximalen Verträglichkeitsklassen.

Im Algorithmus 2 ist dieses Vorgehen genauer beschrieben. Das Party-
Beispiel führt, wie weiter unten gezeigt wird, schließlich zu den folgenden maximalen Verträglichkeitsklassen: $\{I, J\}$, $\{F, I\}$, $\{C, H, J\}$,
$\{C, F, G\}$, $\{B, D, E\}$, $\{B, D, H\}$, $\{A, F, G\}$.

Das erste Teilproblem ist damit gelöst, doch steht der Gastgeber nun
vor einem neuen Problem. Er weiß zwar, daß er für jede der obigen Klassen eine Party veranstalten kann, ohne daß sich zwei Paare innerhalb
dieser Klassen nicht vertragen würden. Da er aber kein Freund übertrie-
bener Party-Anhäufungen ist, versucht er sich seiner Verpflichtungen
mit möglichst wenigen Veranstaltungen zu entledigen. Dies führt ihn zu
einer zweiten Optimierungsaufgabe, dem Überdeckungsproblem, das im Abschnitt 5.2 behandelt wird.

Algorithmus 2: Erzeugung maximaler Verträglichkeitsklassen

Schritt 1:
Zunächst ist eine Halbmatrix zu erstellen, die bei m zu untersuchenden
Elementen m-1 Zeilen und m-1 Spalten besitzt. Die m Elemente sind in einer beliebigen Reihenfolge anzuordnen. Die Zeilen werden mit dem zweiten bis letzten Element, die Spalten mit dem ersten bis vorletzten Element bezeichnet. Daher beschreibt jedes Paar von Elementen ein Feld
dieser Halbmatrix. Für jedes dieser Paare wird auf Verträglichkeit ($\sqrt{}$)
oder Unverträglichkeit (×) entschieden und die entsprechenden Symbole
in die zugehörigen Felder eingetragen.

Schritt 2:
Man führe eine Laufvariable i ein und gebe ihr zunächst den Wert m-1.
Die Liste CS der Verträglichkeitsklassen ist zunächst leer (CS=∅).

Schritt 3:
SV_i ist die Menge aller Elemente, denen in der Spalte i ein Haken zugewiesen ist. Die Liste VC_i soll die Klassen aufnehmen, die das Element mit der Nummer i enthalten; sie ist zunächst leer.
Man bilde nacheinander den Durchschnitt von SV_i mit allen Verträglichkeitsklassen der Liste CS. Bei jeder Durchschnittsbildung gibt es die folgenden Alternativen:
a) Die Durchschnittsmenge ist leer. (Dies ist beispielsweise stets der Fall, wenn SV_i leer ist.) Die Liste VC_i bleibt unverändert.
b) Die Durchschnittsmenge enthält ein einziges Element. Die Liste VC_i bleibt unverändert.
c) Die Durchschnittsmenge besitzt mehr als ein Element. Die Liste VC_i erhält die um das Element mit der Nummer i erweiterte Durchschnittsmenge als neue Klasse, sofern diese noch nicht in der Liste VC_i steht.

Schritt 4:
Man streiche alle Klassen aus der Liste CS, die in einer Klasse der Liste VC_i enthalten sind. Gleiche Klassen in der Liste VC_i werden nur einmal aufgeführt; Klassen, die in einer anderen Klasse dieser Liste enthalten sind, werden gestrichen. Danach übernehme man die Liste VC_i in die Liste CS.

Schritt 5:
Elemente der Menge SV_i, die in keiner Klasse der Liste CS gemeinsam mit dem Element mit der Nummer i auftauchen, werden zusammen mit diesem Element als zweielementige Klasse in die Liste CS aufgenommen.

Schritt 6:
Sofern i größer als eins ist, vermindert man i um eins und geht zu Schritt 3 zurück.

Schritt 7:
Kommt nicht jedes der m Elemente in mindestens einer Klasse der Liste CS vor, dann fügt man für jedes der fehlenden Elemente eine einelementige Klasse zu. Die so entstandene Liste CS enthält die maximalen Verträglichkeitsklassen und heißt nun MC (compatible = verträglich).

Hinweis: Das genaue Nachvollziehen des beschriebenen Algorithmus ist sehr langatmig. Es ist daher sehr wichtig die Zusammenhänge zu verstehen; dann ergeben sich verschiedene Abkürzungsmöglichkeiten, die aber jeder für sich selbst "erfinden" muß.

58

Beispiel zu Algorithmus 2: Party-Problem

Schritt 1:

Die Verträglichkeitshalbmatrix für das Party-Beispiel ist in Bild 5.1 aufgezeigt. Die Elemente A bis J erhalten die Nummern 1 bis 10 (m=10).

Schritt 2:

$i = 9$ $CS = \emptyset$

Schritt 3:

$$SV_9 = \{J\}$$
$VC_9 = \emptyset$
$VC_9' = \emptyset$ $\{J\} \cap \emptyset = \emptyset$ Fall a

Schritt 4:

Entfällt, da beide Listen leer sind.

Schritt 5:

$$CS = \{\{I, J\}\}$$

Schritt 6:

$i = 8$

Schritt 3:

$$SV_8 = \{J\}$$
$VC_8 = \emptyset$
$VC_8' = \emptyset$ $\{J\} \cap \{I, J\} = \{J\}$ Fall b

Schritt 4:

Entfällt, da VC_8 leer ist.

Schritt 5:

$$CS = \{\{I, J\}, \{H, J\}\}$$

Schritt 6:

$i = 7$

Schritt 3:

$$SV_7 = \emptyset$$
$VC_7 = \emptyset$
$VC_7' = \emptyset$ $\emptyset \cap \{I, J\} = \emptyset$ Fall a
$VC_7'' = \emptyset$ $\emptyset \cap \{H, J\} = \emptyset$ Fall a

Schritt 4:

Entfällt, da VC_7 leer ist.

Schritt 5:

CS bleibt unverändert: $CS = \{\{I, J\}, \{H, J\}\}$

Schritt 6:

$i = 6$

Schritt 3:

$$SV_6 = \{G, I\}$$
$VC_6 = \emptyset$
$VC_6' = \emptyset$ $\{G, I\} \cap \{I, J\} = \{I\}$ Fall b
$VC_6'' = \emptyset$ $\{G, I\} \cap \{H, J\} = \emptyset$ Fall a

<u>Schritt 4:</u>

Entfällt, da VC_6 leer ist.

<u>Schritt 5:</u>

$$CS = \{\{I, J\}, \{H, J\}, \{F, G\}, \{F, I\}\}$$

<u>Schritt 6:</u>

$i = 5$

<u>Schritt 3:</u>

$$SV_5 = \emptyset \qquad\qquad \text{jeweils Fall a}$$

$VC_5 = \emptyset$

<u>Schritt 4:</u>

Entfällt, da VC_5 leer ist.

<u>Schritt 5:</u>

CS bleibt unverändert: $CS = \{\{I, J\}, \{H, J\}, \{F, G\}, \{F, I\}\}$

<u>Schritt 6:</u>

$i = 4$

<u>Schritt 3:</u>

$$SV_4 = \{E, H\}$$
$$\{E, H\} \cap \{I, J\} = \emptyset \qquad \text{Fall a}$$
$$\{E, H\} \cap \{H, J\} = \{H\} \qquad \text{Fall b}$$
$$\{E, H\} \cap \{F, G\} = \emptyset \qquad \text{Fall a}$$
$$\{E, H\} \cap \{F, I\} = \emptyset \qquad \text{Fall a}$$

$VC_4 = \emptyset$
$VC_4 = \emptyset$
$VC_4 = \emptyset$
$VC_4 = \emptyset$
$VC_4 = \emptyset$

<u>Schritt 4:</u>

Entfällt, da VC_4 leer ist.

<u>Schritt 5:</u>

$$CS = \{\{I, J\}, \{H, J\}, \{F, G\}, \{F, I\},$$
$$\{D, E\}, \{D, H\}\}$$

<u>Schritt 6:</u>

$i = 3$

<u>Schritt 3:</u>

$$SV_3 = \{F, G, H, J\}$$

$VC_3 = \emptyset$
$VC_3 = \emptyset$
$VC_3 = \{\{C, H, J\}\}$
$VC_3 = \{\{C, H, J\}, \{C, F, G\}\}$
$VC_3 = \{\{C, H, J\}, \{C, F, G\}\}$
$VC_3 = \{\{C, H, J\}, \{C, F, G\}\}$
$VC_3 = \{\{C, H, J\}, \{C, F, G\}\}$

$$\{F, G, H, J\} \cap \{I, J\} = \{J\} \qquad \text{Fall b}$$
$$\{F, G, H, J\} \cap \{H, J\} = \{H, J\} \qquad \text{Fall c}$$
$$\{F, G, H, J\} \cap \{F, G\} = \{F, G\} \qquad \text{Fall c}$$
$$\{F, G, H, J\} \cap \{F, I\} = \{F\} \qquad \text{Fall b}$$
$$\{F, G, H, J\} \cap \{D, E\} = \emptyset \qquad \text{Fall a}$$
$$\{F, G, H, J\} \cap \{D, H\} = \{H\} \qquad \text{Fall b}$$

<u>Schritt 4:</u>

$$CS = \{\{I, J\}, \{F, I\}, \{D, E\}, \{D, H\},$$
$$\{C, H, J\}, \{C, F, G\}\}$$

<u>Schritt 5:</u>

CS bleibt unverändert.

<u>Schritt 6:</u>

$i = 2$

Schritt 3:

$$SV_2 = \{D,\ E,\ H\}$$

$VC_2 = \emptyset$ $\{D,\ E,\ H\} \cap \{D,\ E\} = \{D,\ E\}$ Fall c

$VC_2^2 = \{\{B,\ D,\ E\}\}$ $\{D,\ E,\ H\} \cap \{D,\ H\} = \{D,\ H\}$ Fall c

$VC_2^2 = \{\{B,\ D,\ E\ ,\ \ B,\ D,\ H\}\}$ alle anderen Durchschnittsmengen betreffen entweder den Fall a oder den Fall b

Schritt 4:

$$CS = \{\{I,\ J\},\ \{F,\ I\},\ \{C,\ H,\ J\},\ \{C,\ F,\ G\},$$
$$\{B,\ D,\ E\},\ \{B,\ D,\ H\}\}$$

Schritt 5:

CS bleibt unverändert.

Schritt 6:

i = 1

Schritt 3:

$$SV_1 = \{F,\ G\}$$

$VC_1 = \emptyset$ $\{F,\ G\} \cap \{C,\ F,\ G\} = \{F,\ G\}$ Fall c

$VC_1^1 = \{\{A,\ F,\ G\}\}$ alle anderen Durchschnittsmengen betreffen entweder den Fall a oder den Fall b

Schritt 4:

$$CS = \{\{I,\ J\},\ \{F,\ I\},\ \{C,\ H,\ J\},\ \{C,\ F,\ G\},$$
$$\{B,\ D,\ E\},\ \{B,\ D,\ H\},\ \{A,\ F,\ G\}\}$$

Schritt 5:

CS bleibt unverändert.

Schritt 6:

Da i = 1 ist, geht man zu Schritt 7.

Schritt 7:

CS bleibt unverändert: $MC = \{\{I,\ J\},\ \{F,\ I\},\ \{C,\ H,\ J\},\ \{C,\ F,\ G\},$
$\{B,\ D,\ E\},\ \{B,\ D,\ H\},\ \{A,\ F,\ G\}\}$

5.2 Ermittlung irredundanter Überdeckungen

5.2.1 Prinzipbeschreibung

Betrachten wir beispielsweise die Menge {A, B, ..., J}, die die einzu-
ladenden Ehepaare des Party-Beispiels im Abschnitt 5.1 aufzählt, und die
Menge der zugehörigen maximalen Verträglichkeitsklassen MC = {{I, J},
{F, I}, {C, H, J}, {C, F, G}, {B, D, E}, {B, D, H}, {A, F, G}}. Diese
Menge MC besitzt die Eigenschaften einer sogenannten Überdeckung der
Menge {A, B, ..., J}, weil jedes der Elemente A bis J mindestens ein-
mal in den Klassen von MC auftritt. Einige Elemente (z.B. I) treten
auch mehrmals auf.

Die Überdeckung MC ist bezüglich der Anzahl der Klassen redundant. Ließe
man nämlich beispielsweise die Klasse {I, J} in der Menge MC weg, dann
käme nach wie vor jedes der Elemente A bis J mindestens einmal in den

verbleibenden Klassen vor. I ist nämlich auch Element der Klasse {F, I}
und J ist Element der Klasse {C, H, J}. Dieser Abschnitt beschreibt nun
eine Methode, wie man, von einer redundanten Überdeckung ausgehend, eine nicht redundante (= irredundante) Überdeckung findet. Aus einer irredundanten Überdeckung darf man keine Klasse entfernen, ohne daß mindestens ein Element der zu überdeckenden Menge fehlt.

Je nach Problemstellung sucht man entweder alle irredundanten Überdek-
kungen, die sich mit den Klassen einer gegebenen redundanten Überdeckung
bilden lassen, ober beispielsweise nur eine einzige mit der kleinsten
Zahl an Klassen. Die Anzahl der Klassen ist nämlich nicht bei allen irredundanten Überdeckungen gleich. Unser Gastgeber möchte möglichst wenige
Parties feiern und interessiert sich daher für das genannte Minimum.

Das Vorgehen zur Ermittlung der irredundanten Überdeckungen für das Party-Beispiel ist nun wie folgt: Man legt zunächst eine Tabelle an (Tabelle 5.1), in der jedem der zu überdeckenden Elemente A bis J eine Spalte
zugeordnet ist, während die Zeilen durch die sieben Klassen der Menge MC
(maximale Verträglichkeitsklassen) charakterisiert werden. Diese Klassen
enthalten jeweils einen Teil der Elemente A bis J. Entsprechend werden
die Kreuze in der Tabelle eingetragen. Beispielsweise erhält die Zeile
mit der Klasse {I, J} Kreuze in den Spalten I und J. Die nach Bearbeitung aller Klassen der Überdeckung MC entstandene Tabelle heißt Überdeckungstabelle und veranschaulicht, welches Element in welcher Verträglichkeitsklasse enthalten ist. Mit Hilfe der Überdeckungstabelle kann
der Gastgeber sein Problem <u>formal</u> beschreiben. Hierzu führt er die logischen Variablen A_V bzw. B_V, ..., J_V ein. Diese Variablen haben dann
den Wert 1, wenn das zugehörige Ehepaar A bzw. B, ..., J eingeladen
wird, andernfalls haben sie den Wert 0. Der Gastgeber will A und B und
C und D und E und F und G und H und I und J mindestens einmal einladen,
und er beschreibt diesen Wunsch durch die logische Gleichung

$$A_V \cdot B_V \cdot C_V \cdot D_V \cdot E_V \cdot F_V \cdot G_V \cdot H_V \cdot I_V \cdot J_V \overset{!}{=} 1. \tag{5.1}$$

Wenn er auch nur ein Ehepaar nicht einlädt, dann ist diese Gleichung
nicht erfüllt.

Welche Möglichkeiten gibt es nun, eine Party beispielsweise mit dem Ehepaar A zu gestalten. Nach Tabelle 5.1 ist A nur Element einer einzigen
Klasse, nämlich {A, F, G}. Diese Klasse beschreibt alle Möglichkeiten,
wie er mit dem Ehepaar A und eventuell anderen Ehepaaren eine Party veranstalten kann. Lädt er die Ehepaare A, F und G gemeinsam ein, dann ist

Tabelle 5.1. Überdeckungstabelle für das Party-Beispiel

maximale Verträglichkeitsklassen	Elemente der zu überdeckenden Menge										Auswahlvariablen
	A	B	C	D	E	F	G	H	I	J	
{I, J}									×	×	a
{F, K}						×			×		b
{C, H, J}			×					×		×	c
{C, F, G}			×			×	×				d
{B, D, E}		×		×	×						e
{B, D, H}		×		×				×			f
{A, F, G}	×					×	×				g

dies die größte Party, die er zusammen mit A feiern kann. Das Ehepaar B läßt größere Wahlmöglichkeiten zu. Der Gastgeber kann es zusammen mit den Ehepaaren D und E oder aber D und H einladen (Tabelle 5.1). Um diesen Sachverhalt formal beschreiben zu können, führt er nun sogenannte Auswahlvariablen a, b, ..., g ein. Eine solche Auswahlvariable besitzt dann den Wert 1, wenn die Party mit den zugehörigen Ehepaaren gefeiert wird, andernfalls ist sie O. Will der Gastgeber beispielsweise das Ehepaar A einladen, d.h. A_v zu 1 setzen, so geht das nur mit g=1. Entsprechend wird B_v=1, wenn e=1 oder f=1 oder beide gleich 1 sind. Tabelle 5.1 wird nun spaltenweise weiter ausgewertet, und man erhält die folgenden Gleichungen:

$$
\begin{aligned}
A_v &= g & F_v &= b \lor d \lor g \\
B_v &= e \lor f & G_v &= d \lor g \\
C_v &= c \lor d & H_v &= c \lor f \\
D_v &= e \lor f & I_v &= a \lor b \\
E_v &= e & J_v &= a \lor c \, .
\end{aligned}
\tag{5.2}
$$

Setzt man diese Gleichungen in Gleichung 5.1 ein, dann erhält man Gleichung 5.3.

$$g(e \lor f)(c \lor d)(e \lor f)e(b \lor d \lor g)(d \lor g)(c \lor f)(a \lor b)(a \lor c) \overset{!}{=} 1 \tag{5.3}$$

Die Gleichung 5.3 kann durch Anwendung der Gesetze $(x \lor y)x = x$ bzw. $x \cdot x = x$ vereinfacht werden.

$$ge(c \lor d)(c \lor f)(a \lor b)(a \lor c) \overset{!}{=} 1 \, . \tag{5.4}$$

Den konjunktiven Ausdruck auf der linken Seite der Gleichung 5.4 wandelt man nun nach den Gesetzen $(v \lor w)(x \lor y) = vx \lor vy \lor wx \lor wy$ und $xy \lor x = x$ in eine disjunktive Form. Dies erfolgt hier in 3 Schritten:

$$\begin{aligned}
\text{1. Schritt:} \qquad & ge(c \lor df)(a \lor bc) \stackrel{!}{=} 1 \\
\text{2. Schritt:} \qquad & ge(bc \lor ac \lor adf) \stackrel{!}{=} 1 \\
\text{3. Schritt:} \qquad & gebc \lor geac \lor geadf \stackrel{!}{=} 1 . \qquad (5.5)
\end{aligned}$$

In dieser Form ist eine direkte Auswertung der Gleichung möglich. Die
Gleichung 5.5 ist dann erfüllt, d.h. alle Gäste sind mindestens einmal eingeladen, wenn mindestens einer der drei disjunktiv verknüpften
Terme den Wert 1 besitzt. Für den ersten Term ist dies der Fall, wenn
die Auswahlvariablen g und e und b und c alle gleich 1 sind, d.h. die
zugeordneten Ehepaare eingeladen werden. Es sind in diesem Fall also
vier Parties durchzuführen:

> 1. Party mit den Ehepaaren A, F und G (g=1)
>
> 2. Party mit den Ehepaaren B, D und E (e=1)
>
> 3. Party mit den Ehepaaren F und I (b=1)
>
> 4. Party mit den Ehepaaren C, H und J (c=1).

Im Beispiel ist F in zwei Klassen enthalten, und der Gastgeber hat es
nun in der Hand, dieses Ehepaar zweimal einzuladen oder aus der Klasse
{A, F, G} bzw. der Klasse {F, I} zu streichen, ohne daß dadurch die Absicht, jedes Ehepaar mindestens einmal einzuladen, verletzt würde.

Hätte der Gastgeber die dritte Möglichkeit geadf = 1 gewählt, so müßte
er fünf Parties veranstalten. Die drei Alternativen von Gleichung 5.5
stellen alle möglichen irredundanten Überdeckungen des Problems dar.
In zwei Fällen sind vier Parties und in einem Fall fünf Parties erforderlich.

Wie schon deutlich wurde, können auch bei irredundanten Überdeckungen
dieselben Buchstaben in mehreren Klassen auftreten. Der Begriff Redundanz bezieht sich also primär nicht auf den Inhalt der Klassen, sondern auf die Zahl der Klassen.

Für unseren Gastgeber ist sein Problem nunmehr gelöst, jedoch ist die
eingeschlagene Vorgehensweise etwas umständlich, und sie soll mit den
folgenden Überlegungen vereinfacht werden.

5.2.2 Rechenvereinfachungen

Die beschriebene Umwandlung des konjunktiven Überdeckungsausdrucks,
Gl. (5.4), in die disjunktive Form, Gl. (5.5), kann sehr mühsam sein.
Daher sollte man bereits in der Überdeckungstabelle, also vor dem Auf-
stellen des konjunktiven Ausdrucks, Vereinfachungsregeln anwenden.

5.2.2.1 Kernklassen

Eine Kernklasse zeichnet sich dadurch aus, daß sie mindestens ein Element der zu überdeckenden Menge als einzige der zur Verfügung stehenden Klassen enthält. Dies äußert sich in der Überdeckungstabelle so, daß in der Spalte eines solchen Elementes nur ein einziges Kreuz auftaucht.

Tabelle 5.2. Zur Erläuterung von Kernklassen

Auswahl-variablen	Elemente der zu überdeckenden Menge		
	A	$B_1 \ldots B_m$	$C_1 \ldots C_n$
a	$\times$	$\times \ldots \times$	
b_1		beliebige Kreuze repräsentiert durch die disjunktiven Ausdrücke	beliebige Kreuze repräsentiert durch die disjunktiven Ausdrücke
$\vdots$			
b_u		$R_1 \ldots R_m$	$S_1 \ldots S_n$

Tabelle 5.2 zeigt eine mögliche Anordnung für den Fall, daß eine Kernklasse auftritt. Die Ausdrücke $R_1, \ldots, R_m$ und $S_1, \ldots, S_n$ sind beliebige disjunktive Verknüpfungen von Auswahlvariablen b_i. Die logische Gleichung zur Beschreibung der Überdeckungstabelle lautet nun:

$$a \cdot (a \lor R_1) \cdot \ldots \cdot (a \lor R_m) \cdot S_1 \cdot \ldots \cdot S_n \overset{!}{=} 1.$$

Wegen $a \cdot (a \lor R_j) = a$ vereinfacht sich die Gleichung zu

$$a \cdot S_1 \cdot \ldots \cdot S_n \overset{!}{=} 1.$$

Diese letzte Gleichung gewinnt man auch, wenn man in der Tabelle 5.2 die Spalten $B_1 \ldots B_m$ ersatzlos streicht. Dies ist die erste Vereinfa-

Tabelle 5.3. Auswertung der Kernklasse in Tabelle 5.2

Auswahl-variablen	Elemente der zu überdeckenden Menge $C_1 \ldots C_n$
b_1	beliebige Kreuze repräsentiert durch die disjunktiven Ausdrücke
$\vdots$	
b_u	$S_1 \ldots S_n$
$a = 1$ (Kernklasse)	

chung der Überdeckungstabelle. Darüberhinaus gilt, daß in jeder Überdeckung der Elemente A, B_1, ..., B_m, C_1, ..., C_n die durch $a = 1$ auszuwählende Klasse vertreten ist, da diese als einzige das Element A enthält. Daher kann man Schreibarbeit sparen, wenn man die Kernklassen zuerst aussondert, dann die Tabelle wie üblich abarbeitet und schließlich beim Endergebnis die Kernklassen wieder berücksichtigt. Die Anwendung dieser Regeln vereinfacht Tabelle 5.2 zur Tabelle 5.3.

5.2.2.2 Spaltendominanz

Bei der Überprüfung einer Überdeckungstabelle auf Spaltendominanz werden jeweils zwei Spalten bezüglich der Verteilung der Kreuze in ihnen verglichen. Eine Spalte B dominiert eine andere A, wenn B mindestens in denselben Zeilen Kreuze enthält wie A. Tabelle 5.4 verdeutlicht diese Definition.

Tabelle 5.4. Zur Erläuterung der Spaltendominanz

Auswahl-variablen	Elemente der zu überdeckenden Menge		
	A	B	$C_1 \ldots C_n$
a_1	×	×	
⋮	⋮	⋮	
a_u	×	×	beliebige
			Kreuze
b_1		×	repräsentiert
			durch die
⋮		⋮	disjunktiven
			Ausdrücke
b_v		×	$S_1 \ldots S_n$
c_1			
⋮			
c_w			

Die Ausdrücke S_1, ..., S_n sind beliebige disjunktive Verknüpfungen von Auswahlvariablen a_i, b_j und c_k. Die folgende logische Gleichung beschreibt den in Tabelle 5.4 dargestellten Sachverhalt:

$$(a_1 \vee \ldots \vee a_u) \cdot (a_1 \vee \ldots \vee a_u \vee b_1 \vee \ldots \vee b_v) \cdot S_1 \cdot \ldots \cdot S_n \stackrel{!}{=} 1 .$$

Diese Gleichung läßt sich mit den bekannten Gesetzen vereinfachen zu

$$(a_1 \lor \ldots \lor a_u) \cdot S_1 \cdot \ldots \cdot S_n \overset{!}{=} 1 .$$

Dieselbe Gleichung gewinnt man auch, wenn man die Spalte B (B dominiert A) aus der Tabelle 5.4 streicht. Damit kann die folgende Vereinfachungsregel angegeben werden: <u>Dominierende Spalten</u> sind in der Überdeckungstabelle zu <u>streichen</u>; die neue Tabelle besitzt dieselben irredundanten Überdeckungen wie die ursprüngliche.

Zur Veranschaulichung dieses Vorgangs stelle man sich Tabelle 5.4 als Ergebnis eines Party-Beispiels vor. Jede der zu den Auswahlvariablen $a_1, \ldots, a_u$ gehörenden Klassen kann ausgewählt werden, damit A mindestens einmal eingeladen wird. In allen diesen Klassen ist aber auch B enthalten. Man muß daher für B keine zusätzlichen Klassen auswählen. Würde man andererseits eine der zu den Auswahlvariablen $b_1, \ldots, b_v$ gehörenden Klassen auswählen, dann bräuchte man zusätzlich noch Klassen, in denen A und damit ebenfalls B enthalten sind. Die zu $b_1, \ldots, b_v$ gehörenden Klassen sind also bezüglich B überflüssig, d.h. redundant.

Auch im Zusammenhang mit den Kernklassen trat eine Spaltendominanz auf. Dort war u=1, und die dominierenden Spalten $B_1, \ldots, B_m$ in Tabelle 5.2 wurden gestrichen.

Ein weiterer Sonderfall der Spaltendominanz ist durch v = 0 charakterisierbar. Die Spalten A und B enthalten dann in genau denselben Zeilen Kreuze. Dann kann wahlweise eine der beiden Spalten gestrichen werden.

5.2.2.3 Zeilendominanz

Bei der Überprüfung einer Überdeckungstabelle auf Zeilendominanz werden jeweils zwei Zeilen bezüglich der Verteilung der Kreuze in ihnen verglichen. Eine Zeile mit der Auswahlvariablen a dominiert eine andere mit der Auswahlvariablen b, wenn sie mindestens in denselben Spalten Kreuze enthält wie die Zeile mit der Auswahlvariablen b. Tabelle 5.5 verdeutlicht diese Definition. Die Ausdrücke $R_1, \ldots, R_k, S_1, \ldots, S_m$ und $T_1, \ldots, T_n$ sind beliebige disjunktive Verknüpfungen von Auswahlvariablen c_i Die logische Gleichung zur Beschreibung der Überdeckungstabelle ergibt sich zu:

$$(a \lor b \lor (R_1 \cdot \ldots \cdot R_k)) \cdot (a \lor (S_1 \cdot \ldots \cdot S_m)) \cdot T_1 \cdot \ldots \cdot T_n \overset{!}{=} 1 .$$

Tabelle 5.5. Zur Erläuterung der Zeilendominanz

Auswahl-variablen	Elemente der zu überdeckenden Menge		
	$A_1 \ldots A_k$	$B_1 \ldots B_m$	$C_1 \ldots C_n$
a	$\times \ldots \times$	$\times \ldots \times$	
b	$\times \ldots \times$		
c_1 $\vdots$ c_u	beliebige Kreuze repräsentiert durch die disjunktiven Ausdrücke $R_1 \ldots R_k$	beliebige Kreuze repräsentiert durch die disjunktiven Ausdrücke $S_1 \ldots S_m$	beliebige Kreuze repräsentiert durch die disjunktiven Ausdrücke $T_1 \ldots T_n$

Die bekannten Gesetze vereinfachen diese Gleichung zu

$$(a \lor b \cdot S_1 \cdot \ldots \cdot S_m \lor R_1 \cdot \ldots \cdot R_k \cdot S_1 \cdot \ldots \cdot S_m) \cdot T_1 \cdot \ldots \cdot T_n \overset{!}{=} 1 .$$

Um eine Aussage über Kürzungsmöglichkeiten in der Überdeckungstabelle treffen zu können, müssen hier nur solche Ausdrücke untersucht werden, die entweder die Variable a oder die Variable b enthalten. Daher beschränken wir uns für die weiteren Betrachtungen auf den Teilausdruck

$$a \cdot T_1 \cdot \ldots \cdot T_n \lor b \cdot S_1 \cdot \ldots \cdot S_m \cdot T_1 \cdot \ldots \cdot T_n$$

in der obigen Gleichung.

Solange über die Ausdrücke S_i und T_j nichts näheres bekannt ist, muß auch beispielsweise der folgende Sonderfall zugelassen werden. Es sei $n \geq m$, und es gelte für alle T_j ($1 \leq j \leq m$) die Beziehung $T_j = S_j \lor T_j'$. Dann ergibt sich der obige Teilausdruck zu

$$a \cdot (S_1 \lor T_1') \cdot (S_2 \lor T_2') \cdot \ldots \cdot (S_m \lor T_m') \cdot T_{m+1} \cdot \ldots \cdot T_n \lor$$
$$\lor b \cdot S_1 \cdot S_2 \cdot \ldots \cdot S_m \cdot (S_1 \lor T_1') \cdot (S_2 \lor T_2') \cdot \ldots \cdot (S_m \lor T_m') \cdot T_{m+1} \cdot \ldots \cdot T_n .$$

Dieser Ausdruck beschreibt denselben logischen Sachverhalt wie der folgende

$$a \cdot (S_1 \lor T_1') \cdot (S_2 \lor T_2') \cdot \ldots \cdot (S_m \lor T_m') \cdot T_{m+1} \cdot \ldots \cdot T_n \lor$$
$$\lor b \cdot S_1 \cdot S_2 \cdot \ldots \cdot S_m \cdot T_{m+1} \cdot \ldots \cdot T_n .$$

Es existieren daher Lösungen, die bis auf a und b identisch sind, nämlich

$$a \cdot S_1 \cdot S_2 \cdot \ldots \cdot S_m \cdot T_{m+1} \cdot \ldots \cdot T_n \quad \text{und} \quad b \cdot S_1 \cdot S_2 \cdot \ldots \cdot S_m \cdot T_{m+1} \cdot \ldots \cdot T_n .$$

Ist die Auswahl der zur Variablen a gehörenden Klasse für sich alleine

gesehen günstiger als die Auswahl der zur Variablen b gehörenden Klasse,
dann kann man sicher auf die Lösungen mit b = 1 verzichten. Man kann
in diesem Fall von vornherein die Zeile b in der Tabelle streichen.

Ist die Auswahl der zur Variablen a gehörenden Klasse für sich alleine
gesehen ungünstiger als die Auswahl der zur Variablen b gehörenden Klasse, dann muß man abwarten, ob sich ein Sonderfall ähnlich dem beschriebenen einstellt. Das sofortige Streichen der dominierten Zeile könnte
andernfalls die günstigste Gesamtlösung ausschließen.

Ist die Auswahl der zur Variablen a gehörenden Klasse für sich alleine
gesehen schließlich gleich günstig wie die Auswahl der zur Variablen b
gehörenden Klasse, kann man wieder sofort auf die dominierte Zeile verzichten, wenn man nur eine der möglichen günstigsten Lösungen sucht.
Will man dagegen sicher sein, alle der günstigsten Lösungen zu erhalten,
dann muß man warten, ob ein Sonderfall vorliegt.

Wann die Auswahl einer Klasse günstiger heißt als die Auswahl einer anderen Klasse, ist im konkreten Anwendungsfall zu definieren. Man legt
hierzu für jede der Klassen einen Kostenwert fest.

Im Party-Beispiel könnte der Gastgeber folgende Überlegung anstellen:
"Eine Party kostet mich unabhängig von der Zahl der Gäste ungefähr den
gleichen Betrag (etwa weil die Bowle gegebenenfalls mit Sprudel verlängert wird). Meine Absicht ist es, mit möglichst wenigen Parties aus-
zukommen; die Zusammensetzung ist mir im übrigen gleichgültig." Er wird
zweckmäßigerweise eventuell auftretende Zeilendominanzen auf jeden Fall
zum Streichen von Zeilen ausnutzen, da sich hierdurch der Rechenaufwand
reduziert.

Zusammenfassend lassen sich somit folgende Regeln angeben:
1. Sind alle irredundanten Überdeckungen gesucht, dann darf keine Zei-
   lendominanz-Regel angewandt werden.
2. Sind alle günstigsten irredundanten Überdeckungen gesucht, dann dürfen dominierte Zeilen gestrichen werden, sofern sie ungünstiger sind
   als die sie dominierenden. Hierzu muß festgelegt werden, wann die
   Auswahl einer Klasse günstiger ist als die einer anderen. Dies kann
   über die Definition von Kosten erfolgen.
3. Ist nur eine beliebige der günstigsten irredundanten Überdeckungen gesucht, dann dürfen dominierte Zeilen gestrichen werden, sofern sie
   nicht günstiger sind als die sie dominierenden.

Das im Abschnitt 5.1 vorgestellte Prinzip zur Abarbeitung einer Überdeckungstabelle wird nun zusammen mit den Vereinfachungsregeln in einen Algorithmus gekleidet. Dabei sei ausdrücklich daraufhingewiesen,
daß die vorgestellten Regeln allein der Arbeitserleichterung dienen.
Ein Übersehen von Streichungsmöglichkeiten führt nicht zu falschen Lösungen.

Algorithmus 3: Ermittlung irredundanter Überdeckungen

Schritt 1:
Man erstelle eine Überdeckungstabelle. Die Elemente der zu überdecken-
den Menge bezeichnen die Spalten, die Klassen der redundanten Überdek-
kung charakterisieren die Zeilen der Tabelle. Für jede der Klassen wer-
den Kosten sowie eine Ordnungsnummer definiert. Die Klassen enthalten
jeweils einen Teil der Elemente der zu überdeckenden Menge. In einer
Zeile werden die Spalten mit einem Kreuz versehen, deren zugehörige
Elemente in der betrachteten Klasse enthalten sind.
Schritt 2:
Man suche alle Kernklassen in der Überdeckungstabelle: Tritt in einer
Spalte der Überdeckungstabelle nur ein einziges (nicht gestrichenes)
Kreuz auf, so ist die zugehörige Klasse Kernklasse. Alle Kernklassen
werden notiert, die betreffenden Zeilen und die darin markierten Spal-
ten gestrichen. Zeilen, die nach diesem Vorgang kein ungestrichenes
Kreuz enthalten, werden gestrichen. Falls alle Spalten gestrichen sind,
wird der Algorithmus mit Schritt 5 fortgesetzt.
Schritt 3:
Man überprüfe jedes Paar nicht gestrichener Spalten auf Dominanz: Eine
Spalte i dominiert eine Spalte j, wenn sie mindestens in denselben Zeilen Kreuze besitzt wie die Spalte j. Dominierende Spalten werden gestrichen. Sind die Spalten i und j gleich markiert, wird willkürlich eine
der beiden Spalten gestrichen. Zeilen, die nach diesem Vorgang kein ungestrichenes Kreuz enthalten, werden ebenfalls gestrichen. Falls alle
Spalten gestrichen sind, wird der Algorithmus mit Schritt 5 fortgesetzt.
Schritt 4:
Sind alle irredundanten Lösungen zu ermitteln, dann setze man den Algorithmus mit Schritt 5 fort. Andernfalls überprüfe man jedes Paar nicht
gestrichener Zeilen auf Dominanz: Eine Zeile i dominiert eine Zeile j,
wenn sie mindestens in denselben Zeilen Kreuze besitzt wie die Zeile j.
a) Sind <u>alle</u> irredundanten Überdeckungen gesucht, deren Klassen zusammen die <u>geringsten Kosten</u> besitzen, dann streiche man jede domi-

nierte Zeile, sofern sie <u>teurer</u> ist als die sie dominierende Zeile.
Sind beide Zeilen gleich markiert, dann streiche man ebenfalls die
teurere Zeile.

b) Ist <u>nur eine</u> der irredundanten Überdeckungen gesucht, deren Klassen
zusammen die geringsten Kosten besitzen, dann streiche man jede dominierte Zeile, sofern sie <u>nicht billiger</u> ist als die sie dominierende Zeile. Sind beide Zeilen gleich markiert, dann streiche man
die teurere Zeile. Sind beide Zeilen gleich markiert und gleich teuer, dann streiche man willkürlich eine der beiden Zeilen.

Wurde im Schritt 4 mindestens eine Zeile entfernt, dann setze man den
Algorithmus mit Schritt 2 fort.

<u>Schritt 5:</u>

Für die nicht gestrichenen Zeilen und Spalten bildet man den Überdek-
kungsausdruck Ü. Hierzu führt man für jede der verbliebenen Spalten eine logische Variable ein und verknüpft diese Spaltenvariablen konjunktiv miteinander. Für die nicht gestrichenen Zeilen führt man Auswahlvariablen ein. Nun wird jede der Spaltenvariablen durch die Disjunktion
der Auswahlvariablen für die in dieser Spalte markierten Zeilen ersetzt.
Falls keine Spalten mehr vorhanden sind, ist dieser Ausdruck gleich 1.

<u>Schritt 6:</u>

Die konjunktive Form des Überdeckungsausdrucks wird mit Hilfe folgender
Gesetze in eine disjunktive Form umgewandelt:

$$(v \lor w)(x \lor y) = vx \lor vy \lor wx \lor wy$$
$$x(x \lor y) = x$$
$$x \lor x = x.$$

Jeder konjunktive Term in dieser disjunktiven Form beschreibt zusammen
mit den Kernklassen eine irredundante Überdeckung.

<u>Beispiel zu Algorithmus 3: Party-Problem</u>

<u>Schritt 1:</u>

Klassen-nummer	Kosten	Klassen der redundanten Überdeckung	Elemente der zu überdeckenden Menge									
			A	B	C	D	E	F	G	H	I	J
1	1	{I, J}									×	×
2	1	{F, I}						×			×	
3	1	{C, H, J}			×					×		×
4	1	{C, F, G}			×			×	×			
5	1	{B, D, E}		×		×	×					
6	1	{B, D, H}		×		×				×		
7	1	{A, F, G}	×					×	×			

Die Klassen der redundanten Überdeckung sind die mit Algorithmus 2 gefundenen maximalen Verträglichkeitsklassen. Bei den Kosten wird angenommen, daß jede Party, unabhängig von der Teilnehmerzahl, gleich viel kostet. Die Kosten werden zu 1 normiert.

Schritt 2:

Die Klasse {A, F, G} ist Kernklasse, weil sie das Element A als einzige Klasse enthält.
Die Klasse {B, D, E} ist Kernklasse, weil sie das Element E als einzige Klasse enthält.
Die Spalten A, B, D, E, F und G werden gestrichen, die Zeilen 5 und 7 werden ebenfalls gestrichen. (Wegen der besseren Übersichtlichkeit wird hier nicht gestrichen, sondern die verkleinerte Tabelle neu geschrieben).

Klassen-nummer	Kosten	restliche Klassen der redundanten Überdeckung	noch zu überdeckende Elemente			
			C	H	I	J
1	1	{I, J}			×	×
2	1	{F, I}			×	
3	1	{C, H, J}	×	×		×
4	1	{C, F, G}	×			
6	1	{B, D, H}		×		

Schritt 3:

Es tritt keine Spaltendominanz auf.

Schritt 4:

Es wird zunächst angenommen, daß alle billigsten irredundanten Lösungen gesucht werden. Dies entspricht dem Fall a.
Da alle Zeilen gleich teuer sind, dürfen keine dominierten Zeilen gestrichen werden.

Schritt 5:

Die Spaltenvariablen heißen C_v, H_v, I_v und J_v. Die Variablen a bzw. b, c, d, e wählen die Klassen 1 bzw. 2, 3, 4, 6. Aus der im Schritt 2 aufgeführten Tabelle folgt dann:

$$Ü = C_v \cdot H_v \cdot I_v \cdot J_v = (c \vee d)(c \vee e)(a \vee b)(a \vee c).$$

Schritt 6:

$$Ü = (c \vee de)(a \vee bc) = ac \vee bc \vee ade.$$

Damit ergeben sich drei irredundante Überdeckungen:
1. {A, F, G}, {B, D, E}, {I, J}, {C, H, J}
2. {A, F, G}, {B, D, E}, {F, I}, {C, H, J}
3. {A, F, G}, {B, D, E}, {I, J}, {C, F, G}, {B, D, H}.
Ende des Algorithmus.

Schritt 4:

Nach dem obigen Schritt 3 wird nun angenommen, daß nur eine der billigsten irredundanten Lösungen gesucht wird. Dies entspricht dem Fall b.
Nun kann man ausnutzen, daß die Klasse 1 die Klasse 2 dominiert und daß die Klasse 3 die Klassen 4 und 6 dominiert. Die dominierten Klassen können gestrichen werden. Danach bleiben nur noch die Zeilen 1 und 3 in der Überdeckungstabelle stehen.

Klassen-nummer	Kosten	restliche Klassen der redundanten Überdeckung	noch zu über-deckende Elemente			
			C	H	I	J
1	1	{I, J}			×	×
3	1	{C, H, J}	×	×		×

Schritt 2:

Die Klassen 1 und 3 sind beide Kernklassen, die Klasse 1 wegen Element I, die Klasse 3 wegen der Elemente C und H. Nach der Abarbeitung der Tabelle bleibt keine ungestrichene Spalte und keine ungestrichene Zeile übrig.

Schritt 5:

Der Überdeckungsausdruck Ü ist gleich 1.

Schritt 6:

Die gefundene irredundante Überdeckung besteht aus den vier Kernklassen:
{A, F, G}, {B, D, E}, {I, J}, {C, H, J}
Die Lösung entspricht der 1. irredundanten Überdeckung, die bei der Suche nach allen billigsten irredundanten Überdeckungen gefunden wurde.

6. Maskierung von Eingangsvariablen

6.1 Einflüsse auf den Speicherbedarf

Die in Kapitel 3.2 bereits vorgestellte Möglichkeit der Maskierung von
Eingangsvariablen soll nun näher betrachtet werden. Das Prinzip der
Eingangsmaskierung besteht ja darin, die Eingangsleitungen des Steuerwerks nicht mehr direkt mit den Adreßleitungen des Speicherbausteins
zu verbinden, sondern nur die für die Auswahl der gerade gewünschten
Steuerinformation notwendigen Entscheidungssignale auf diese Adreßleitungen zu schalten. Hierzu dienen Multiplexerbausteine.

Die vorgeschlagene Maßnahme senkt die Anzahl der benötigten Adreßleitungen und damit den erforderlichen Adressenbedarf der einzusetzenden
Speicherbausteine. Dafür muß aber unter Umständen die zu speichernde
Wortlänge vergrößert werden. Der Austausch zwischen Adressenbedarf und
Bedarf an Wortlänge kann in den in Bild 6.1 aufgezeigten Grenzen fast
beliebig vorgenommen und damit eine Anpassung an verfügbare Dimensio-
nen von Speicherbausteinen erzielt werden.

Die Variation der Wortlänge für einen gegebenen Adressenbedarf geht im
allgemeinen einher mit einer Änderung der Anzahl der Leitungen, zwischen

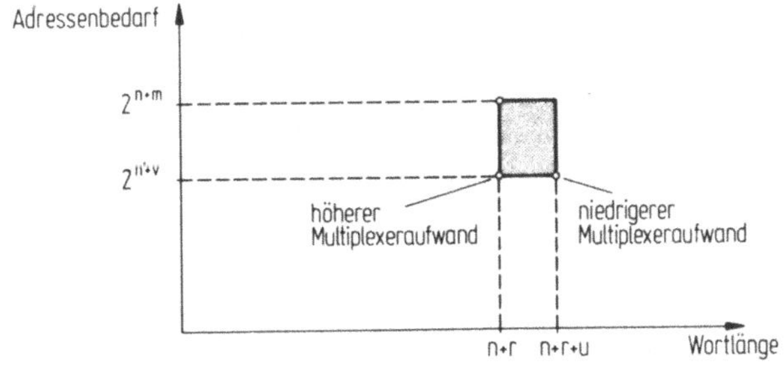

Bild 6.1. Austauschbarkeit zwischen Adreßraum und Wortlänge

denen jeder Multiplexerbaustein auswählen kann. Eine Verminderung der
Wortlänge führt zu einer höheren Komplexität der Multiplexerbausteine
(höherer Multiplexeraufwand) und umgekehrt. Die Anzahl n der abzuspeichernden Zustandsvariablen sowie die Anzahl r der abzuspeichernden Ausgangsvariablen bleiben jeweils unverändert, jedoch benötigt man zwischen
O und u Variablen zur Steuerung der Multiplexer. Der Wert von u hängt
von der spezifischen Aufgabenstellung ab.

Legt man die Schaltungsstrukturen in den Bildern 3.2a oder b zugrunde,
dann beträgt der Adressenbedarf mindestens 2^{n+v}. Dabei ist v die maximale Anzahl der für einen beliebigen Zustand relevanten Eingangsvariablen. Die Anzahl n der Zustandsvariablen ändert sich in diesen Bildern
gegenüber Bild 3.1 nicht, es gilt daher n = n'.

Eine weitere Verminderung des Adressenbedarfs ist jedoch möglich, wenn
die Anzahl der <u>relevanten Eingangsvariablen</u> bei den verschiedenen Zuständen unterschiedlich ist. In diesem Fall kann man für die einzelnen
Zustände jeweils unterschiedlich viele <u>relevante Zustandsvariablen</u> vorsehen. Die Summe an jeweils relevanten Eingangs- und Zustandsvariablen
bleibt dann möglichst konstant.

Die Zustandsvariablen, die bei allen Zuständen relevant sind, bilden
direkte Adreßvariablen, die restlichen Zustandsvariablen sind über Multiplexer zu schalten. Am Schluß dieses Kapitels wird für die Trommelsteuerung eine derartige Lösung vorgestellt. Jedoch weist der Weg zum
Auffinden dieser Lösung weitgehend intuitive Komponenten auf, sodaß
auf seine Beschreibung verzichtet wird.

Unter der Einschränkung, daß nur <u>Eingangsvariablen</u> durch die Multiplexer geschleust werden, liegt also der minimal notwendige Adressenbedarf
mit 2^{n+v} fest. Als optimierbare Größe bleibt die Austauschbarkeit zwischen Wortlänge und Anzahl der Eingänge je Multiplexerbaustein. Für diese Optimierung werden nun zwei Strategien skizziert.

6.2 Alternativen für die Steuerung der Multiplexerbausteine

Eine Vergrößerung der Wortlänge zur Steuerung der Multiplexer unter-
bleibt, wenn die Eingangsvariablen des Steuerwerks in beliebiger Weise
auf die Multiplexerbausteine geschaltet werden dürfen. Der jeweilige
Zustand kann nämlich die gewünschte Auswahl an Eingangsleitungen stets
direkt steuern.

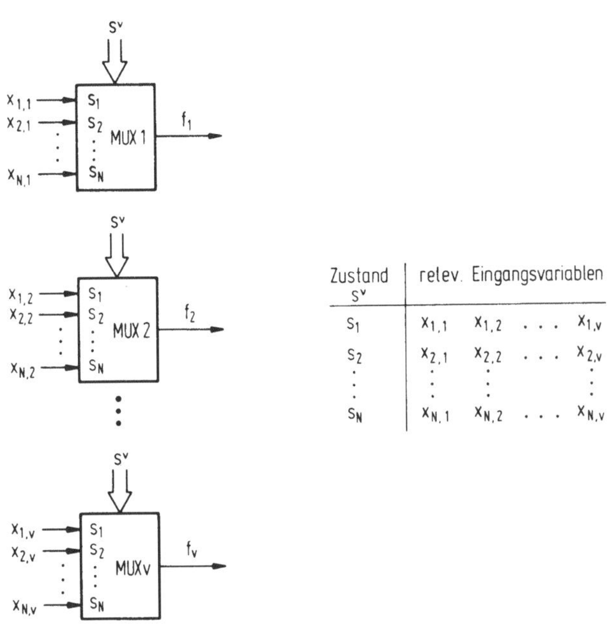

Zustand S^v	relev. Eingangsvariablen		
S_1	$x_{1,1}$	$x_{1,2}$ ...	$x_{1,v}$
S_2	$x_{2,1}$	$x_{2,2}$ ...	$x_{2,v}$
⋮	⋮	⋮	⋮
S_N	$x_{N,1}$	$x_{N,2}$ ...	$x_{N,v}$

Bild 6.2. Zustandssteuerung der Multiplexerbausteine

Im allgemeinsten Fall, der in Bild 6.2 dargestellt ist, benötigt man
Multiplexerbausteine mit jeweils N (= Anzahl der Zustände) Eingängen.
Die Steuerleitungen sind bei allen Bausteinen gleich beschaltet. Befindet sich das Schaltwerk beispielsweise im Zustand s_1, dann werden
auf die v Ausgangsleitungen der Multiplexerbausteine die für diesen Zustand relevanten Eingangsvariablen $x_{1,1}$, $x_{1,2}$, ..., $x_{1,v}$ geschaltet.
In den meisten Anwendungsfällen werden aber nicht für alle N Zustände
jeweils v relevante Eingangsvariablen vorhanden sein. Man kann in der
Tabelle in Bild 6.2 solche Zeilen jeweils zu einer Zeile verschmelzen,
für deren zugehörige Zustände zusammen nicht mehr als v unterschiedliche Eingangsvariablen relevant sind. Die Anzahl der Zeilen z nach der
optimalen Verschmelzung stellt die untere Schranke für die Eingangsleitungszahl der einzelnen Multiplexerbausteine dar. Da die Zustandsvariablen direkt zur Multiplexersteuerung eingesetzt werden sollen,
muß wegen der notwendigen Unterscheidbarkeit der Zustände mit n Zustandsvariablen außerdem gelten:

$$\lceil \mathrm{ld}\ z \rceil^{\bullet)} + \lceil \mathrm{ld}\ N'_{max} \rceil = n .$$

•) ld: Logarithmus zur Basis 2   [a] : kleinste ganze Zahl $\geq$ a

Dabei bedeutet N'_{max} die maximale Anzahl der zu einer Zeile verschmol-
zenen ursprünglichen Zeilen. Man benötigt $\lceil ld\ z \rceil$ Variablen, um die
Zeilen und damit die Multiplexereingänge zu unterscheiden und $\lceil ld\ N'_{max} \rceil$
Variablen, um schließlich die in $\lceil ld\ z \rceil$ Stellen gleichkodierten Zustände in einer Zeile der Tabelle auseinanderhalten zu können. Ist die ge-·
nannte Bedingung nicht erfüllt, dann muß man die Zeilenzahl wieder entsprechend erhöhen.

Die nur grob skizzierte Vorgehensweise ist im allgemeinen Fall sehr
rechenintensiv und kommt nicht mit den in Kapitel 5 vorgestellten Optimierungsmethoden aus. Vielmehr bedarf es einer Erweiterung des dort
definierten Verträglichkeitsbegriffes. Wir beschränken uns hier daher
auf die detaillierte Beschreibung einer anderen Optimierungsstrategie,
die zudem im allgemeinen den Vorteil hat, Multiplexerbausteine mit
kleinerer Eingangsleitungszahl zu benötigen.

Ausgangspunkt der zweiten Optimierungsstrategie ist Bild 6.3. Jedem
der Multiplexerbausteine werden jeweils alle Eingangsvariablen zugeführt.
Die Steuerinformation B_i für die Variablenauswahl ist jetzt für jeden

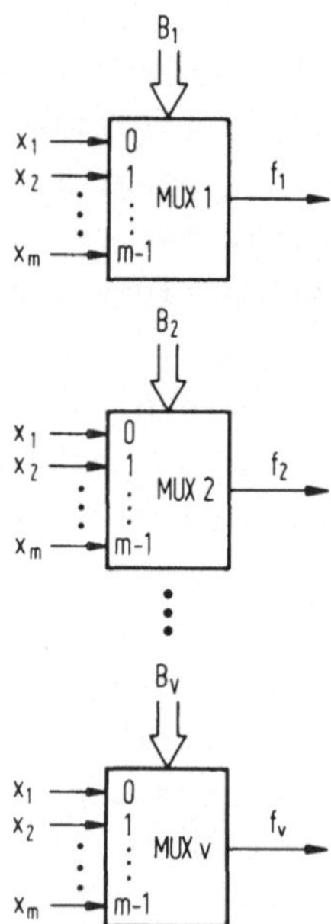

Bild 6.3. Steuerung der Multiplexerbausteine durch zusätzliche Maskierungsinformationen

Multiplexer unterschiedlich und erfolgt durch spezielle Steuervariablen.
Bei der Überprüfung dieses Konzeptes an einer konkreten Problemstellung
zeigt sich, daß man unter Umständen nicht alle Eingangsvariablen für
alle Multiplexer benötigt. Insbesondere ist dies der Fall, wenn man die
einzelnen Eingangsvariablen <u>bevorzugt einem</u> bestimmten <u>Multiplexer</u> zu-
ordnet. Dies kann man bis zur Forderung treiben, daß jede Eingangsvariable nur einem einzigen Multiplexerbaustein zugeführt wird (Bild 6.4).
Die Summe der Eingangsleitungszahl der Multiplexer ist nun gleich m.

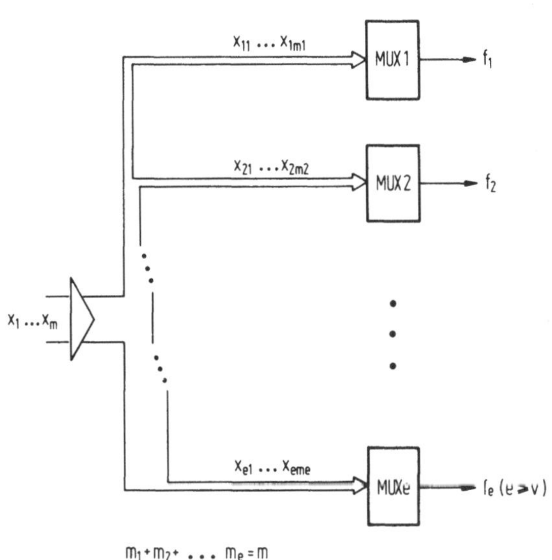

Bild 6.4. Multiplexerbeschaltung mit der Einschränkung, daß jede
Eingangsvariable nur einem Multiplexerbaustein zugeführt wird.

Allerdings ist in manchen Aufgabenstellungen die neue Forderung unver-
einbar mit einer Reduktion des Adressenbedarfs auf 2^{n+v} (e≥v). Dennoch
wird diese Methode hier bevorzugt angewendet. Dafür sprechen drei Gründe:
1. Im allgemeinen ist der Multiplexeraufwand am geringsten, da die Summe
   der durchzuschaltenden Leitungen minimal ist.
2. Die größtmögliche Reduktion des Adressenbedarfs ist häufig nicht erforderlich.
3. Der Entwurfsprozeß kann mit vertretbarem Rechenaufwand formal durchgeführt werden.

Die zusätzliche Wortlänge zur Abspeicherung der Maskierungsinformation
beträgt maximal $e \cdot \lceil \text{ld } \frac{m}{e} \rceil$. Diese Zahl wird allerdings nur erreicht, wenn

die m Eingangsvariablen gleichmäßig auf die e Multiplexerbausteine verteilt werden.

6.3 Optimierung des Multiplexeraufwands
6.3.1 Formulierung als Verträglichkeitsproblem

Nachdem wir uns für den Multiplexeraufbau entsprechend Bild 6.4 entschieden haben, soll nun ein Algorithmus zur Minimierung des Multiplexeraufwandes hergeleitet werden. Hierzu gehen wir davon aus, daß die
Eingangsvariablen x_i und x_j für den Übergang von einem Zustand in seine
Folgezustände relevant seien. Dann muß ein Multiplexer die Variable x_i,
ein anderer die Variable x_j durchschalten. Da jede Variable aber jeweils
nur einem einzigen Multiplexer zugeführt werden darf, darf es keinen
Multiplexer geben, der sowohl mit x_i als auch mit x_j beschaltet wird.
Die Variablen x_i und x_j heißen daher bezüglich der Zuführung zu einem
gemeinsamen Multiplexer unverträglich. Nachdem die Zuordnung des Begriffs

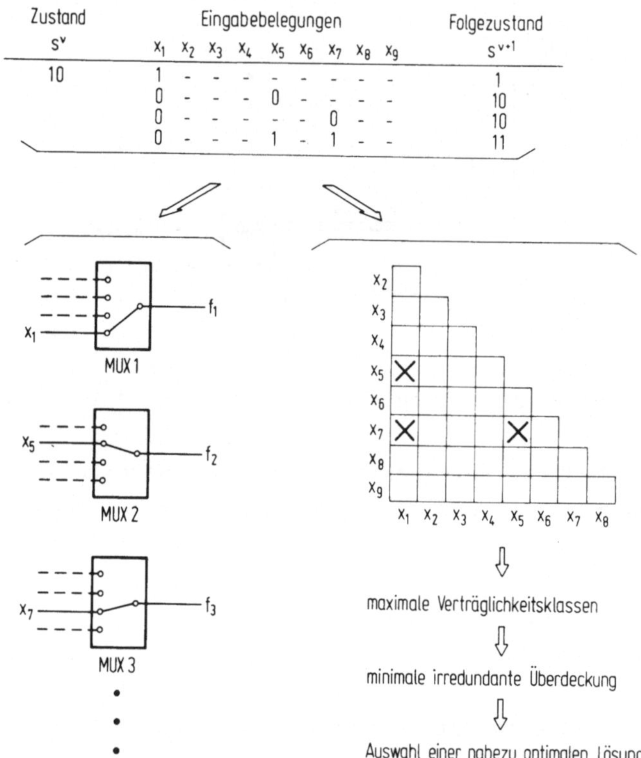

Bild 6.5. Zusammenhang zwischen relevanten Eingangsvariablen, Multiplexerbeschaltung und den Eintragungen in der Verträglichkeitshalbmatrix

"unverträglich" festliegt, kann man zunächst die paarweisen Unverträg-
lichkeiten von Eingangsvariablen ermitteln. Das genaue Vorgehen verdeutlicht Bild 6.5, das zunächst einen Ausschnitt aus der Ablauftabelle 4.1
zeigt. Für den Zustand 10 sind die Eingangsvariablen x_1, x_5 und x_7 relevant, daher sind diese Eingangsvariablen untereinander paarweise unverträglich. Sie müssen auf drei verschiedene Multiplexer geschaltet werden.
Entsprechend ist die zugehörige Verträglichkeitshalbmatrix auszufüllen.
Die Felder x_1, x_5 sowie x_1, x_7 und x_5, x_7 erhalten jeweils ein Kreuz.
Auf diese Weise ist die gesamte Ablauftabelle abzuarbeiten. Die übrig-
bleibenden, nicht gekreuzten Felder geben die verträglichen Variablenpaare an.

Nun kann man mit Algorithmus 2 in Kapitel 5 die maximalen Verträglichkeitsklassen ermitteln.

Bei der Erläuterung von Algorithmus 4 wird gezeigt werden, daß das Beispiel der Trommelsteuerung zu folgenden maximalen Verträglichkeitsklassen führt (Indizes der Eingangsvariablen):
MC={{3, 7, 8}, {3, 6, 7, 9}, {3, 5, 8}, {3, 5, 6, 9}, {3, 4, 5, 6},
{2, 7, 8}, {2, 6, 7, 9}, {2, 5, 8}, {2, 5, 6, 9}, {2, 4, 5, 6}, {1}}.
In dieser Überdeckung darf man die mehrfach vorkommenden Eingangsvariablen in beliebiger Weise so oft streichen, daß sie nur noch jeweils in
einer einzigen Klasse vorkommen. Dabei können auch ganze Klassen wegfallen. Nach diesem Vorgang hat man eine sogenannte <u>Zerlegung</u> der Menge
der Eingangsvariablen durchgeführt. Jede dieser vielfältigen Streichungsmöglichkeiten führt zu einer gültigen Beschaltung der Multiplexer, und
es stellt sich die Frage, welche dieser Alternativen zum kleinsten Multiplexeraufwand führt. Dieser ist erreicht, wenn
1. die Anzahl der Multiplexerbausteine möglichst klein ist
2. die Anzahl der Steuervariablen für alle Multiplexerbausteine zusammen minimal ist.
Die Anzahl der Multiplexerbausteine ist gleich der Anzahl der Klassen
der Zerlegung; die Anzahl der notwendigen Maskierungsvariablen ergibt
sich durch die Verteilung der Eingangsvariablen auf die Klassen der Zerlegung.

Um eine Zerlegung mit möglichst wenigen Klassen zu finden, sucht man zunächst mit Hilfe von Algorithmus 3 (Kapitel 5) eine <u>irredundante Überdek-
kung</u> mit der kleinsten Klassenzahl. Wir greifen wiederum den Erläuterungen zu Algorithmus 4 vor und geben für die Trommelsteuerung die folgende
irredundante Überdeckung (IL) an IL = {{1}, {3, 7, 8}, {2, 4, 5, 6},

80

{2, 6, 7, 9}}. Diese Überdeckung besitzt vier Klassen, sodaß vier Multiplexerbausteine einzusetzen sind. Eine Überprüfung der Tabelle 4.1 zeigt,
daß auch die maximale Anzahl v der relevanten Eingangsvariablen vier beträgt, sodaß e = v gilt.

6.3.2 Festlegung der Optimierungsfunktion

Der nächste Schritt im Optimierungsprozeß besteht im Weglassen von Eingangsvariablen, so daß eine Zerlegung π entsteht. Ganze Klassen können
nun aber nicht mehr wegfallen, da IL bereits die kleinstmögliche Klassenzahl für diese Aufgabenstellung besitzt. Es gibt wieder mehrere Möglichkeiten, eine solche Zerlegung anzugeben. Daher wird zunächst die
Funktion hergeleitet, die durch die ausgewählte Zerlegung optimiert werden soll. Diese Funktion soll die Anzahl u der Maskierungsvariablen in
Abhängigkeit von solchen Größen beschreiben, die einer Zerlegung zuge-
ordnet werden können. Es sei $\pi = \{B_1, B_2, \ldots, B_e\}$, wobei B_i mit $1 \leq i \leq e$
die ausgewählten Klassen von Eingangsvariablen beschreiben. In Bild 6.4
sind die Anzahl der Eingangsleitungen für die Multiplexer mit m_1, m_2,
$\ldots$, m_e bezeichnet. Ein Multiplexer mit m_i Eingangsleitungen benötigt
$\lceil ld\ m_i \rceil$ Maskierungsleitungen. In Bild 6.4 benötigt man daher insgesamt

$$u = \sum_{i=1}^{e} \lceil ld\ m_i \rceil \qquad\qquad (6.1)$$

Maskierungsvariablen. Legt man eine bestimmte Zerlegung π zugrunde, dann
ergibt sich m_i als die Anzahl $|B_i|$ der Elemente im Block B_i. Setzt man
dies in Gl. (6.1) ein, so erhält man die gewünschte Beziehung zwischen u
und Größen der Zerlegung π:

$$u = \sum_{i=1}^{e} \lceil ld\ |B_i| \rceil . \qquad\qquad (6.2)$$

Im Algorithmus 4 wird eine gegenüber Gl. (6.2) leicht modifizierte Optimierungsfunktion benutzt. Sie ergibt sich durch die Forderung, daß jeder Multiplexer außer den Variablen auch einen konstanten Wert, entweder 0 oder 1, durchschalten können soll. Diese Konstanten werden jeweils dann durch den entsprechenden Multiplexerbaustein geschleust,
wenn für den betroffenen Zustand weniger als v Eingangsvariablen relevant sind. Zwar könnte man statt dessen eine beliebige, dem betreffenden
Multiplexerbaustein ohnehin verfügbare Eingangsvariable auf die entsprechende Adreßleitung schalten, doch müßte man dann für beide möglichen Variablenwerte identische Informationen im Speicher ablegen. Das Be-
legen mit redundanter Information ist aber nur solange ohne Nachteil, wie
keine zusätzlichen Optimierungsmethoden im Entwurfsprozeß eingesetzt

werden sollen. Wir wollen jedoch das Prinzip zugrunde legen, die Speicher möglichst nicht mit redundanter Information zu beschreiben. Dann können später zu behandelnde Algorithmen auf die "unbeschriebenen" Speicherworte zurückgreifen und größere Optimierungseffekte erzielen. Wir erhalten damit als neue Optimierungsfunktion

$$u = \sum_{i=1}^{e} \lceil 1d(|B_i|+1) \rceil \qquad (6.3)$$

6.3.3 Verfahren zum Auffinden einer näherungsweisen optimalen Zerlegung

Wir kennen nun die Optimierungsfunktion sowie eine irredundante Überdeckung, aus der die gesuchte Zerlegung durch Streichen von Variablen gefunden werden kann. In der Literatur [5, 11, 12] sind Verfahren zur Lösung dieses Optimierungsproblems beschrieben worden, die jedoch alle sehr rechenintensiv sind. Wir wollen uns deshalb auf die Beschreibung eines heuristischen Verfahrens beschränken.

Zunächst erstellen wir Tabelle 6.1a mit den Spalten a bis f. Die Zeilen in der Spalte a enthalten die Klassen der Überdeckung IL. Da die gesuchte Lösung durch Streichen von Elementen aus diesen Klassen entsteht, heißen sie Maximalklassen B_i^{IL}. Durch Überprüfung von IL stellt man fest, daß nicht alle Variablen in mehr als einer Klasse vorkommen. In der Spalte b sind für jede Maximalklasse die Elemente aufgeführt, die nur in der zugehörigen Maximalklasse auftreten. So findet man beispielsweise die Variablen x_3 und x_8 nur in der Klasse {3, 7, 8}. Da die gesuchten Klassen durch Ergänzungen von Variablen der Klassen B_i^R in Spalte b entstehen, heißen diese Minimalklassen.

In Spalte c sind die Anzahl der für einzelnen Multiplexer mindestens notwendigen Maskierungsvariablen eingetragen. Sie ergeben sich zu $\lceil 1d(|B_i^R| + 1) \rceil$. Da nun beispielsweise $|B_i^R| = 2$ und $|B_i^R| = 3$ dieselbe Anzahl der Maskierungsvariablen fordern, kann man in den Fällen $B_2^R = \{3, 8\}$ und $B_3^R = \{4, 5\}$ jeweils ein Element ergänzen, ohne dadurch die Eintragungen in Spalte c verändern zu müssen. Diese Möglichkeit der "kostenfreien" Ergänzung ist in Spalte d eingetragen. In Spalte e steht die Anzahl der Variablen $(|B_i^{IL}| - |B_i^R|)$, die man ergänzen kann, um von der Minimalklasse zur jeweiligen Maximalklasse zu gelangen. In Spalte f schließlich ist aufgeführt, mit wievielen anderen Maximalklassen die entsprechende Maximalklasse gemeinsame Elemente besitzt. So hat beispielsweise B_4^{IL} die Variable x_7 gemeinsam mit B_2^{IL} und die Variablen x_2 und x_6 gemeinsam mit B_3^{IL}. Aus dieser Tabelle 6.1a gelangt man

Tabelle 6.1. Auswahlprozeß für die Aufteilung von Eingangsvariablen
auf die Klassen einer näherungsweise optimalen Zerlegung
a. Ersteintrag
b. Einordnung der Variablen x_7 bzw. x_2 in die Klassen 2 bzw. 3

a	b	c	d	e	f
Maximal-klassen	Minimal-klassen	Mindest-zahl der Maskierungs-variablen	kostenfrei ergänzbare Anzahl der Variablen	maximal ergänzbare Anzahl der Variablen	Anzahl der Klassen mit nichtleerem Durchschnitt
B_i^{IL}	B_i^R	u_i	k_i	e_i	d_i
$\{1\}$	$\{1\}$	0●	0	0	0
$\{3, 7, 8\}$	$\{3, 8\}$	2	1	1	1
$\{2, 4, 5, 6\}$	$\{4, 5\}$	2	1	2	1
$\{2, 6, 7, 9\}$	$\{9\}$	1	0	3	2

a.

a	b	c	d	e	f
Maximal-klassen	Minimal-klassen	Mindest-zahl der Maskierungs-variablen	kostenfrei ergänzbare Anzahl der Variablen	maximal ergänzbare Anzahl der Variablen	Anzahl der Klassen mit nichtleerem Durchschnitt
B_i^{IL}	B_i^R	u_i	k_i	e_i	d_i
1	1	0●	0	0	0
$\{3, 7, 8\}$	$\{3, 7, 8\}$	2	0	0	0
$\{2, 4, 5, 6\}$	$\{2, 4, 5\}$	2	0	1	1
$\{6, 9\}$	$\{9\}$	1	0	1	1

b.

●Die Variable x_1 ist für jeden Zustand relevant; sie braucht daher nicht
über einen Multiplexer geschaltet zu werden. Der Wert der Größe u_1 ist
daher 0 statt 1.

zur Tabelle 6.1b, indem man die folgenden Änderungen durchführt.
1. In der zweiten Zeile von Tab. 6.1a steht in den Spalten d und e jeweils eine Eins. Das bedeutet, daß die Variable, die maximal ergänzt werden kann, keine zusätzlichen Kosten verursacht. Daher setzt
   man sie in die Minimalklasse dieser Zeile ein und streicht sie aus
   der Maximalklasse in der vierten Zeile.

2. In der dritten Zeile kann ebenfalls eine Variable kostenfrei ergänzt werden. Es stehen aber 2 Variablen x_2 und x_6 zur Verfügung. Die Entscheidung für eine der beiden Variablen, könnte zu unterschiedlichen Endergebnissen führen. Dies ist bei diesem Beispiel jedoch nicht der Fall, da beide Variablen nur noch in der Klasse der vierten Zeile auftreten, was durch die Zahl Eins in der Spalte f angezeigt wird. Wir entscheiden uns willkürlich für die Ergänzung der Variablen x_2 in die Minimalklasse der dritten Zeile und streichen x_2 aus der Maximalklasse der vierten Zeile.

3. Für die neu gefundenen Maximal- und Minimalklassen bestimmen wir die Zahlenwerte in den Spalten c bis f.

Eine Besonderheit stellt die Klasse in der ersten Zeile dar, sie enthält nämlich nur ein Element. Es bleibt daher keine Wahl zwischen Variablen, und man benötigt keinen Multiplexerbaustein. Man kann vielmehr x_1 direkt mit einer Adreßleitung verbinden.

Nun ist nur noch die Variable x_6 auf eine der möglichen Klassen zu verteilen. Wir wählen hier willkürlich die Aufnahme in die vierte Minimalklasse. Dies führt zur Realisierung entsprechend Bild 6.6. Die getroffene Entscheidung hat den Vorteil, daß wir drei gleichartige Multiplexer (4:1) einsetzen können. Die Konstante an den Eingängen der Multi-

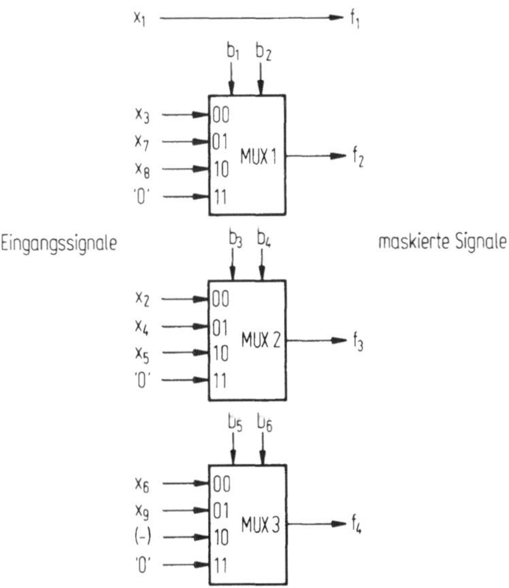

Bild 6.6. Multiplexerschaltung für die Trommelspeichersteuerung

plexer ist willkürlich zu O festgelegt. Die Größe u, d.h. die Anzahl
der Maskierungsvariablen für die drei Multiplexer bestimmt sich zu
sechs.

Bei komplexeren Problemstellungen ist es notwendig, auch in denjenigen
Fällen systematisch weiterzugehen, in denen die drei im Zusammenhang
mit der Tabelle 6.1 erläuterten Schritte nicht mehr anwendbar sind, etwa weil in der Spalte d nur Nullen stehen. In dieser Situation ergänzt
man diejenige Minimalklasse mit einer Variablen, bei der man nach dieser Ergänzung die meisten Elemente kostenfrei ergänzen kann. Danach
wiederholt man die drei vorgestellten Schritte.

Dieser Strategie liegt der bekannte Sachverhalt zugrunde, daß die auf-
gestellte Funktion u, Gl. (6.3), besonders niedrige Werte erhält, wenn
Klassen mit vielen und wenigen Elementen vorkommen, wenn also möglichst
keine Gleichverteilung besteht.[*]

Für das Beispiel der Trommelsteuerung stellt dieser Vorschlag allerdings
keine Hilfe dar, da nur noch die Variable x_6 auf eine der in Frage kommenden Klassen (Zeile 3 oder Zeile 4 in Tabelle 6.1b) zu verteilen ist.
In beiden Fällen ist eine zusätzliche Maskierungsvariable erforderlich.
Wegen der Gleichheit der dann einsetzbaren Multiplexerbausteine entscheidet man sich hier für die bereits in Bild 6.6 vorgestellte Lösung.

Ohne die Maskierung von Eingangsvariablen benötigt man, da neun Eingangsvariablen vorliegen, 2^{n+9} Adressen bei einer Wortlänge von n+r.
Die Maskierung erlaubt die Reduktion der Adressen auf 2^{n+4} bei einer
Wortlänge von n+r+6. Innerhalb dieser Grenzen kann man nun Adressenbedarf und Wortlänge gegeneinander austauschen. Gibt man beispielsweise
den Bedarf an Adressen vor ($>2^{n+4}$), dann müßte man in Tabelle 6.1a eine,
nicht notwendigerweise irredundante, Überdeckung mit einer entsprechenden Anzahl von Klassen einsetzen. Das weitere Vorgehen ist dann mit dem
am Schluß dieses Kapitels beschriebenen in Algorithmus 4 identisch.

6.4 Ermittlung der Speicherbelegung

In Bild 6.6 wurde bereits die Beschaltung der Multiplexerbausteine mit
den Eingangsvariablen festgelegt. Ausgehend von der Tabelle 4.1 kann

---

[*] $\sum_i \mathrm{ld}\, a_i$ für einen festen Wert von $\sum_i a_i$ ist maximal, wenn alle a_i
gleich groß sind (maximaler Informationsgehalt). Hier möchte man das
Gegenteil erreichen.

Tabelle 6.2. Zuordnungen der Belegungen der maskierten Variablen zu den Belegungen der Eingangsvariablen in Tabelle 4.1

Zustand	Eingabebelegung									Zuordnung $f_i \Leftrightarrow x_j$	Maskierte Variablen				Folgezustand
s^ν	x_1	x_2	x_3	x_4	x_5	x_6	x_7	x_8	x_9	$f_1\ f_2\ f_3\ f_4$	f_1	f_2	f_3	f_4	$s^{\nu+1}$
1	1	-	-	-	-	-	-	-	-		1	-	-	0	1
1	0	0	-	-	-	-	-	-	-		0	-	0	0	1
1	0	1	1	-	-	-	-	-	-	$x_1\ x_3\ x_2\ 0$	0	1	1	0	2
1	0	1	0	-	-	-	-	-	-		0	0	1	0	8
2	1	-	-	-	-	-	-	-	-	$x_1\ 0\ 0\ 0$	1	0	0	0	1
2	0	-	-	-	-	-	-	-	-		0	0	0	0	3
3	1	-	-	-	-	-	-	-	-		1	-	-	0	1
3	0	-	-	1	-	-	1	-	-		0	1	1	0	4
3	0	-	-	0	-	-	-	-	-	$x_1\ x_7\ x_4\ 0$	0	-	0	0	3
3	0	-	-	-	-	-	0	-	-		0	0	-	0	3
4	1	-	-	-	-	-	-	-	-		1	-	0	-	1
4	0	-	-	-	-	1	-	1	-		0	1	0	1	6
4	0	-	-	-	-	1	-	0	-	$x_1\ x_8\ 0\ x_6$	0	0	0	1	5
4	0	-	-	-	-	0	-	-	-		0	-	0	0	4
5	1	-	-	-	-	-	-	-	-	$x_1\ 0\ 0\ 0$	1	0	0	0	1
5	0	-	-	-	-	-	-	-	-		0	0	0	0	4
6	1	-	-	-	-	-	-	-	-	$x_1\ 0\ 0\ 0$	1	0	0	0	1
6	0	-	-	-	-	-	-	-	-		0	0	0	0	7
7	1	-	-	-	-	-	-	-	-		1	0	-	0	1
7	0	1	-	-	-	-	-	-	-	$x_1\ 0\ x_2\ 0$	0	0	1	0	7
7	0	0	-	-	-	-	-	-	-		0	0	0	0	1
8	1	-	-	-	-	-	-	-	-	$x_1\ 0\ 0\ 0$	1	0	0	0	1
8	0	-	-	-	-	-	-	-	-		0	0	0	0	9
9	1	-	-	-	-	-	-	-	-	$x_1\ 0\ 0\ 0$	1	0	0	0	1
9	0	-	-	-	-	-	-	-	-		0	0	0	0	10
10	1	-	-	-	-	-	-	-	-		1	-	-	0	1
10	0	-	-	-	0	-	-	-	-		0	-	0	0	10
10	0	-	-	-	-	-	0	-	-	$x_1\ x_7\ x_5\ 0$	0	0	-	0	10
10	0	-	-	-	1	-	1	-	-		0	1	1	0	11
11	1	-	-	-	-	-	-	-	-		1	-	-	-	1
11	0	-	-	1	-	-	-	1	0		0	1	1	0	7
11	0	-	-	1	-	-	-	-	1	$x_1\ x_8\ x_4\ x_9$	0	-	1	1	13
11	0	-	-	1	-	-	-	0	0		0	0	1	0	12
11	0	-	-	0	-	-	-	-	-		0	-	0	-	11
12	1	-	-	-	-	-	-	-	-	$x_1\ 0\ 0\ 0$	1	0	0	0	1
12	0	-	-	-	-	-	-	-	-		0	0	0	0	11
13	1	-	-	-	-	-	-	-	-	$x_1\ 0\ 0\ 0$	1	0	0	0	1
13	0	-	-	-	-	-	-	-	-		0	0	0	0	13

Tabelle 6.3. Speicherbelegung **für** die Trommelsteuerung bei Maskierung der Eingangsvariablen nach Bild 6.5

Adressen		Speicherinhalte		
Zustand s^{ν}	Maskierte Variablen $f_1\ f_2\ f_3\ f_4$	Folgezustand $s^{\nu+1}$	Maskierungsvariablen $b_1\ b_2\ b_3\ b_4\ b_5\ b_6$	Ausgabebelegung Y
1	1 - - 0	1	0 1 0 1 0 0	Y_1
1	0 - 0 0	1	0 1 0 1 0 0	Y_2
1	0 1 1 0	2	0 0 0 0 0 0	Y_3
1	0 0 1 0	8	0 0 0 0 0 0	Y_4
2	1 0 0 0	1	0 1 0 1 0 0	Y_1
2	0 0 0 0	3	1 0 1 0 0 0	Y_5
3	1 - - 0	1	0 1 0 1 0 0	Y_1
3	0 1 1 0	4	1 1 0 0 0 1	Y_6
3	0 - 0 0	3	1 0 1 0 0 0	Y_5
3	0 0 - 0	3	1 0 1 0 0 0	Y_5
4	1 - 0 -	1	0 1 0 1 0 0	Y_1
4	0 1 0 1	6	0 0 0 0 0 0	Y_7
4	0 0 0 1	5	0 0 0 0 0 0	Y_7
4	0 - 0 0	4	1 1 0 0 0 1	Y_6
5	1 0 0 0	1	0 1 0 1 0 0	Y_1
5	0 0 0 0	4	1 1 0 0 0 1	Y_8
6	1 0 0 0	1	0 1 0 1 0 0	Y_1
6	0 0 0 0	7	0 0 0 1 0 0	Y_9
7	1 0 - 0	1	0 1 0 1 0 0	Y_1
7	0 0 1 0	7	0 0 0 1 0 0	Y_2
7	0 0 0 0	1	0 1 0 1 0 0	Y_2
8	1 0 0 0	1	0 1 0 1 0 0	Y_1
8	0 0 0 0	9	0 0 0 0 0 0	Y_{10}
9	1 0 0 0	1	0 1 0 1 0 0	Y_1
9	0 0 0 0	10	1 0 1 1 0 0	Y_{10}
10	1 - - 0	1	0 1 0 1 0 0	Y_1
10	0 - 0 0	10	1 0 1 1 0 0	Y_{10}
10	0 0 - 0	10	1 0 1 1 0 0	Y_{10}
10	0 1 1 0	11	1 1 1 0 1 0	Y_{11}
11	1 - - -	1	0 1 0 1 0 0	Y_1
11	0 1 1 0	7	0 0 0 1 0 0	Y_9
11	0 - 1 1	13	0 0 0 0 0 0	Y_{12}
11	0 0 1 0	12	0 0 0 0 0 0	Y_{12}
11	0 - 0 -	11	1 1 1 0 1 0	Y_{11}
12	1 0 0 0	1	0 1 0 1 0 0	Y_1
12	0 0 0 0	11	1 1 1 0 1 0	Y_{13}
13	1 0 0 0	1	0 1 0 1 0 0	Y_1
13	0 0 0 0	13	0 0 0 0 0 0	Y_{14}

man die Zuordnung der maskierten Variablen zu den Eingangsvariablen in Abhängigkeit vom jeweiligen Zustand s^v auflisten. Dies ist in Tabelle 6.2 durchgeführt. Im Zustand 1 beispielsweise sind die Variablen x_1, x_2 und x_3 relevant. Es gilt immer $f_1=x_1$. Die Variable x_3 führt auf den ersten Multiplexer, daher ist $f_2=x_3$, entsprechend ist $f_3=x_2$. Die maskierte Variable f_4 ist bei diesem Zustand auf die Konstante 0 geschaltet. Entsprechend sind die Werte der Variablen f_1 bis f_4 für die Verzweigung in die Folgezustände nach Tabelle 4.1 festgelegt. Es sei noch besonders darauf hingewiesen, daß die erste Zeile in Tabelle 4.1 in 13 Zeilen aufgelöst wurde; jeder der 13 Zustände wird durch $x_1=1$ in den Zustand 1 zurückgeführt.

Nachdem die Zuordnungen der Variablen f_i und x_j zueinander festliegen, kann man den verschiedenen Adressen ihre Speicherinhalte zuweisen. Dies erfolgt in Tabelle 6.3. Die Adressen werden von Tabelle 6.2 übernommen. Die Inhalte der Speicherworte ergeben sich aus Tabelle 4.1, was die Folgezustände und die Ausgabebelegung betrifft und aus Bild 6.5 und Tabelle 6.2, was die Maskierungsinformation angeht. Um beispielsweise x_3 auf f_2 zu schalten, müssen $b_1=0$ und $b_2=1$ sein. Es wurde die Struktur von Bild 3.2b zugrunde gelegt, d.h. die Maskierungsvariablen sind für identische Folgezustände identisch. Überall, wo beispielsweise der Zustand 1 als Folgezustand auftritt, ist daher $b_1=0$ und $b_2=1$ zu setzen usw.. Damit ist die Behandlung des Problems der Eingangsmaskierung für die Trommelsteuerung unter den festgelegten Randbedingungen abgeschlossen.

6.5 Wahlweise Beschaltung von Adreßvariablen mit Zustands- bzw. Eingangsvariablen

Die folgenden Ausführungen sollen die oben erwähnte Möglichkeit, Zustandsvariablen über Multiplexer zu schalten, veranschaulichen. Als Ausgangspunkt der Überlegungen dient Tabelle 6.3. Dort stellt man fest, daß nur der Zustand 11 alle $2^4=16$ Speicherworte mit Informationen belegt. (Bereits hier wirkt sich die Einführung von Konstanten bei der Multiplexerbeschaltung positiv aus). Besonders fällt auf, daß außer für die Zustände 4 und 11 die Variable f_4 stets 0 ist. Nur wenige der Adressen mit $f_4=1$ werden daher ausgenutzt.

Wenn auch die Zuordnung von binären Belegungen zu den Zuständen noch nicht behandelt wurde, so sollte doch klar sein, daß zur endgültigen Festlegung von Adressen und Speicherinhalten eine solche Zuordnung getroffen werden muß. Eine wichtige Einschränkung für diese Zuordnung ist durch die Anzahl der Zustände gegeben. Bei N Zustände benötigt man mindestens $\lceil ld\ N \rceil$ Zustandsvariablen. Daher sind für die 13 Zustände 4 Zustandsvariablen vorzusehen. Wir suchen nun Zustandspaare, die sich so ergänzen, daß jeder der beiden Zustände maximal 8 verschiedene Adreßwörter benötigt. Zusammen brauchen die beiden Zustände also 16 Adreßwörter. Dies gilt beispielsweise jeweils für die folgenden fünf Paare

$$\{1,\ 2\},\ \{3,\ 5\},\ \{6,\ 7\},\ \{8,\ 9\},\ \{12,\ 13\}.$$

In dieser Aufstellung fehlen nur noch die Zustände 4, 10 und 11. Den fünf Paaren und diesen drei restlichen Zuständen ordnen wir nun willkürlich acht unterschiedliche dreistellige binäre Belegungen zu. Damit definieren wir acht Bereiche, die jeweils 16 Adreßwörter umfassen sollen. Wir benötigen nun aber eine Möglichkeit, um die Bereiche der beiden Zustände eines Paares unterscheiden zu können. Hierzu dient die noch freie vierte Zustandsvariable, nennen wir sie q_4. Da bei den fünf Zustandspaaren f_4 jeweils konstant 0 war, ersetzen wir diese Konstante durch q_4. Die Variable q_4 sei für den Zustand 1 beispielsweise gleich 0. Dann ändert sich bei diesem Zustand der Wert von $f_4 = q_4 = 0$ nicht. Für den Zustand 2 ist dann $q_4 = 1$, damit ändert sich f_4 gegenüber Tabelle 6.3 zu 1

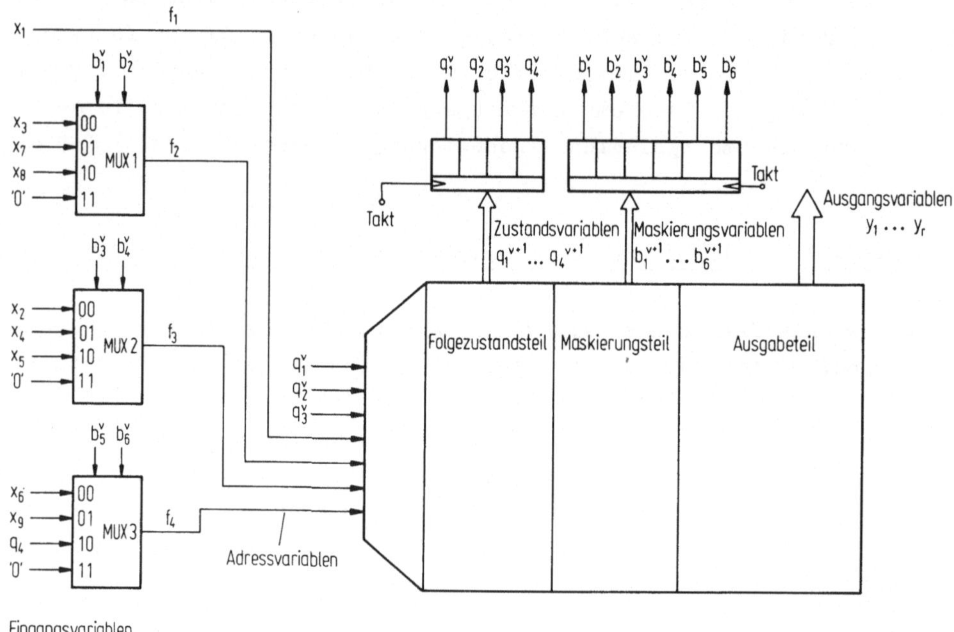

Bild 6.7. Struktur der Trommelspeichersteuerung bei gemischtem Zustandsvariablen-Eingangsvariablen-Multiplexen.

In entsprechender Weise ändern sich die Werte f_4 beispielsweise für die
Zustände 5, 7, 9 und 13. Im Zustand 4 gilt nach wie vor $f_4=x_6$, und im
Zustand 11 gilt $f_4=x_9$. Schließlich wird für den Zustand 10 $f_4=q_4=0$ fest-
gelegt.

Die grobe Beschreibung einer möglichen Vorgehensweise wird mit dem Vorstellen der Struktur in Bild 6.7 abgeschlossen. Man sieht, daß die Anzahl
der Adreßleitungen von acht auf sieben reduziert wurde. Im übrigen bleibt
die Struktur erhalten.

Man kann verhältnismäßig leicht abschätzen, ob eine Reduktion des Adressenbedarfs auf diese Art möglich ist. Hierzu addiert man die Anzahl der
belegten Adressen in der Tabelle 6.3. Dabei muß man beachten, daß bei
i Strichen in der Belegung der maskierten Variablen 2^i Adressen belegt
sind. In Tabelle 6.3 benötigt man daher 66 Adressen, zu deren Unterscheidung sieben Adreßvariablen erforderlich sind. Eine weitere als die vorgeschlagene Reduktion ist somit nicht möglich.

Algorithmus 4: Näherungsweise Optimierung des Multiplexeraufwandes für
die Eingangsmaskierung

Schritt 1:
Für jeden Zustand ermittelt man in der Ablauftabelle die relevanten Eingangsvariablen. Das sind alle Eingangsvariablen, deren Werte über den
jeweiligen Folgezustand des betrachteten Zustandes entscheiden.
Schritt 2:
Man wende Algorithmus 2 an zum Auffinden der maximalen Klassen der für
die Beschaltung eines Multiplexerbausteins verträglichen Eingangsvariablen: Alle Eingangsvariablen, die für jeweils einen Zustand relevant sind,
sind untereinander paarweise unverträglich. Man kennzeichne dies in der
Verträglichkeitshalbmatrix durch entsprechende Kreuze. Sind für alle Zustände diese Eintragungen durchgeführt worden, charakterisieren die nicht
gekreuzten Felder der Halbmatrix verträgliche Paare von Eingangsvariablen.
(Man beachte auch Bild 6.5). Auf die Verträglichkeitshalbmatrix ist Algorithmus 2 anzusetzen.
Schritt 3:
Man wende Algorithmus 3 an zum Auffinden einer irredundanten Überdek-
kung der Eingangsvariablen mit minimaler Klassenzahl. Die mit Schritt
2 gefundenen maximalen Verträglichkeitsklassen bilden die redundante
Überdeckung der Eingangsvariablen. Die Kosten werden (obwohl in Wirk-

lichkeit unzutreffend) für alle Klassen gleich gesetzt. Dadurch kann man
zur Vereinfachung der Überdeckungstabelle dominierte Zeilen streichen.

Schritt 4:

Entstanden in Schritt 3 mehrere gleichwertige irredundante Überdeckungen, dann wähle man willkürlich eine dieser Überdeckungen aus und nenne
sie IL.

Schritt 5:

Man erzeuge aus IL eine Zerlegung π der Eingangsvariablen. (Jede Eingangsvariable kommt genau in einer Klasse der Zerlegung π vor.) Hierzu erstelle man eine Tabelle mit den folgenden Spalten:

a	b	c	d	e	f
Maximal-klassen	Minimal-klassen	Mindest-zahl der Maskierungs-variablen	kostenfrei ergänzbare Anzahl der Variablen	maximal ergänzbare Anzahl der Variablen	Anzahl der Klassen mit nichtleerem Durchschnitt
B_i^{IL}	B_i^{R}	u_i	k_i	e_i	d_i

Schritt 5.1:

Die Maximalklassen B_i^{IL} sind die Klassen der Überdeckung IL. Sie werden
untereinander in Spalte a eingetragen. Diejenigen Eingangsvariablen einer Maximalklasse, die nur in der Maximalklasse B_i^{IL} vorkommen, bilden
die jeweiligen Minimalklassen B_i^{R}. Sie sind in Spalte b einzutragen.

Schritt 5.2:

Die Spalten c bis f sind mit den folgenden Größen auszufüllen:

Durch die Anzahl der Elemente in den Klassen B_i^{R} bestimmte Mindestzahl
der Maskierungsvariablen: $u_i = \lceil \mathrm{ld}\, (|B_i^{R}| + 1) \rceil$.

Anzahl der Variablen, die zu den Minimalklassen kostenfrei ergänzt wer-
den können: $k_i = \min \{ (2^{u_i} - |B_i^{R}| + 1),\ (|B_i^{IL}| - |B_i^{R}|) \}$.

Anzahl der Variablen, die zu den Minimalklassen maximal ergänzt werden
können: $e_i = |B_i^{IL}| - |B_i^{R}|$.

Anzahl d_i der Klassen B_j^{IL} mit $j \neq i$, die zu der Klasse B_i^{IL} eine nicht-
leere Durchschnittsmenge besitzen.

Schritt 5.3.1:

Man setze die Laufvariable i gleich 1.

Schritt 5.3.2:

Ist die Laufvariable i größer als die Klassenzahl von IL, dann führe
man als nächsten Schritt 5.4.1 aus.

Schritt 5.3.3:

Ist in Spalte d die Größe $k_i = 0$ oder ist $k_i \neq e_i$, der Größe in Spalte e,
dann erhöhe man i um 1 und gehe zu Schritt 5.3.2.

Ist dagegen $k_i = e_i > 0$, dann ergänze man die Minimalklasse B_i^{R} durch die noch nicht aufgenommenen Elemente der Maximalklasse B_i^{IL}. Die ergänzten Variablen werden aus den Maximalklassen B_j^{IL} mit $j \neq i$ gestrichen, und der Algorithmus wird mit Schritt 5.2 und den neuen Maximal- und Minimalklassen fortgesetzt.

Schritt 5.4.1:
Man setze die Laufvariable i wieder gleich 1.

Schritt 5.4.2:
Ist die Laufvariable i größer als die Klassenzahl von IL, dann führe man als nächsten den Schritt 5.5 aus.

Schritt 5.4.3:
Ist in Spalte d die Größe $k_i=0$, dann erhöhe man i um 1 und gehe zu Schritt 5.4.2.

Ist in Spalte d die Größe $k_i>0$ und in Spalte f die Größe $d_i=1$, dann ergänze man die Minimalklasse B_i^R durch eine beliebige Auswahl noch nicht aufgenommener Elemente der Maximalklasse B_i^{IL}. Die ergänzten Variablen werden aus den Maximalklassen B_j^{IL} mit $j \neq i$ gestrichen, und der Algorithmus wird mit Schritt 5.2 und den neuen Maximal- und Minimalklassen fortgesetzt.

Schritt 5.5:
Stehen in der Spalte e in allen Zeilen Nullen, dann gehe man zu Schritt 5.6. Andernfalls suche man diejenige Zeile i mit dem größten Wert für min $\{2^{u_i}, e_i\}$. Gibt es mehrere gleichwertige Zeilen, dann wähle man die Zeile mit kleinerem u_i. Führt dies ebenfalls zu keiner eindeutigen Entscheidung, wird eine willkürliche Auswahl unter den gleichwertigen Zeilen getroffen.

Man ergänze die Minimalklasse der ausgewählten Zeile um eine der Eingangsvariablen, die am häufigsten in allen Maximalklassen vorkommen. Die ergänzten Variablen werden aus den Maximalklassen B_j^{IL} mit $i \neq j$ gestrichen, und der Algorithmus wird mit Schritt 5.2 und den neuen Maximal- und Minimalklassen fortgesetzt.

Schritt 5.6:
Ende des Algorithmus.

Beispiel zu Algorithmus 4: Trommelspeichersteuerung

Schritt 1:

Ausgangspunkt ist die Aufgabenstellung in Tabelle 4.1, von der man die folgende Tabelle ableiten kann.

Zustand s^ν	für eine einzelne Zustandsänderung relevante Eingangsvariablen	Folgezustand $s^{\nu+1}$	für einen Zustand relevante Eingangsvariablen
1	1	1	
1	1, 2	1	
1	1, 2, 3	2	1, 2, 3
1	1, 2, 3	8	
2	1	1	1
2	1	3	
3	1	1	
3	1, 4, 7	4	1, 4, 7
3	1, 4	3	
3	1, 7	3	
4	1	1	
4	1, 6, 8	6	1, 6, 8
4	1, 6, 8	5	
4	1, 6	4	
5	1	1	1
5	1	4	
6	1	1	1
6	1	7	
7	1	1	
7	1, 2	7	1, 2
7	1, 2	1	
8	1	1	1
8	1	9	
9	1	1	1
9	1	10	
10	1	1	
10	1, 5	10	1, 5, 7
10	1, 7	10	
10	1, 5, 7	11	
11	1	1	
11	1, 4, 8, 9	7	
11	1, 4, 9	13	1, 4, 8, 9
11	1, 4, 8, 9	12	
11	1, 4	11	
12	1	1	1
12	1	11	
13	1	1	1
13	1	13	

<u>Schritt 2:</u>

Die Verträglichkeitshalbmatrix für die Eingangsvariablen x_1, x_2, ...,
x_9 wird wie folgt ausgefüllt. Da beispielsweise die Variablen x_1, x_2,
und x_3 für den Zustand 1 relevant sind, erhalten die Felder 1, 2 sowie 1, 3 und 2, 3 jeweils ein Kreuz usw.

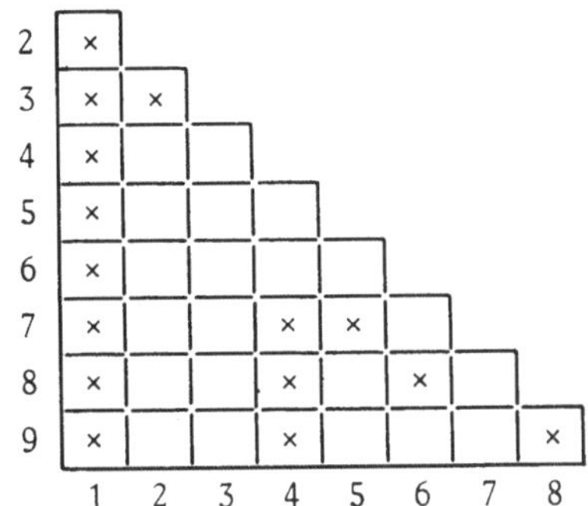

Aus der Verträglichkeitshalbmatrix gewinnt man die maximalen Verträglichkeitsklassen: MC = {{3, 7, 8}, {3, 6, 7, 9}, {3, 5, 8}, {3, 5, 6, 9},
{3, 4, 5, 6}, {2, 7, 8}, {2, 6, 7, 9}, {2, 5, 8}, {2, 5, 6, 9}, {2, 4,
5, 6}, {1}}.

<u>Schritt 3:</u>

Klassen-nummer	Kosten	Klassen der redundanten Überdeckung	1	2	3	4	5	6	7	8	9
1	1	{1}	×								
2	1	{3, 7, 8}			×				×	×	
3	1	{3, 6, 7, 9}			×			×	×		×
4	1	{3, 5, 8}			×		×			×	
5	1	{3, 5, 6, 9}			×		×	×			×
6	1	{3, 4, 5, 6}			×	×	×	×			
7	1	{2, 7, 8}		×					×	×	
8	1	{2, 6, 7, 9}		×				×	×		×
9	1	{2, 5, 8}		×			×			×	
10	1	{2, 5, 6, 9}		×			×	×			
11	1	{2, 4, 5, 6}		×		×	×	×			

Die Klasse 1 ist Kernklasse. Die Spalten 5 und 6 werden gestrichen, da
sie die Spalte 4 dominieren. Nach dieser Streichung werden die Klasse
4 durch die Klasse 2, die Klasse 5 durch die Klasse 3, die Klasse 9
durch die Klasse 7 und die Klasse 10 durch die Klasse 8 dominiert (Zeilendominanz). Die dominierten Klassen werden gestrichen. Danach erfolgt
wieder eine Überprüfung auf Spaltendominanz. Die Spalte 7 dominiert die
Spalte 8 und wird gestrichen. Nun bleibt die folgende Überdeckungstabelle übrig, in die noch zusätzlich die Auswahlvariablen eingetragen sind.

Klassen-nummer	Kosten	restliche Klassen der red. Überd.	2	3	4	8	9	Auswahl-variablen
2	1	{3, 7, 8}		×		×		a
3	1	{3, 6, 7, 9}		×			×	b
6	1	{3, 4, 5, 6}		×	×			c
7	1	{2, 7, 8}	×			×		d
8	1	{2, 6, 7, 9}	×				×	e
11	1	{2, 4, 5, 6}	×		×			f

Für diese Tabelle ist der Überdeckungsausdruck zu erstellen. Man erhält:

$$\ddot{U} = (d \lor e \lor f)(a \lor b \lor c)(c \lor f)(a \lor d)(b \lor e)$$
$$= abf \lor bcd \lor bdf \lor aef \lor cde \lor ace = 1 .$$

Schritt 4:

Von den sechs gleichwertigen Lösungen wird willkürlich die Lösung $aef = 1$ ausgewählt. Außer der Kernklasse übernehmen wir also die Klassen 2, 8 und 11 in die Lösung.

Schritt 5:

a	b	c	d	e	f
Maximal-klassen	Minimal-klassen	Mindest-zahl der Maskierungs-variablen	kostenfrei ergänzbare Anzahl der Variablen	maximal ergänzbare Anzahl der Variablen	Anzahl der Klassen mit nichtleerem Durchschnitt
B_i^{IL}	B_i^{R}	u_i	k_i	e_i	d_i

Schritte 5.1 und 5.2:

{1}	{1}	1	0	0	0
{3, 7, 8}	{3, 8}	2	1	1	1
{2, 4, 5, 6}	{4, 5}	2	1	2	1
{2, 6, 7, 9}	{9}	1	0	3	2

$\vdots$

Schritt 5.3.3:

Erstmals für den Wert der Laufvariablen $i = 2$ verändert sich die Tabelle:

Schritte 5.3.3 und 5.2:

Die Variable x_7 wird zur Minimalklasse B_2^{R} zugefügt und aus der Klasse B_4^{IL} entfernt; die Eintragungen in der Tabelle sind neu zu bestimmen.

{1}	{1}	1	0	0	0
{3, 7, 8}	{3, 7, 8}	2	0	0	0
{2, 4, 5, 6}	{4, 5}	2	1	2	1
{2, 6, 9}	{9}	1	0	2	1

$\vdots$

Schritt 5.4.3:

Die weiteren Schritte 5.3 werden erfolglos durchlaufen. Nun hat die Laufvariable den Wert $i = 3$.

Schritte 5.4.3 und 5.2:

Die Variable x_2 wird zur Minimalklasse B_3^{R} ergänzt und aus der Klasse B_4^{IL} entfernt; die Eintragungen in der Tabelle sind neu zu bestimmen.

{1}	{1}	1	0	0	0
{3, 7, 8}	{3, 7, 8}	2	0	0	0
{2, 4, 5, 6}	{2, 4, 5}	2	0	1	1
{6, 9}	{9}	1	0	1	1

$\vdots$

Schritte 5.5 und 5.2

Das weitere Durchlaufen des Algorithmus bleibt bis zum Erreichen dieses Schrittes ohne Erfolg. Die Werte min $\{2^{u_i}, e_i\}$ sind für $i=3$ und $i=4$ gleich, nämlich 1. Da aber $u_4=1$ und $u_3=2$ ist, ergänzen wir die Variable x_6 in der Klasse B_4^R.

{1}	{1}	1	0	0	0
{3, 7, 8}	{3, 7, 8}	2	0	0	0
{2, 4, 5}	{2, 4, 5}	2	0	0	0
{6, 9}	{6, 9}	2	0	0	0

Da nun alle Eingangsvariablen auf die Minimalklassen verteilt sind, endet der Algorithmus. Alle Variablen einer Minimalklasse werden auf jeweils einen Multiplexerbaustein geschaltet.

7. Darstellung der Ausgangsfunktionen

Während die Maskierung von Eingangsvariablen die Reduktion des Adressenbedarfs ermöglichte, gelten die folgenden Betrachtungen der Reduktion der notwendigen Wortlänge. Nach Bild 3.2 wird ein wesentlicher Anteil dieser Wortlänge für die Abspeicherung des Ausgangsverhaltens benötigt. In diesem Kapitel wollen wir uns daher mit Möglichkeiten zur redundanzarmen Darstellung der Ausgangsfunktionen beschäftigen.

7.1 Zusammenfassung von Ausgangsfunktionen

Eine erste Möglichkeit zur Reduktion der Wortlänge besteht in der Zusammenfassung von solchen Ausgangsfunktionen, die in ihrer Wirkung gleichartig sind. Zwar wird man im allgemeinen bereits bei der Formulierung der Aufgabenstellung versuchen, solche Variablen mit demselben Namen zu versehen, jedoch ergeben sich derartige Übereinstimmungen oft auch zufällig und nicht so offensichtlich. Aus diesem Grunde sollte die einfache Reduktionsmöglichkeit stets als erste überprüft werden.

Da man unter Umständen auch mehrere Funktionen zu einer Funktion bzw. eine Funktion mit mehr als einer anderen Funktion zusammenfassen kann, wollen wir es nicht bei diesem Hinweis belassen, sondern ein allgemeines Verfahren zur optimalen Reduktion angeben. Hierzu betrachten wir zunächst Tabelle 7.1a, welche die Werte dreier Funktionen y_1, y_2 und y_3 für die neun Belegungen Y_1, Y_2, ..., Y_9 zeigt. Die übrigen Belegungen, die man für die drei Funktionen angeben kann, sollen bei der betrachteten Aufgabenstellung nicht vorkommen können. Wir vergleichen nun in jeder der neun Belegungen die Werte beispielsweise für y_1 und y_2 und stellen fest, daß diese sich nie widersprechen: Entweder sind beide Werte gleich, wie in den Belegungen Y_1, Y_2 und Y_9, oder zumindest einer der Werte ist jeweils beliebig (*). Solche Paare von Funktionen nennen wir <u>verträglich</u>. Betrachten wir dagegen die Funktionen y_1 und y_3, dann stellen wir unterschiedliche Werte in der Belegung Y_4 fest. Daher sind y_1

und y_3 unverträglich. Die Funktionen y_2 und y_3 sind dagegen wiederum verträglich. Verträgliche Funktionen können zu einer Funktion zusammengefaßt werden.

Daher ermittelt man zunächst alle verträglichen Funktionenpaare. Anschließend kann man mit Hilfe von Algorithmus 2 im Kapitel 5 die maximalen Klassen verträglicher Funktionen bestimmen. In Tabelle 7.1b ist hierzu die Verträglichkeitshalbmatrix für die drei Elemente y_1, y_2 und y_3 angegeben. Die maximalen Verträglichkeitsklassen enthalten in diesem Beispiel nur jeweils zwei Elemente nämlich y_1 und y_2 bzw. y_2 und y_3.

Tabelle 7.1. Zur Zusammenfassung von Ausgangsvariablen
a. Beispiel zur Erläuterung des Begriffs "verträgliche Ausgangsvariablen"
b. Bestimmung der maximalen Verträglichkeitsklassen und möglichen Zerlegungen $\pi_i < MC$
c. Beispiel zur Erläuterung der Aussage y_1 bedeckt y_2

a.

Ausgabebelegung				
y_1	y_2	y_3	=	Y
0	0	0	=	Y_1
1	1	*	=	Y_2
1	*	*	=	Y_3
0	*	1	=	Y_4
*	0	0	=	Y_5
*	1	*	=	Y_6
*	*	1	=	Y_7
1	*	1	=	Y_8
0	0	*	=	Y_9

b.

$$MC = \{\{y_1, y_2\}, \{y_2, y_3\}\}$$

$$\pi_2 = \{\{y_1, y_2\}, \{y_3\}\}$$

$$\pi_1 = \{\{y_1\}, \{y_2, y_3\}\}$$

(Verträglichkeitshalbmatrix: y_2 — ✓ über y_1; y_3 — × über y_1, ✓ über y_2)

c.

Ausgabebelegung				
y_1'	y_2'	y_3'	=	Y
0	*	0	=	Y_1
*	*	1	=	Y_2
1	1	0	=	Y_3
0	0	0	=	Y_4
*	*	*	=	Y_5
0	*	1	=	Y_6
0	0	*	=	Y_7
1	1	1	=	Y_8
*	*	0	=	Y_9

Da alle Funktionen in einer Verträglichkeitsklasse zu einer Funktion verschmolzen werden können, sucht man eine beliebige Überdeckung der Funktionen mit möglichst kleiner Klassenzahl; damit wird die Zahl der abzuspeichernden Funktionen minimiert. Hierzu verwenden wir Algorithmus 3 in Kapitel 5 und normieren die Kosten für alle maximalen Verträglichkeitsklassen zu Eins. Liefert der Algorithmus mehrere gleichwertige Überdeckungen, dann wählt man eine beliebige davon aus.

In Tabelle 7.1b bilden die maximalen Verträglichkeitsklassen auch die irredundante Überdeckung mit kleinster Klassenzahl, da y_1 und y_3 nur jeweils in einer der beiden Klassen auftreten. Wir müssen in diesem Beispiel also zwei verschmolzene Funktionen abspeichern.

Selbstverständlich braucht man jede Funktion nur einmal zu realisieren,

da wir nur eine Speicherausgangsleitung mit dem jeweiligen Funktionsna-
men versehen wollen. Wir werden daher in Tabelle 7.1b die Funktion y_2 nu
entweder mit y_1 oder aber mit y_3 zusammenfassen. Im allgemeinen geht man
so vor, daß man durch Streichen von Ausgangsvariablen in den Klassen, al
so unter Beibehaltung der Klassenzahl, die gefundene irredundante Überdeckung in eine _Zerlegung_ überführt. Eine Zerlegung enthält, wie früher
bereits definiert wurde, jede Variable in genau einer Klasse. Häufig ste
hen wieder mehrere Alternativen bei der Streichung von Elementen zur Wah
sodaß sich die Frage nach der jeweils günstigsten Alternative stellt.

Wir betrachten hier die Zusammenfassung von Ausgangsfunktionen isoliert
von den anderen Möglichkeiten zur Reduktion des Speicheraufwandes. Aus
diesem Grunde wählen wir willkürlich eine der beschriebenen und in Tabel
le 7.1b dargestellten Zerlegungen π_1 oder π_2 aus.

Mit Hilfe der folgenden Überlegungen kann der Arbeitsaufwand zur Ermittlung einer Zerlegung mit den gewünschten Eigenschaften verringert werden
Betrachten wir hierzu Tabelle 7.1c, in welcher wieder nur die interessie
renden Belegungen dreier Funktionen definiert sind: Man stellt fest, daß
y_1' und y_2' in den Belegungen Y_2, Y_3, Y_4, Y_5, Y_7, Y_8 und Y_9 jeweils gleich
spezifiziert sind und daß in den übrigen Belegungen y_2' beliebig ist, wäh
rend y_1' feste Wertzuweisungen besitzt. Wir sagen y_1' bedeckt y_2'. Ohne die
Möglichkeit einer optimalen Zusammenfassung von Ausgangsfunktionen aus-
zuschließen, kann man jede Funktion y_i, die eine andere Funktion y_j bedeckt, mit dieser vor der Suche nach verträglichen Funktionen verschmelzen. Der Grund hierfür liegt darin, daß die Werte von y_i durch die Zusam
menfassung mit y_j unverändert bleiben und daher y_i mit denselben Funktionen verträglich ist wie zuvor. Andrerseits wird y_j mit y_i verschmolzen, und eine stärkere Verminderung des Speicheraufwandes für y_j ist nic
möglich.

Läßt man zu, daß außerhalb des Speichers zusätzliche Negationsglieder
zur Ermittlung des tatsächlichen Wertes der Ausgangsfunktionen eingesetz
werden dürfen, dann kann man auch bejahte und negierte Funktionen zusammenfassen, sofern diese im obigen Sinne verträglich sind.

Im Beispiel der Trommelspeichersteuerung (Tabelle 4.1) werden wir sehen,
daß die Funktionen y_1 und y_2 in allen Belegungen gleich spezifiziert sin
und daß y_3 und y_8 als verträgliche Funktionen zusammengefaßt werden können. Statt der ursprünglichen 12 Funktionen muß man nur noch 10 Funktionen abspeichern. In Bild 4.1a ist die Bedeutung der Variablen festgelegt

Die Variable y_1 steuert die Übernahme von Adressen in das Adreßregister.
Die Variablen y_2 und y_3 steuern den Blocklängenzähler, während y_8 wahlweise die Ausgänge des Datenregisters und des Paritätsschaltwerks auf den Dateneingang des Trommelspeichers schaltet. Mit dieser Betrachtung soll die eingangs gemachte Aussage verdeutlicht werden, daß die Verträglichkeit von Signalen nicht immer bei der Formulierung der Problemstellung bereits offensichtlich ist.

Im Beispiel zum folgenden Algorithmus werden wir auf die Trommelsteuerung zurückkommen und das genannte Ergebnis herleiten.

Algorithmus 5: Optimale Reduktion von Ausgangsvariablen

Schritt 1:
Man ermittle, beispielsweise in der Ablauftabelle, die für eine Problemstellung definierten unterschiedlichen ternären (0, 1, *) Ausgabebelegungen.

Schritt 2:
Man untersuche jedes Paar (y_i, y_j) von Ausgangsvariablen, ob y_i von y_j bedeckt wird oder umgekehrt. Die Variable y_j bedeckt die Variable y_i, wenn in allen definierten Ausgabebelegungen jeweils eines der folgenden Wertpaare auftritt:

y_j	0	1	*	0	1
y_i	0	1	*	*	*

Die beiden Variablen bedecken sich gegenseitig, wenn jeweils nur einer der drei ersten Fälle vorkommt. (Läßt man auch die Verschmelzung einer bejahten Funktion y_i mit einer negierten $\bar{y}_j$ zu, dann muß für y_i und $\bar{y}_j$ in allen Belegungen jeweils eines der Wertepaare auftreten.)
Existiert zu einer Variablen y_i eine sie bedeckende Variable y_j, dann werden die beiden Variablen zu einer einzigen zusammengefaßt. Die Variable y_j bestimmt die Werte der zusammengefaßten Variablen in den verschiedenen Belegungen.

Schritt 3:
Man wende Algorithmus 2 an zur Bestimmung der maximalen Verträglichkeitsklassen der nach Schritt 2 verbliebenen Ausgangsvariablen. Zwei Ausgangsvariablen y_i und y_j heißen verträglich, wenn in allen definierten Ausgabebelegungen jeweils eines der folgenden Wertepaare auftritt:

y_i	0	1	*	0	1	*	*
y_j	0	1	*	*	*	0	1

(Läßt man eine Erweiterung des Verträglichkeitsbegriffes auf negierte

Variablen zu, dann muß man jeweils auch y_i und $\bar{y}_j$ auf Verträglichkeit
untersuchen. Bejahte und negierte Variablen sind wie unterschiedliche
Variablen zu behandeln.)

Schritt 4:

Man wende Algorithmus 3 an zur Bestimmung einer beliebigen billigsten
irredundanten Überdeckung. Die nach Schritt 2 verbliebenen Variablen
sind die Elemente der zu überdeckenden Menge; die zugehörige redundante
Überdeckung wurde in Schritt 3 ermittelt. Die Kosten sind für alle Klassen gleich 1.

(Bei Zulassung negierter Variablen muß nur entweder die bejahte oder die
negierte Form der Variablen überdeckt werden. Man berücksichtigt dies,
indem man für jede Variable nur eine Spalte in der Überdeckungstabelle
vorsieht. In dieser Spalte ist dann für jede Klasse, die entweder die bejahte oder die negierte Variable enthält, ein Kreuz einzusetzen. Um möglichst wenige Variablen negiert realisieren zu müssen, bestimmt hier die
um Eins vermehrte Anzahl der negierten Variablen in einer Klasse deren
Kosten.)

Liefert Algorithmus 3 mehrere gleichteuere Lösungen, dann wähle man willkürlich eine davon aus.

Schritt 5:

Durch Streichen von Variablen in den Klassen der gefundenen irredundanten Überdeckungen erzeuge man eine beliebige Zerlegung der Ausgangsvariablen. Negierte Variablen werden bevorzugt gestrichen.

Schritt 6:

Man fasse alle Variablen, die sich in einer Klasse der Zerlegung befinden, zu einer einzigen Variablen zusammen. Die Werte der neuen Variablen
in den unter Schritt 1 definierten Belegungen werden jeweils durch die
am engsten spezifizierten Variablen einer Klasse festgelegt. (Die Werte
1 bzw. 0 setzen sich gegen * durch.)

Beispiel zu Algorithmus 5: Trommelspeichersteuerung

Schritt 1:

Man entnimmt der Tabelle 4.1 die folgende Aufstellung der Ausgabebelegungen:

					Ausgabebelegung								
y_1	y_2	y_3	y_4	y_5	y_6	y_7	y_8	y_9	y_{10}	y_{11}	y_{12}	=	Y
*	*	*	*	*	*	*	*	0	0	0	0	=	Y_1
*	*	*	0	0	*	*	*	0	0	0	0	=	Y_2
1	1	0	1	0	0	0	*	0	0	0	0	=	Y_3
1	1	0	*	*	0	0	*	0	0	0	0	=	Y_4
0	0	0	0	0	1	0	*	0	1	0	0	=	Y_5
0	0	0	0	1	0	1	0	1	1	0	0	=	Y_6
0	0	0	*	*	0	1	0	1	1	0	0	=	Y_7
0	0	1	1	0	0	0	1	1	1	1	0	=	Y_8
*	*	*	*	*	*	*	1	1	1	0	0	=	Y_9
0	0	0	*	*	1	0	*	0	1	0	0	=	Y_{10}
0	0	0	0	1	1	1	*	0	1	0	0	=	Y_{11}
0	0	1	0	0	1	1	*	0	1	0	0	=	Y_{12}
0	0	0	0	0	1	1	*	0	1	1	0	=	Y_{13}
0	0	0	0	0	*	*	*	0	0	0	1	=	Y_{14}

Schritt 2:

Die Ausgangsvariablen y_1 und y_2 sind in allen 14 Belegungen gleich spezifiziert; sie bedecken sich gegenseitig. Sie werden daher zusammengefaßt und unter dem Namen y_2 weitergeführt.

Schritt 3:

Die Variablen y_2 bis y_{12} werden auf paarweise Verträglichkeit untersucht: Die Felder der Halbmatrix werden durch die Indizes gekennzeichnet.

	2	3	4	5	6	7	8	9	10	11
3	×									
4	×	×								
5	×	×	×							
6	×	×	×	×						
7	×	×	×	×	×					
8	×	√	√	(√)	×	×				
9	×	×	×	×	×	×	×			
10	×	×	×	×	×	×	×	×		
11	×	×	×	×	×	×	×	×	×	
12	×	×	×	×	×	×	×	×	×	×

Im Feld 5, 8 ist ein eingeklammerter Haken eingetragen. Dieser soll daraufhinweisen, daß y_5 und $\bar{y}_8$ verträglich sind.
Die Überdeckung durch die maximalen Verträglichkeitsklassen ergibt sich zu:
$$MC = \{\{y_5, \bar{y}_8\}, \{y_4, y_8\}, \{y_3, y_8\}, \{y_2\}, \{y_6\}, \{y_7\}, \{y_9\}, \{y_{10}\},$$
$$\{y_{11}\}, \{y_{12}\}\}.$$
Die einzige Variable, die mit anderen Variablen zusammengefaßt werden kann, ist also die Variable y_8.

Schritt 4:

Die Überdeckung MC durch die maximalen Verträglichkeitsklassen ist irredundant. Daher muß auf Algorithmus 3 nicht zurückgegriffen werden.

Schritt 5:

Von den drei Zerlegungen, die kleiner sind als die Überdeckung MC und eine Zusammenfassung ermöglichen, wird die folgende ausgewählt:

$$\{\{y_2\}, \{y_3, y_8\}, \{y_4\}, \{y_5\}, \{y_6\}, \{y_7\}, \{y_9\}, \{y_{10}\}, \{y_{11}\}, \{y_{12}\}\}.$$

Schritt 6:

Die Funktionen y_3 und y_8 werden entsprechend dem Schritt 5 zusammengefaßt und unter dem Namen y_3 weitergeführt. Die Belegungen Y_1 bis Y_{14} ergeben sich nun wie folgt:

| Ausgabebelegung | | | | | | | | | | | |
y_2	y_3	y_4	y_5	y_6	y_7	y_9	y_{10}	y_{11}	y_{12}	=	Y
*	*	*	*	*	*	0	0	0	0	=	Y_1
*	*	0	0	*	*	0	0	0	0	=	Y_2
1	0	1	0	0	0	0	0	0	0	=	Y_3
1	0	*	*	0	0	0	0	0	0	=	Y_4
0	0	0	0	1	0	0	1	0	0	=	Y_5
0	0	0	1	0	1	1	1	0	0	=	Y_6
0	0	*	*	0	1	1	1	0	0	=	Y_7
0	1	1	0	0	0	1	1	1	0	=	Y_8
*	1	*	*	*	*	1	1	0	0	=	Y_9
0	0	*	*	1	0	0	1	0	0	=	Y_{10}
0	0	0	1	1	1	0	1	0	0	=	Y_{11}
0	1	0	0	1	1	0	1	0	0	=	Y_{12}
0	0	0	0	1	1	0	1	1	0	=	Y_{13}
0	0	0	0	*	*	0	0	0	1	=	Y_{14}

7.2 Umkodierung der gespeicherten Ausgabeinformationen durch Dekodiernet

Bei vielen Schaltwerksrealisierungen bestimmt die Anzahl r der Ausgangsvariablen weitgehend den Bedarf an Speicherbausteinen. Diese Zahl r ist nämlich häufig wesentlich größer als die Anzahl n der Zustandsvariablen und die Anzahl u der Maskierungsvariablen und auch größer als die Wortlänge eines Speicherbausteins. Daher sucht man nach Methoden, die, ähnlich wie die bereits beschriebene Zusammenfassung von Ausgangsfunktionen den notwendigen Speicherplatz für die Darstellung dieser Funktionen redu zieren. Eine solche weitere Reduktion ist jedoch nur unter Verwendung zu sätzlicher Bausteine möglich. Diese transformieren die kompaktere Darstellung im Speicher in die von der Aufgabenstellung vorgeschriebene. Al derartige Zusatzbausteine eignen sich besonders Dekodiernetze (Bild 2.6) Ein Dekodiernetz wandelt eine a-stellige Dualzahl in einen (1 aus 2^a)-Kode. Wenn daher beispielsweise in einer Ablauftabelle in allen definier ten Ausgabebelegungen jeweils für genau eine von 2^a Ausgangsvariablen de Wert 1 vorgeschrieben ist, dann braucht man im Speicher nur a Stellen für die <u>kodierten</u> Ausgangsfunktionen abzulegen. Die <u>gewünschten</u> 2^a Ausgangsfunktionen werden am Ausgang eines nachgeschalteten Dekodiernetzes verfügbar. Natürlich liegen die Verhältnisse im allgemeinen nicht so einfach, was mit Bild 7.1 an einem Beispiel verdeutlicht werden soll.

Bild 7.1a zeigt die für die Ausgangsvariablen y_1 bis y_7 definierten Ausgabebelegungen Y_1 bis Y_8. Betrachten wir zunächst die Variablen y_1, y_2 und y_3. Wir stellen fest, daß außer für die Belegung Y_2 immer genau eine der drei Variablen den Wert 1 annimmt. In der Belegung Y_2 haben alle drei Variablen den Wert 0. Bild 7.1b verdeutlicht, daß man die drei Variablen

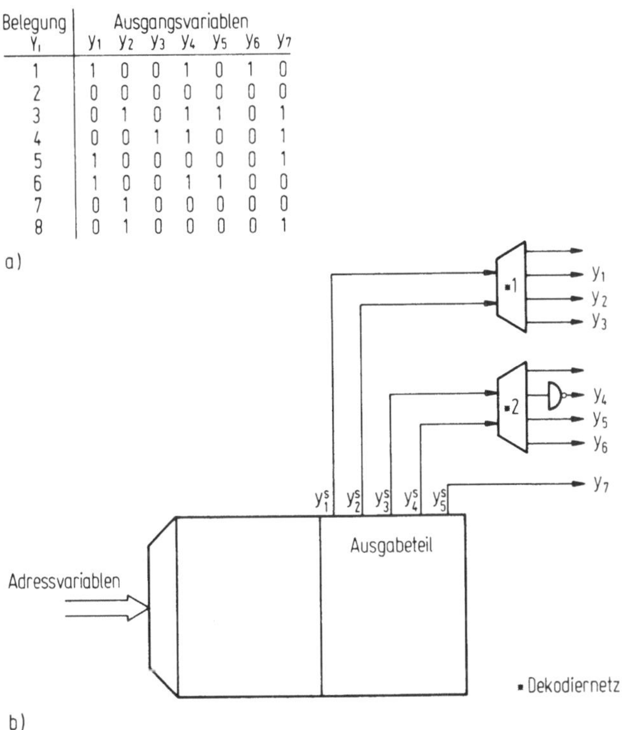

Belegung Y_i	Ausgangsvariablen						
	y_1	y_2	y_3	y_4	y_5	y_6	y_7
1	1	0	0	1	0	1	0
2	0	0	0	0	0	0	0
3	0	1	0	1	1	0	1
4	0	0	1	1	0	0	1
5	1	0	0	0	0	0	1
6	1	0	0	1	1	0	0
7	0	1	0	0	0	0	0
8	0	1	0	0	0	0	1

a)

b)

Bild 7.1. Zur Umkodierung von Ausgabeinformationen durch Dekodiernetze
a. Beispiel für eine Liste definierter Ausgabebelegungen
b. Zugehörige Hardwarestruktur

an drei der vier Ausgänge des Dekodiernetzes 1 abnehmen kann. Die vierte Ausgangsleitung des Dekodiernetzes 1 bleibt frei; entspricht ihr Potential dem Wert 1, dann besitzen die Variablen y_1, y_2 und y_3 alle den Wert 0. Damit können alle vorgeschriebenen Belegungen der drei Variablen mit dem Dekodiernetz gebildet werden.

Als nächstes beschäftigen wir uns mit den Variablen y_4, y_5 und y_6. In den Belegungen Y_1, Y_3 und Y_6 sind jeweils zwei dieser Variablen gleich 1. Eine solche Belegung kann am Ausgang eines Dekodiernetzes nie auftreten. Ersetzen wir aber die Variable y_4 durch $\bar{y}_4$, dann sind die geforderten Bedingungen wieder erfüllt. In Bild 7.1b ist die entsprechende Realisierung dargestellt. Die Variable y_7 wird in diesem Beispiel direkt aus dem Speicher ausgelesen.

Statt der sieben Variablen y_1 bis y_7 muß man daher nur die fünf Variablen y_1^S bis y_5^S abspeichern. Die Zuordnungen der Variablen y_1 bis y_3 bzw. y_4 bis y_6 zu den Leitungsnummern der Dekodiernetze sind jeweils beliebig. Sie beeinflussen aber die Festlegung der Belegungen für die Variablen y_1^S bis y_5^S.

Aus diesen Überlegungen kann man nun einen Algorithmus ableiten, der zu einer optimalen Reduktion der notwendigen Wortlänge für die Darstellung der Ausgangsfunktionen führt. Dabei setzen wir voraus, daß Dekodiernetze ohne Einschränkungen eingesetzt werden dürfen.

Ziel des Algorithmus ist die Aufteilung der Ausgangsvariablen in Klassen B_i, sodaß jede Variable in genau einer Klasse enthalten ist (Zerlegung π) Dabei ist es gleichgültig, ob Variablen in bejahter oder negierter Form vertreten sind. Entscheidend ist vielmehr, daß in allen für die Aufgabenstellung definierten Ausgabebelegungen jeweils höchstens eine der bejahten oder negierten Variablen in einer Klasse den Wert 1 annehmen darf. Zur kompakten Kodierung der Variablen einer Klasse B_i benötigt man unter diesen Voraussetzungen $\lceil \mathrm{ld}\,(|B_i|+1) \rceil$ Variablen. Jede der $|B_i|$ Variablen kann nämlich den Wert 1 annehmen, und außerdem können alle $|B_i|$ Variablen O sein. Das Optimierungsproblem besteht nun darin, die zur kompakter Kodierung aller Klassen notwendige Stellenzahl

$$r^S = \sum_i \mathrm{ld}\,(|B_i|+1) \tag{7.1}$$

zu minimieren. Aus der Literatur [5, 11, 16] ist bekannt, daß diese Optimierungsaufgabe nur unter erheblichem Rechenaufwand zu lösen ist. Um diesen Aufwand im Verhältnis zum Erfolg in vertretbaren Grenzen zu halten, führen wir eine zusätzliche Bedingung ein, die es erlaubt, den in Kapitel 6 beschriebenen Algorithmus einzusetzen: Wir optimieren zunächst die Stellenzahl r^S unter der Nebenbedingung, daß die Anzahl der Klassen B_i ebenfalls minimal sein soll. Die auf diese Art gefundene näherungsweise optimale Zerlegung der Variablen wird dann daraufhin untersucht, ob der Aufwand an benötigten Dekodiernetzen durch die Erhöhung der Klassenzahl vermindert werden kann. Der Optimierungsvorgang soll nun im einzelnen geschildert werden. Wir betrachten hierzu Tabelle 7.2, in welcher in Teil a. vier Ausgabebelegungen von vier Ausgangsvariablen dargestellt sind.

Da wir die negierten Ausgangsvariablen mit einbeziehen wollen, erweitern wir zunächst die Tabelle a. zur Tabelle b., indem wir zu jeder Variablen die negierte Form zufügen.

Die Klassen B_i, die wir suchen, dürfen nur solche Variablen enthalten, für die in den vier Belegungen jeweils höchstens eine 1 vorgeschrieben ist. Betrachten wir beispielsweise die Variablen $\bar{y}_1$ und $\bar{y}_2$ in der Belegung Y_1; für beide Variablen ist der Wert 1 vorgeschrieben. Daher dürfen sie in keiner der Klassen B_i gemeinsam enthalten sein. Wir nennen sie unverträglich und tragen in Tabelle 7.2c in die Verträglichkeitshalbmatrix im Feld $\bar{y}_1$, $\bar{y}_2$ ein Kreuz ein. In entsprechender Weise werden die übrigen Kreuze in diese Matrix eingetragen. Variablenpaare, die nach Abarbeitung aller Belegungen kein Kreuz zugewiesen haben, sind verträglich. Insbesondere ist jede Variable mit ihrer negierten Form verträglich. Wir können nun in gewohnter Weise die maximalen Verträglichkeitsklassen bestimmen und erhalten die größten Klassen, welche die genannten Bedingungen erfüllen. In Tabelle 7.3d sind diese Klassen aufgeführt.

Im nächsten Schritt suchen wir nun eine irredundante Überdeckung der Ausgangsvariablen mit der kleinsten Anzahl der maximalen Verträglichkeitsklassen entsprechend unserer Nebenbedingung. Zuvor wollen wir jedoch einige der Klassen genauer betrachten.

Es wurde bereits ausgeführt, daß jede Variable zu ihrer negierten Form verträglich ist. Wir wollen jede Variable aber nur in einer einzigen Form realisieren. Aus diesem Grunde streichen wir jede negierte Variable, welche zusammen mit der bejahten Form gemeinsam in einer Klasse auftritt, aus dieser Klasse. Anschließend streichen wir jede Klasse, die in einer anderen enthalten ist. Eine Klasse B_i heißt hier in einer Klasse B_j enthalten, wenn B_j alle Elemente von B_i in <u>bejahter oder negierter</u> Form enthält. So ist beispielsweise die Klasse $\{y_4\}$ in der Klasse $\{y_1, y_3, \bar{y}_4\}$ enthalten. Entsprechend ist auch die Klasse $\{y_2, y_3\}$ in der Klasse $\{\bar{y}_2, \bar{y}_3\}$ enthalten und umgekehrt. Im letzten Fall bleibt diejenige Klasse stehen, die weniger negierte Variablen besitzt. Liefert dies keine eindeutige Entscheidung, behält man willkürlich eine der in Frage kommenden Klassen. Nach dieser Bereinigung erhält man MC' in Tabelle 7.2e.

<u>Tabelle 7.2.</u> Beispiel zur optimalen Zusammenfassung von Ausgangsvariab-
len, von welchen höchstens eine zu einer beliebigen Zeit den Wert 1 annehmen muß
a. Liste der Ausgabebelegungen
b. Erweiterung der Ausgabebelegungen durch Einführung negierter Variablen
c. Verträglichkeitshalbmatrix
d. Überdeckung durch die maximalen Verträglichkeitsklassen
e. Bereinigung der Verträglichkeitsklassen
f. Auflösung von Verträglichkeitsklassen mit 2^{r_i} Elementen

Ausgabebelegung					
y_1	y_2	y_3	y_4	=	Y
0	0	*	0	=	Y_1
1	0	1	1	=	Y_2
0	1	0	1	=	Y_3
*	0	1	0	=	Y_4

a.

erweiterte Ausgabebelegung							
y_1	$\bar{y}_1$	y_2	$\bar{y}_2$	y_3	$\bar{y}_3$	y_4	$\bar{y}_4$
0	1	0	1	*	*	0	1
1	0	0	1	1	0	1	0
0	1	1	0	0	1	1	0
*	*	0	1	1	0	0	1

b.

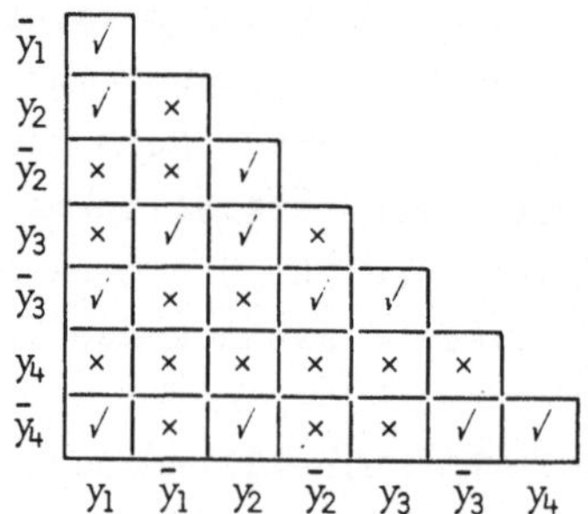

c.

d. $\quad MC = \{\{y_4, \bar{y}_4\}, \{y_1, \bar{y}_3, \bar{y}_4\}, \{y_3, \bar{y}_3\}, \{\bar{y}_2, \bar{y}_3\}, \{y_2, \bar{y}_2\}, \{y_2, y_3\}$
$\quad\quad\quad \{y_1, y_2, \bar{y}_4\}, \{\bar{y}_1, y_3\}, \{y_1, \bar{y}_1\}\}$

e. $\quad MC' = \{\{y_1, \bar{y}_3, \bar{y}_4\}, \{y_2, y_3\}, \{y_1, y_2, \bar{y}_4\}\}$

f. $\quad MC'' = \{\{y_1, \bar{y}_3, y_4\}, \{y_1, y_2, \bar{y}_4\}\}$

Eine Besonderheit der Umkodierung mit Dekodiernetzen besteht darin, daß
Klassen mit einer Elementezahl der Form $|B_i| = 2^{r_i}$ ungünstig sind. Man
benötigt nämlich entsprechend der Formel 7.1 $\lceil ld\ (|B_i|+1)\rceil = r_i+1$ Varia-
blen zur kompakten Kodierung der 2^{r_i} Ausgangsvariablen. Würde man jedoch
eine Variable aus der Klasse B_i entfernen und diese direkt abspeichern,
dann bräuchte man ebenfalls r_i+1 abgespeicherte Variablen. Diese setzen

sich zusammen aus r_i Variablen für die reduzierte Klasse mit $2^{r_i}-1$ Ausgangsvariablen und der einen direkt abgespeicherten Ausgangsvariablen. Obwohl also der Speicherbedarf für die 2^{r_i} Variablen in beiden Fällen gleich r_i+1 ist, benötigt man im zweiten Fall nur ein kleineres Dekodiernetz. Diese Erkenntnis wollen wir zunächst derart auswerten, daß wir Klassen mit 2 Elementen ($r_i=1$) aus der Liste MC' entfernen. Die kompakte Kodierung der beiden Ausgangsvariablen wäre ja mit ebenfalls zwei Variablen (r_i+1) vorzunehmen. Daher speichert man die beiden Ausgangsvariablen besser direkt ab und braucht dann kein Dekodiernetz mehr dafür.

In Tabelle 7.2e lösen wir somit die Klasse $\{y_2, y_3\}$ in die zwei Klassen $\{y_2\}$ und $\{y_3\}$ auf. Da diese Klassen in jeweils einer anderen enthalten sind, gelangen wir schließlich zu MC" in Tabelle 7.2f.

Nach dieser Vorbereitung kann man nun den Algorithmus 3 aus Kapitel 5 zum Auffinden einer irredundanten Überdeckung mit minimaler Klassenzahl einsetzen. Hierzu stehen die Klassen der Überdeckung MC" zur Verfügung. Zu überdecken sind die bejahten Ausgangsvariablen, wobei die Variable y_i auch jeweils von der Variablen $\bar{y}_i$ überdeckt wird.

Die Kosten für die Klasse B_i sind die um 1 vermehrte Anzahl der negierten Variablen in B_i. Im Beispiel von Tabelle 7.2 braucht man beide Klassen der Überdeckung MC".

Auf die irredundante Überdeckung kann nun das in Tabelle 6.1 erläuterte Verfahren zur Ermittlung einer irredundanten Zerlegung mit leichten Modifikationen angewendet werden. Diese betreffen zum einen das Vorkommen negierter Variablen; sie sind zunächst zu behandeln, als ob sie bejaht aufträten. Zum anderen wollen wir Klassen, deren Elementezahl eine Zweierpotenz ist, verkleinern.

Zunächst gehen wir jedoch so vor, wie es in Tabelle 6.1 vorgeschlagen wurde und ermitteln zu den beiden Klassen in MC" (Tabelle 7.2e) die Minimalklassen. Diese enthalten einmal das Element $\bar{y}_3$, zum anderen das Element y_2. Eine kostenfreie Ergänzung ist in diesem Stadium nicht möglich. Wir erweitern daher willkürlich die Minimalklasse $\{y_2\}$ um das Element y_1. Die neue Minimalklasse $\{y_1, y_2\}$ kann nun kostenfrei durch $\bar{y}_4$ ergänzt werden. So erhält man als eine mögliche Lösung der Aufgabenstellung in Tabelle 7.2 die Zerlegung $\{\{\bar{y}_3\}, \{y_1, y_2, \bar{y}_4\}\}$.

Im allgemeinen wird nun, wie früher bereits angekündigt, untersucht, ob man durch Vermehrung der Klassenzahl den Aufwand an Dekodiernetzen vermindern kann. Hierzu splitten wir alle Klassen mit einer Zweierpotenz als Elementezahl (2^{r_i}) in eine Klasse mit $2^{r_i}-1$ Elementen und eine Klass mit einem Element. Falls in einer solchen Klasse negierte Variablen vorhanden sind, spalten wir eine davon ab. Besitzt nämlich eine Klasse als einziges Element eine negierte Variable, dann kann man diese gegen die bejahte Form der Variablen austauschen. Treten dagegen keine negierten Variablen auf, splittet man eine beliebige Variable ab.

Im Beispiel von Tabelle 7.2 besitzt keine der Klassen eine Zweierpotenz als Elementezahl. Wir tauschen aber $\bar{y}_3$ in der Klasse $\{\bar{y}_3\}$ gegen y_3 aus und erhalten $\{\{y_3\}, \{y_1, y_2, \bar{y}_4\}\}$.

Zur kompakten Kodierung der Variablen y_1, y_2 und $\bar{y}_4$ benötigt man zwei Variablen, sodaß im Speicherwort eine Variable eingespart werden kann.

Der Rechenaufwand für die skizzierte Vorgehensweise steigt sehr stark mi der Anzahl der Ausgangsvariablen an. Die Berücksichtigung aller Variablen in bejahter und negierter Form verdoppelt die zu bearbeitende Variablenzahl. Wir wollen aus diesem Grunde die Einführung der negierten Form einer Variablen an eine Bedingung knüpfen. Eine Variable, die in sehr vielen Belegungen den Wert 1 vorgeschrieben hat, wird sich nur schwerlich mit anderen Variablen in eine Klasse zusammenbringen lassen. Wir machen daher die zusätzliche Einführung der negierten Form einer Variablen davon abhängig, ob sie in mehr Belegungen den Wert 1 als den Wert 0 vorgeschrieben hat. Sind gleichviele Belegungen mit den Werten 0 und 1 für diese Variable versehen, wird ebenfalls zusätzlich die negierte Form dieser Variablen eingeführt.

Im Beispiel von Tabelle 7.2 würden wir daher die Variablen y_1 und y_2 ausschließlich in der bejahten Form untersuchen.

Die beschriebene Vorgehensweise zur näherungsweisen Optimierung der Stellenzahl r^s wollen wir weiter unten in einen Algorithmus kleiden. Zur Erläuterung des Algorithmus dient wieder das Beispiel der Trommelspeichersteuerung. Wie noch gezeigt werden wird, erhält man für sie die folgende Zerlegung der Ausgangsvariablen:

$$\{\{y_2, y_6, y_9\}, \{y_3, y_5, \bar{y}_{10}\}, \{y_4, y_7, y_{12}\}, \{y_{11}\}\}.$$

Die Stellenzahl r_s ergibt sich zu sieben. Die beiden in den Kapiteln 7.1 und 7.2 vorgestellten Maßnahmen reduzieren daher die ursprüngliche Wortlänge $r=12$ auf die Wortlänge $r^s=7$. Dafür benötigt man drei zusätzliche

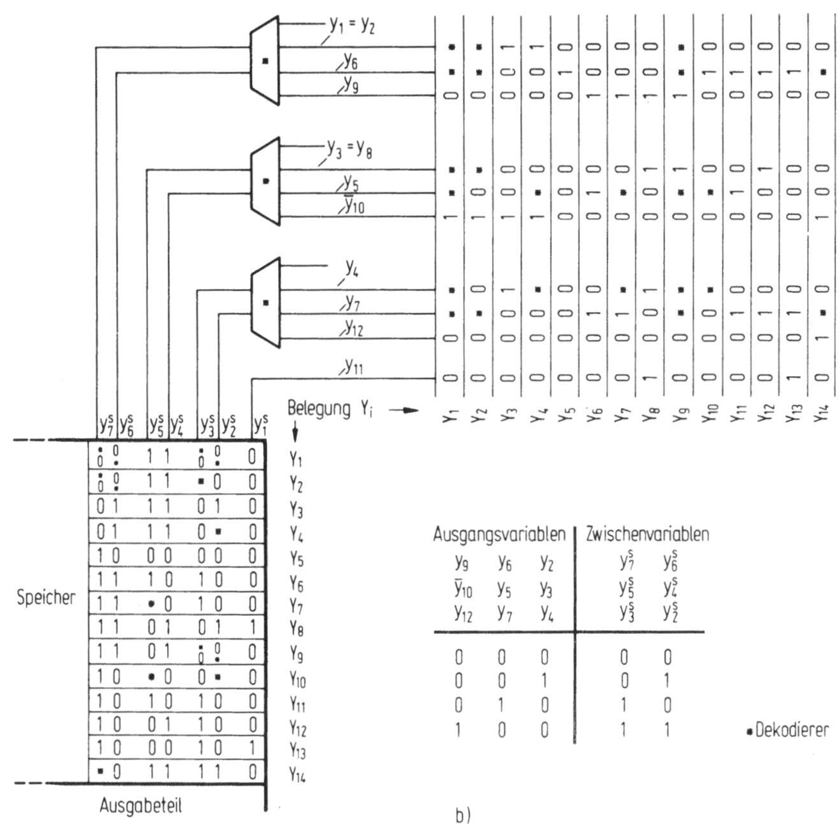

Bild 7.2. Zusammenfassung und Umkodierung von Ausgangsvariablen für das Beispiel der Trommelsteuerung
a. Hardwarestruktur und Zuordnung der Belegungen
b. Zuordnung der Ausgangsvariablen zu den Leitungen der Dekodierbausteine

Dekodiernetze. Bild 7.2 zeigt die entsprechende Schaltungsstruktur. Die 14 unterschiedlichen Ausgabebelegungen (Schritt 6 im Beispiel zum Algorithmus 5) sind nacheinander an den Ausgängen der Dekodiernetze aufgeführt. Gegenüber der Darstellung im Beispiel zu Algorithmus 5 wurde die Reihenfolge der Ausgangsvariablen entsprechend ihrem Auftreten an den Ausgängen der Dekodiernetze vertauscht. Aufgrund der (1 aus 4)-Bedingung für die Ausgangsvariablen der eingesetzten Dekodiernetze müssen in der Belegung redundante Eintragungen teilweise durch feste ersetzt werden. Die jeweilige Zuordnung der kompakt kodierten Variablen y_i^S zu den Ausgangsvariablen y_j ist willkürlich. Man entnimmt sie der Tabelle in Bild 7.2b. In der Belegung Y_3 beispielsweise muß y_4 gleich 1 sein, y_7 und y_{12} sind dagegen O. In der Zuordnungstabelle entspricht dies der Festlegung der Variablen y_3^S auf O und y_2^S auf 1. Entsprechend werden in dieser Belegung die Variablen y_7^S gleich 0 und y_6^S gleich 1, weil y_2 gleich 1 und y_6 sowie y_9 gleich 0 sind.

Bei mehreren Belegungen bleiben in den abgespeicherten Worten Freiheits-grade, die eventuell zu weiteren Reduktionen des Speicherbedarfs ausge-nutzt werden können. Bei den Belegungen Y_1, Y_2 und Y_9 lassen sich die Freiheitsgrade nicht mehr durch <u>eine</u> ternäre Belegung ausdrücken. In der Belegung Y_1 dürfen beispielsweise y_6^S und y_7^S nicht beide gleichzei-tig 1 sein.

<u>Algorithmus 6: Näherungsweise optimale Zusammenfassung von Ausgangsva-riablen, die nie gleichzeitig den Wert 1 annehmen müssen</u>

<u>Schritt 1:</u>
Man ermittle, beispielsweise in der Ablauftabelle, die für eine Problem-stellung definierten unterschiedlichen ternären Ausgabebelegungen (0,1,*). Eine eventuell mit Algorithmus 5 festgelegte Reduktion von Ausgangsvari-ablen soll berücksichtigt werden.
<u>Schritt 2:</u>
Man wähle Ausgangsvariablen aus, deren negierte Formen ebenfalls in die Untersuchung einbezogen werden sollen. Man erweitere die in Schritt 1 erstellte Tabelle um diese negierten Variablen und trage die entsprechen-den Werte für die verschiedenen Belegungen ein.
Als Entscheidungshilfe dafür, welche der Variablen auch negiert zu be-trachten sind, dienen die Anzahl der Nullen und die Anzahl der Einsen, die in den Belegungen für die einzelnen Variablen vorgesehen sind. Ist für eine Variable die Anzahl der Einsen größer oder gleich derjenigen der Nullen, dann wird auch die negierte Form dieser Variablen weiter un-tersucht.
<u>Schritt 3:</u>
Man wende Algorithmus 2 an zum Auffinden der maximalen Klassen solcher Ausgangsvariablen, welche für eine Umkodierung durch ein Dekodiernetz untereinander verträglich sind. Variablen, welche sowohl in bejahter als auch in negierter Form auftreten, sind wie zwei Variablen zu behan-deln.
Alle Ausgangsvariablen, die für jeweils eine Belegung den Wert 1 anneh-men müssen, sind untereinander paarweise unverträglich. Man kennzeichne dies in der Verträglichkeitshalbmatrix durch entsprechende Kreuze. Sind für alle Belegungen diese Eintragungen durchgeführt worden, dann charak-terisieren die nicht gekreuzten Felder der Halbmatrix verträgliche Paare

von Ausgangsvariablen. Nun ist Algorithmus 2 anwendbar. (Jede bejahte
Variable y_i ist mit ihrer negierten Form verträglich).

Schritt 4:

Man streiche in allen Klassen, in denen eine Variable y_i zusammen mit
$\bar{y}_i$ vorkommt, die negierte Form $\bar{y}_i$. Klassen mit zwei Elementen, teile
man in zwei Klassen mit jeweils einem Element auf.

Man streiche alle Klassen, die in einer anderen enthalten sind. Eine
Klasse B_i heißt hier in einer anderen Klasse B_j enthalten, wenn B_j alle
Elemente von B_i in bejahter oder negierter Form enthält. Enthalten zwei
Klassen bis auf Negation dieselben Variablen, dann streiche man die Klasse
mit der größeren Anzahl der negierten Variablen. Liefert dieses Kriteri-
um keine Entscheidung, entferne man willkürlich eine der beiden Klassen.

Schritt 5:

Man wende Algorithmus 3 an zum Auffinden _einer_ billigsten irredundanten
Überdeckung der bejahten Ausgangsvariablen mit minimaler Klassenzahl. Als
Klassen stehen die mit Schritt 4 gewonnenen maximalen Verträglichkeits-
klassen zur Verfügung.

Eine Variable wird sowohl von ihrer bejahten Form als auch von ihrer negierten Form überdeckt.

Die Kosten einer Klasse werden zu der um 1 vermehrten Anzahl der negierten Variablen in dieser Klasse definiert.

Von den irredundanten Überdeckungen mit der kleinsten Klassenzahl wähle
man diejenigen mit den geringsten Gesamtkosten. Von den gleich teuren
wähle man eine beliebige aus und nenne sie IL.

Schritt 6:

Man erzeuge aus IL eine Zerlegung π der Ausgangsvariablen. (Jede Ausgangsvariable kommt bejaht oder negiert in genau einer Klasse der Zerlegung π vor.) Hierzu erstelle man eine Tabelle mit den folgenden Spalten:

a	b	c	d	e	f
Maximal-klassen	Minimal-klassen	Mindest-zahl der Maskierungs-variablen	kostenfrei ergänzbare Anzahl der Variablen	maximal ergänzbare Anzahl der Variablen	Anzahl der Klassen mit nichtleerem Durchschnitt
B_i^{IL}	B_i^{R}	u_i	k_i	e_i	d_i

Schritt 6.1:

Die Maximalklassen B_i^{IL} sind die Klassen der Überdeckung IL. Sie werden
untereinander in Spalte a eingetragen. Diejenigen Ausgangsvariablen einer Maximalklasse, die bejaht oder negiert nur in dieser Maximalklasse
vorkommen, bilden die jeweiligen Minimalklassen B_i^{R}. Sie sind in Spalte b
einzutragen.

112

Schritt 6.2:

Die Spalten c bis f sind mit den folgenden Größen auszufüllen:

Durch die Anzahl der Elemente in den Klassen B_i^R bestimmte Mindestzahl der Maskierungsvariablen: $u_i = \lceil ld \ (|B_i^R| + 1)\rceil$.

Anzahl der Variablen, die zu den Minimalklassen kostenfrei ergänzt werden können: $k_i = \min \{(2^{u_i} - |B_i^R| - 1), \ (|B_i^{IL}| - |B_i^R|)\}$.

Anzahl der Variablen, die zu den Minimalklassen maximal ergänzt werden können: $e_i = |B_i^{IL}| - |B_i^R|$.

Anzahl d_i der Klassen B_j^{IL} mit $j \neq i$, die zu der Klasse B_i^{IL} eine nicht-leere Durchschnittsmenge besitzen.

Schritt 6.3.1:

Man setze die Laufvariable i gleich 1.

Schritt 6.3.2:

Ist die Laufvariable i größer als die Klassenzahl von IL, dann führe man als nächsten Schritt 6.4.1 aus.

Schritt 6.3.3:

Ist in Spalte d die Größe $k_i = 0$ oder ist $k_i \neq e_i$, der Größe in Spalte e, dann erhöhe man i um 1 und gehe zu Schritt 6.3.2.

Ist dagegen $k_i = e_i > 0$, dann ergänze man die Minimalklasse B_i^R durch die noch nicht aufgenommenen Elemente der Maximalklasse B_i^{IL}. Die ergänzten Variablen werden sowohl in negierter als auch bejahter Form aus den Maximalklassen B_j^{IL} mit $j \neq i$ gestrichen, und der Algorithmus wird mit Schritt 6.2 und den neuen Maximal- und Minimalklassen fortgesetzt.

Schritt 6.4.1:

Man setze die Laufvariable i wieder gleich 1.

Schritt 6.4.2:

Ist die Laufvariable i größer als die Klassenzahl von IL, dann führe man als nächsten Schritt 6.5 aus.

Schritt 6.4.3:

Ist in Spalte d die Größe $k_i = 0$ oder ist $k_i > 0$ und in Spalte f die Größe $d_i > 1$, dann erhöhe man i um 1 und gehe zu Schritt 6.4.2.

Ist in Spalte d die Größe $k_i > 0$ und in Spalte f die Größe $d_i = 1$, dann ergänze man die Minimalklasse B_i^R durch eine beliebige Auswahl noch nicht aufgenommener Elemente der Maximalklasse B_i^{IL}. Die ergänzten Variablen werden aus den Maximalklassen B_j^{IL} mit $j \neq i$ gestrichen, und der Algorithmus wird mit Schritt 6.2 und den neuen Maximal- und Minimalklassen fortgesetzt.

Schritt 6.5:

Stehen in der Spalte e in allen Zeilen Nullen, dann gehe man zu Schritt Andernfalls suche man diejenige Zeile i mit dem größten Wert für min $\{2^{u_i}, e_i\}$. Gibt es mehrere gleichwertige Zeilen, dann wähle man die Zeile mit kleinerem u_i. Führt dies ebenfalls zu keiner eindeutigen Entscheidung, wird eine willkürliche Auswahl unter den gleichwertigen Zeilen getroffen.

Man ergänze die ausgewählte Minimalklasse um eine der zulässigen Ausgangsvariablen, die in dieser Klasse bejaht auftreten und bejaht oder negiert am häufigsten in den Maximalklassen vorkommen. Können nur negierte Variablen ergänzt werden, dann wähle man eine derjenigen, die bejaht oder negiert am häufigsten in den Maximalklassen vorkommen. Die ergänzten Variablen werden aus den Maximalklassen B_j^{IL} mit $j \neq i$ gestrichen, gleichgültig, ob sie in bejahter oder negierter Form darin auftreten. Der Algorithmus wird mit Schritt 6.2 und den neuen Maximal- und Minimalklassen fortgesetzt.

Schritt 7:

Besitzt die gefundene Zerlegung Klassen B_i, die 2^{r_i} Ausgangsvariablen enthalten, dann bilde man zwei Klassen, eine mit $2^{r_i}-1$ Elementen und eine mit einem Element. Nach Möglichkeit sondert man eine Variable in negierter Form ab. Im übrigen ist die Aufteilung beliebig.

Schritt 8:

Besitzt die nunmehr gefundene Zerlegung Klassen, die mehr negierte als bejahte Variablen enthalten, dann ersetzt man jede Variable in diesen Klassen jeweils durch ihr Komplement.

<u>Beispiel zu Algorithmus 6: Trommelspeichersteuerung</u>

Schritt 1:

Die Liste der für die Trommelspeichersteuerung definierten ternären Ausgabebelegungen erhält man aus Schritt 6 in Algorithmus 5:

	Ausgabebelegung									
Y =	y_2	y_3	y_4	y_5	y_6	y_7	y_9	y_{10}	y_{11}	y_{12}
$Y_1 =$	*	*	*	*	*	*	0	0	0	0
$Y_2 =$	*	*	0	0	*	*	0	0	0	0
$Y_3 =$	1	0	1	0	0	0	0	0	0	0
$Y_4 =$	1	0	*	*	0	0	0	0	0	0
$Y_5 =$	0	0	0	0	1	0	0	1	0	0
$Y_6 =$	0	0	0	1	0	1	1	1	0	0
$Y_7 =$	0	0	*	*	0	1	1	1	0	0
$Y_8 =$	0	1	1	0	0	0	1	1	1	0
$Y_9 =$	*	1	*	*	*	*	1	1	0	0
$Y_{10} =$	0	0	*	*	1	0	0	1	0	0
$Y_{11} =$	0	0	0	1	1	1	0	1	0	0
$Y_{12} =$	0	1	0	0	1	1	0	1	0	0
$Y_{13} =$	0	0	0	0	1	1	0	1	1	0
$Y_{14} =$	0	0	0	0	*	*	0	0	0	1

Schritt 2:

In der im Schritt 1 angegebenen Tabelle zählt man für jede Variable die festen 0- und 1-Werte in den 14 Ausgabebelegungen:

		y_2	y_3	y_4	y_5	y_6	y_7	y_9	y_{10}	y_{11}	y_{12}
Anzahl der	Einsen	2	3	3	3	5	5	4	9	2	1
	Nullen	9	9	7	7	5	5	10	5	12	13

Die Ausgangsvariablen y_6, y_7 und y_{10} werden sowohl in bejahter als auch in negierter Form weiter betrachtet.
Für die Untersuchung von Paaren von Zustandsvariablen auf Verträglichkeit legen wir daher die folgende Tabelle zugrunde:

y_2	y_3	y_4	y_5	y_6	$\bar{y}_6$	y_7	$\bar{y}_7$	y_9	y_{10}	$\bar{y}_{10}$	y_{11}	y_{12}
*	*	*	*	*	*	*	*	0	0	1	0	0
*	*	0	0	*	*	*	*	0	0	1	0	0
1	0	1	0	0	1	0	1	0	0	1	0	0
1	0	1	0	0	1	0	1	0	0	1	0	0
0	0	0	0	1	0	0	1	0	1	0	0	0
0	0	0	1	0	1	1	0	1	1	0	0	0
0	0	*	*	0	1	1	0	1	1	0	0	0
0	1	1	0	0	1	0	1	1	1	0	1	0
*	1	*	*	*	*	*	*	1	1	0	0	0
0	0	0	1	1	0	1	0	0	1	0	0	0
0	1	0	0	1	0	1	0	0	1	0	0	0
0	0	0	0	1	0	1	0	0	1	0	1	0
0	0	0	0	*	*	*	*	0	0	1	0	1

Schritt 3:

Die Verträglichkeitshalbmatrix hat das folgende Aussehen:

	y_2	y_3	y_4	y_5	$\bar{y}_6$	y_6	y_7	$\bar{y}_7$	y_9	y_{10}	$\bar{y}_{10}$	y_{11}
y_3	✓											
y_4	×	×										
y_5	✓	✓	✓									
y_6	✓	×	✓	×								
$\bar{y}_6$	×	×	×	×	✓							
y_7	✓	×	✓	×	×	×						
$\bar{y}_7$	×	×	×	✓	×	×	✓					
y_9	✓	×	×	×	✓	×	×	×				
y_{10}	✓	×	×	×	×	×	×	×	×			
$\bar{y}_{10}$	×	✓	×	✓	✓	×	✓	×	✓	✓		
y_{11}	✓	×	×	✓	×	×	×	×	×	×	✓	
y_{12}	✓	✓	✓	✓	✓	✓	✓	✓	✓	✓	×	,

Mit Algorithmus 2 erhält man hieraus die maximalen Verträglichkeitsklassen:

$$MC = \{\{y_2, y_5, y_{11}, y_{12}\}, \{y_5, \bar{y}_{10}, y_{11}\}, \{y_{10}, \bar{y}_{10}\}, \{y_2, y_{10}, y_{12}\},$$
$$\{y_6, y_9, \bar{y}_{10}\}, \{y_2, y_6, y_9, y_{12}\}, \{y_7, y_{12}\}, \{y_5, \bar{y}_7, \bar{y}_{10}\},$$
$$\{y_6, \bar{y}_6, y_{12}\}, \{y_5, \bar{y}_7, y_{12}\}, \{y_4, y_5, y_{12}\}, \{y_4, y_{12}\},$$
$$\{y_4, y_7, y_{12}\}, \{y_2, y_3, y_5, y_{12}\}, \{y_3, y_5, \bar{y}_{10}\}, \{y_2, y_7, y_{12}\}\}.$$

Schritt 4:

Die Bereinigung der maximalen Verträglichkeitsklassen führt schließlich zu der folgenden Übereckung:

$$MC' = \{\{y_2, y_5, y_{11}, y_{12}\}, \{y_5, \bar{y}_{10}, y_{11}\}, \{y_2, y_{10}, y_{12}\}, \{y_6, y_9,$$
$$y_{10}\}, \{y_2, y_6, y_9, y_{12}\}, \{y_5, \bar{y}_7, y_{10}\}, \{y_5, \bar{y}_7, y_{12}\},$$
$$\{y_4, y_5, y_{12}\}, \{y_4, y_6, y_{12}\}, \{y_4, y_7, y_{12}\}, \{y_2, y_3, y_5, y_{12}\},$$
$$\{y_3, y_5, \bar{y}_{10}\}, \{y_2, y_7, y_{12}\}\}.$$

Schritt 5:

Klassen-nummer	Kosten	Klassen der redundanten Überdeckung	y_2	y_3	y_4	y_5	y_6	y_7	y_9	y_{10}	y_{11}	y_{12}
1	1	$\{y_2, y_5, y_{11}, y_{12}\}$	×			×					×	×
2	2	$\{y_5, \bar{y}_{10}, y_{11}\}$				×				×	×	
3	1	$\{y_2, y_{10}, y_{12}\}$	×							×		×
4	2	$\{y_6, y_9, \bar{y}_{10}\}$					×		×	×		
5	1	$\{y_2, y_6, y_9, y_{12}\}$	×				×		×			×
6	3	$\{y_5, \bar{y}_7, y_{10}\}$				×		×		×		
7	2	$\{y_5, \bar{y}_7, y_{12}\}$				×		×				×
8	1	$\{y_4, y_5, y_{12}\}$			×	×						×
9	1	$\{y_4, y_6, y_{12}\}$			×		×					×
10	1	$\{y_4, y_7, y_{12}\}$			×			×				×
11	1	$\{y_2, y_3, y_5, y_{12}\}$	×	×		×						×
12	2	$\{y_3, y_5, \bar{y}_{10}\}$		×		×				×		
13	1	$\{y_2, y_7, y_{12}\}$	×					×				×

Eine Kernklasse ist nicht vorhanden. Die Spalten y_6 bzw. y_5 bzw. y_{12}
dominieren die Spalten y_9 bzw. y_{11} bzw. y_4 und können daher in der
Tabelle gestrichen werden. Nach dieser Streichung werden die Klassen
7, 8 und 9 von der Klasse 10 dominiert und werden aus der Tabelle gestrichen, da die dominierende Klasse nicht teurer ist als jede der dominierten Klassen. Die Klasse 6 dominiert zwar die Klasse 7, ist aber
teurer und darf daher nicht entfernt werden.
Die Klasse 10 ist nunmehr Kernklasse. Aus diesem Grunde kann man nun
die Spalten y_4 und y_7 streichen. Nach dieser Streichung dominieren
die Klassen 11 bzw. 4 die Klassen 13 bzw. 6. Die dominierten Klassen
sind gleich teuer bzw. teurer und werden daher gestrichen.
Nun bringt die Auswertung der Dominanzregeln keine neuen Streichungsmöglichkeiten mehr. Es bleibt vielmehr die folgende Überdeckungstabelle übrig, in die für den weiteren Abbau noch die Auswahlvariablen eingetragen sind.

Klassen-nummer	Kosten	restliche Klassen der redundanten Überdeckung	noch zu überdeckende Elemente					Auswahl-variablen
			y_2	y_3	y_9	y_{10}	y_{11}	
1	1	$\{y_2, y_5, y_{11}, y_{12}\}$	×				×	a
2	2	$\{y_5, \bar{y}_{10}, y_{11}\}$				×	×	b
3	1	$\{y_2, y_{10}, y_{12}\}$	×			×		c
4	2	$\{y_6, y_9, \bar{y}_{10}\}$			×	×		d
5	1	$\{y_2, y_6, y_9, y_{12}\}$	×		×			e
11	1	$\{y_2, y_3, y_5, y_{12}\}$	×	×				f
12	2	$\{y_3, y_5, \bar{y}_{10}\}$		×		×		g

Für diese Tabelle ist der Überdeckungsausdruck zu erstellen. Man erhält:

$$Ü = (a \lor c \lor e \lor f)(f \lor g)(d \lor e)(b \lor c \lor d \lor g)(a \lor b)$$
$$= aeg \lor adf \lor acef \lor adg \lor beg \lor bdf \lor bef \lor bcdg \overset{!}{=} 1 .$$

Von diesen Lösungen sind drei gleichwertig; sie haben als Kostensumme vier und benötigen nur drei Klassen:

$$aeg = 1 \qquad adf = 1 \qquad bef = 1$$

Willkürlich entscheiden wir uns für die erste der drei Lösungen. Zusammen mit der früher ermittelten Kernklasse benötigt man daher vier Klassen:

$$IL = \{\{y_2, y_5, y_{11}, y_{12}\}, \{y_2, y_6, y_9, y_{12}\}, \{y_4, y_7, y_{12}\},$$
$$\{y_3, y_5, \bar{y}_{10}\}\} .$$

Schritt 6:

a	b	c	d	e	f
Maximalklassen	Minimal-klassen	Mindest-zahl der Maskie-rungsvar.	kostenfrei ergänzbare Anzahl der Variablen	maximal ergänzbare Anzahl der Variablen	Anzahl der Klassen mit nichtleerem Durchschnitt
B_i^{IL}	B_i^{R}	u_i	k_i	e_i	d_i

Schritte 6.1 und 6.2:

$\{y_2, y_5, y_{11}, y_{12}\}$	$\{y_{11}\}$	1	0	3	3
$\{y_2, y_6, y_9, y_{12}\}$	$\{y_6, y_9\}$	2	1	2	2
$\{y_4, y_7, y_{12}\}$	$\{y_4, y_7\}$	2	1	1	2
$\{y_3, y_5, \bar{y}_{10}\}$	$\{y_3, \bar{y}_{10}\}$	2	1	1	1

$$\vdots$$

Schritt 6.3.3:

Erstmals für den Wert der Laufvariablen $i=3$ verändert sich die Tabelle: Man ergänzt die Variable y_{12} in der Klasse B_3^{R} und streicht y_{12} aus den Klassen B_1^{IL} und B_2^{IL}.

Schritt 6.2:

$\{y_2 , y_5 , y_{11}\}$	$\{y_{11}\}$	1	0	2	2
$\{y_2 , y_6 , y_9\}$	$\{y_6 , y_9\}$	2	1	1	1
$\{y_4 , y_7 , y_{12}\}$	$\{y_4 , y_7 , y_{12}\}$	2	0	0	0
$\{y_3 , y_5 , \bar{y}_{10}\}$	$\{y_3 , \bar{y}_{10}\}$	2	1	1	1

$\vdots$

Schritt 6.3.3:

Für den Wert der Laufvariablen i = 2 verändert sich die Tabelle wiederum: Man ergänzt die Variable y_2 in der Klasse B_2^R und streicht y_2 aus der Klasse B_i^{IL}.

Schritt 6.2:

$\{y_5 , y_{11}\}$	$\{y_{11}\}$	1	0	1	1
$\{y_2 , y_6 , y_9\}$	$\{y_2 , y_6 , y_9\}$	2	0	0	0
$\{y_4 , y_7 , y_{12}\}$	$\{y_4 , y_7 , y_{12}\}$	2	0	0	0
$\{y_3 , y_5 , \bar{y}_{10}\}$	$\{y_3 , \bar{y}_{10}\}$	2	1	1	1

$\vdots$

Schritt 6.3.3:

Für den Wert der Laufvariablen i = 4 kann auch die letzte noch zu verteilende Variable y_5 kostenfrei untergebracht werden. Die endgültige Tabelle erhält man mit Schritt 6.2.

Schritt 6.2:

$\{y_{11}\}$	$\{y_{11}\}$	1	0	0	0
$\{y_2 , y_6 , y_9\}$	$\{y_2 , y_6 , y_9\}$	2	0	0	0
$\{y_4 , y_7 , y_{12}\}$	$\{y_4 , y_7 , y_{12}\}$	2	0	0	0
$\{y_3 , y_5 , y_{10}\}$	$\{y_3 , y_5 , \bar{y}_{10}\}$	2	0	0	0

$\vdots$

Schritt 7:

Eine Aufteilung ist nicht erforderlich, da keine Klasse eine Zweierpotenz als Elementezahl besitzt. Entsprechend entfällt auch Schritt 8, sodaß mit dem letzten Schritt 6.2 das endgültige Ergebnis vorliegt.

8. Serialisierung der Abfrage von Eingangsvariablen

In vielen Aufgabenstellungen kann man die hohe Verarbeitungsgeschwindigkeit der elektronischen Bauelemente in den Steuerwerken nicht ausnutzen,
da die gesteuerten Werke vergleichsweise langsam arbeiten. Dies gilt
grundsätzlich für mechanische Werke wie Werkzeugmaschinen, Aufzüge, Wasch
maschinen und dergleichen. Man sucht daher für diese Anwendungsfälle
nach Möglichkeiten, die geringen Ansprüche an die Verarbeitungsgeschwindigkeit in eine Verringerung der Bausteinkosten zu transformieren. In
diesem Zusammenhang sei an ein Prinzip erinnert, das häufig bei der Erstellung von Rechnerprogrammen ausgenutzt wird, nämlich der Austauschbar
keit des Bedarfs an Speicherplatz und an Rechenzeit. Läßt man eine längere Rechenzeit zu, dann braucht man weniger Zwischenergebnisse abzuspeichern.

Bei den Steuerwerken kann man die zugelassene längere Verarbeitungszeit
zur Reduktion redundanten Speicherinhalts ausnutzen. Zunächst wollen wir
das dieser Möglichkeit zugrunde liegende Prinzip beschreiben und uns dan
mit den entstehenden Taktungsfragen auseinandersetzen.

8.1 Prinzip der Abfrageserialisierung

Bei dem in Kapitel 6 beschriebenen Verfahren zur Reduktion des Adressenbedarfs waren wir davon ausgegangen, daß sämtliche für einen bestimmten
Zustand relevanten Eingangsvariablen zu der betreffenden Taktzeit ν
gleichzeitig abgefragt und zu der gewünschten Belegung der Ausgangsvariablen verarbeitet werden. Die neue Belegung der Eingangsvariablen erwarten wir dann zur Taktzeit $\nu+1$. Im Gegensatz dazu steht die folgende B
trachtung, in der wir wieder davon ausgehen, daß ν die maximale Anzahl d
für einen Zustand relevanten Eingangsvariablen ist. Außerdem wollen wir
Existenz eines zweiten Taktsignals annehmen, das den Abstand zwischen de
Taktzeiten ν und $\nu+1$ in ν Intervalle unterteilt. Am Beginn eines jeden
der ν Intervalle fragen wir jeweils eine andere der betreffenden, maximal ν Variablen auf ihren Wert ab. Nach jeder Abfrage merken wir uns, we

chen Wert die entsprechende Variable hatte. Das Merken geschieht über die Einführung sogenannter Serialisierungszustände. Bild 8.1 soll dies an einem Beispiel verdeutlichen. Für den Zustand s_i seien die Variablen x_1 und x_2 relevant. Der Zustand s_i kann auf verschiedenen Wegen, im Beispiel sind es zwei, erreicht werden. Im Teil a des Bildes 8.1 ist die gleichzeitige Abfrage der Variablen x_1 und x_2 dargestellt. Die Verzweigung erfolgt in die Zustände s_j, s_k, s_l und s_m. Entsprechend können vier unter-

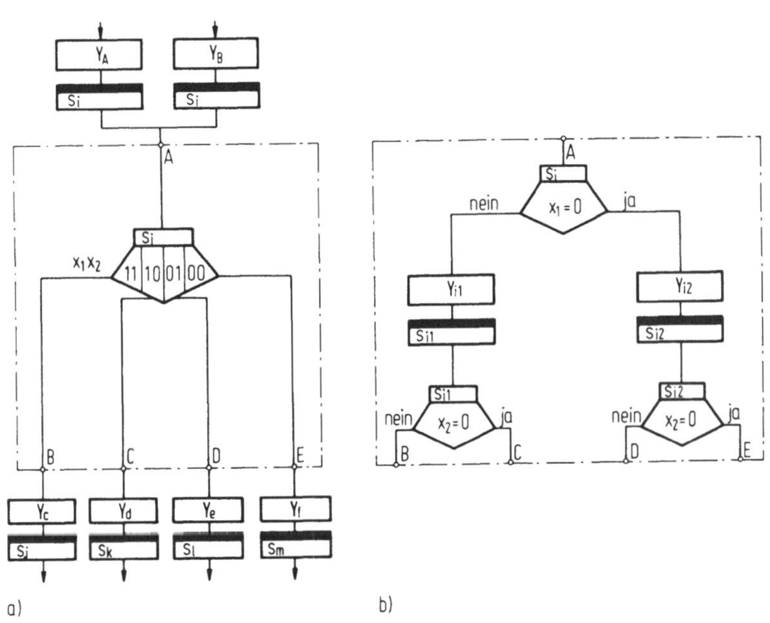

Bild 8.1. Zur Serialisierung der Eingangsabfragen
a. Ausschnitt aus einem Ablaufdiagramm mit paralleler Abfrage der Eingangsvariablen
b. Transformation der parallelen Abfrage in eine serialisierte Abfrage

schiedliche Ausgabebelegungen Y_c, Y_d, Y_e und Y_f erzeugt werden. Die im gestrichelten Rahmen dargestellte Parallelabfrage der Variablen x_1 und x_2 kann durch die ebenfalls dargestellte Serialisierung (Teil b) der Abfrage ersetzt werden. Zunächst werden die Werte 0 bzw. 1 der Variablen x_1 durch die Serialisierungszustände s_{i1} bzw. s_{i2} festgehalten. Anschließend verzweigt das Diagramm je nach dem Wert der Variablen x_2 in die zur Taktzeit $v+1$ gewünschten Folgezustände.

Während die Ausgabebelegungen Y_a bis Y_f durch die Aufgabenstellung definiert sind, muß noch die Frage geklärt werden, wie die Ausgabebelegungen Y_{i1} und Y_{i2} festzulegen sind. Da nach der Abfrage von x_1 noch nicht bekannt ist, welche der Ausgabebelegungen Y_c bis Y_f erzeugt werden soll, kann man Y_{i1} und Y_{i2} mit keiner dieser Belegungen gleich setzen. Es bleibt daher nur das Prinzip, die alte Ausgabebelegung solange beizubehalten, bis die neue endgültig bestimmt ist.

Da man aber den Zustand s_i im allgemeinen auf mehreren Wegen (in Bild 8.1a sind zwei eingetragen) erreichen kann, hängt der Wert der jeweils alten Ausgabebelegung von der Vorgeschichte des Schaltwerkes ab. Die Werte der Belegungen Y_{i1} und Y_{i2} sind jedoch im Nur-Lese-Speicher nicht in Abhängigkeit des Steuerablaufs veränderbar. Aus diesem Grunde führen wir ein zusätzliches Ausgaberegister ein, welches solange eine Ausgabebelegung speichert, bis der Wert der neuen Belegung feststeht. Dieser Zeitpunkt wird durch eine zusätzliche Ausgangsvariable y_z definiert. In den Belegungen Y_a bis Y_f besitzt y_z den Wert 1, in den Belegungen Y_{i1} und Y_{i2} dagegen den Wert O. Die Werte der ursprünglichen Ausgangsvariablen in den Belegungen Y_{i1} und Y_{i2} sind beliebig. D.h. es ist ohne Belang, welche Werte für diese Variablen in der Zeit, in welcher $y_z = 0$ ist, ausgelesen werden, da ja der Inhalt des Ausgaberegisters in dieser Zeit nicht verändert werden muß.

In Bild 8.1 wurden zwei Eingangsvariablen nacheinander abgefragt. Bei maximal v relevanten Eingangsvariablen kann man zwischen der Parallelabfrage aller v Variablen und der vollständig serialisierten Abfrage jeweils einer Variablen jede Zwischenstufung wählen, also beispielweise jeweils 2 oder jeweils 3 usw. Variablen gleichzeitig abfragen. Der Einfluß des Serialisierungsgrades auf den Speicherbedarf soll nun näher betrachtet werden.

8.2 Einfluß der Serialisierung auf den Speicherbedarf

Aus den Bildern 3.3 und 3.4 entnimmt man, daß der Adressenbedarf durch die Anzahl n der Zustandsvariablen und die maximale Anzahl v der für einen Zustand relevanten Eingangsvariablen bestimmt wird. Ohne Serialisierung der Eingangsabfrage entspricht v der maximalen Anzahl gleichzeitig abgefragter Eingangsvariablen. Diese Zahl sinkt bei vollständiger Serialisierung auf Eins. Entsprechend vermindert sich auch der Bedarf an Eingangsmultiplexern und damit die Anzahl der abzuspeichernden Maskierungsvariablen, sofern keine Zustandssteuerung gewählt wird.

Allerdings wird durch die Einführung der Serialisierungszustände i.a.

die Anzahl der Zustandsvariablen erhöht, sodaß jeweils abzuklären ist, inwieweit der Adressenbedarf tatsächlich kleiner wird.

Zur Verdeutlichung dieser gegenläufigen Einflußnahme auf den Adressenbedarf wollen wir die folgenden Berechnungen durchführen.

Für den Zustand s_i mögen v_i Eingangsvariablen relevant sein. Die Serialisierung sei so weit durchgeführt, daß maximal $p < v_i$ Variablen gleichzeitig abgefragt werden können. Jede Abfragebedingung im serialisierten Ablaufdiagramm besitzt also 2^p Ausgänge. Setzt man hinter jeden dieser Ausgänge wiederum ein Abfragesymbol mit jeweils 2^p Ausgängen, dann entsteht ein zweistufiger Abfragebaum und die 2^p Abfragen der zweiten Stufe haben zusammen $2^p \cdot 2^p = 2^{2p}$ Ausgänge. Allgemein besitzt ein Verzweigungsbaum mit q_i Stufen $2^{q_i p}$ Ausgänge aus der q_i-ten Stufe. Die Ausgänge der davorliegenden Stufen sind jeweils durch Abfragesymbole belegt.

In Bild 8.1b ist $p = 1$ und $q_i = 2$. Der dortige Abfragebaum hat vier Ausgänge, die zu den vier Folgezuständen des Zustandes i führen. Dies kann man verallgemeinern, d.h. bei $2^{q_i p}$ Ausgängen aus dem Verzweigungsbaum müssen alle Folgezustände des Zustandes i einem Ausgang zugewiesen werden können. Da v_i Eingangsvariablen für den Zustand i relevant sein sollen, kann dieser Zustand maximal 2^{v_i} unterschiedliche Folgezustände besitzen. Es gilt also:

$$2^{q_i p} \geq 2^{v_i}$$

$$\text{oder} \qquad q_i p \geq v_i . \qquad\qquad (8.1)$$

Unbekannt ist hierin die Mindeststufenzahl $q_{i_{min}}$, die ganzzahlig sein muß und für die gilt:

$$q_{i_{min}} = \left\lceil \frac{v_i}{p} \right\rceil .$$

Setzt man die für Bild 8.1b gültigen Werte ein, so erhält man $q_{i_{min}} = 2$. Entsprechend ist die Abfrage zweistufig ausgeführt.

Nachdem die Stufenzahl bekannt ist, läßt sich auch die Anzahl der notwendigen Serialisierungszustände bestimmen. Dazu betrachten wir die Stufe $q_{i_{min}}$ mit maximal 2^{v_i} geforderten Ausgängen. Da jede Einzelabfrage 2^p Verzweigungen besitzt, benötigt man zur Erzeugung dieser Ausgänge $2^{v_i - p}$ Abfragesymbole und genausoviele Serialisierungszustände, in welchen diese Abfragen durchgeführt werden. Um in diese $2^{v_i - p}$ Serialisierungszustände verzweigen zu können, benötigt man $2^{v_i - 2p}$ Abfragesymbole usw. Für die Stufenzahl $q_{i_{min}}$ ergibt sich daher die <u>maximal</u> notwendige Anzahl an Zwischenzuständen zu:

$$N^Z_{i_{max}} = \sum_{j=1}^{q_{imin}-1} 2^{v_i - jp}. \tag{8.2}$$

Die aufeinanderfolgenden Summanden entstehen aus ihren Vorgängern durch die Division durch p, es handelt sich daher um eine geometrische Progression, für die sich die Summe geschlossen angeben läßt:

$$N^Z_{i_{max}} = \frac{2^{v_i}}{2^P - 1} (1 - 2^{(1-q_{imin}) \cdot p}). \tag{8.3}$$

Für alle N Zustände ergibt sich damit:

$$N^Z_{max} = \sum_{i=1}^{N} \frac{2^{v_i}}{2^P - 1} (1 - 2^{(1-q_{imin}) \cdot p}). \tag{8.4}$$

Die folgenden Überlegungen betreffen den Sonderfall, daß $\frac{v_i}{p}$ ganzzahlig ist und v_i für alle N Zustände konstant v ist. Dann folgt daraus:

$$N^Z_{max} = N \cdot \frac{2^v}{2^P - 1} (1 - 2^{(p-v)}) \tag{8.5}$$

$$= N \cdot \frac{2^v - 2^p}{2^P - 1}.$$

Bei vollständiger Serialisierung (p=1) wird schließlich:

$$N^Z_{max} = N \cdot (2^v - 2). \tag{8.6}$$

Insgesamt sind N^Z_{max} + N Zustände zu unterscheiden, wofür man $\lceil$ld N + ld $(2^v-1)\rceil$ Zustandsvariablen benötigt. Diese Zahl ist nicht mehr unbedingt kleiner als n+v-1, wobei n+v die für die Parallelverarbeitung benötigte Anzahl an Adreßvariablen ist und 1 die durch die vollständige Serialisierung noch verbliebene eingangsabhängige Adreßvariable berücksichtigt.

Eine Ersparnis an Adreßraum ist also nur dann möglich, wenn nicht alle Zustände 2^v unterschiedliche Folgezustände besitzen, d.h. wenn bei Parallelverarbeitung sehr viele Speicherworte redundant sind.

8.3 Bestimmung der notwendigen Serialisierungszustände

Im vorigen Kapitel hatten wir festgestellt, daß die Anzahl N^Z der erforderlichen Serialisierungszustände die Zweckmäßigkeit der Serialisierung mitbestimmt. Es stellt sich zunächst die Frage, ob diese Anzahl N^Z von der Reihenfolge abhängt, in welcher die Eingangsvariablen abgefragt werden. In Bild 8.1 hätte man nämlich auch zuerst nach x_2 und dann erst nach x_1 abfragen können. In diesem Beispiel hätte dies zwar keinen Einfluß auf die Anzahl der Serialisierungszustände gehabt, zumindest nicht, wenn wir den Zustand s_i isoliert von den anderen Zuständen betrachten. Man kann sich jedoch vorstellen, daß beispielsweise der Serialisierungszustand s_{i2} von einem anderen Zustand mitbenutzt werden könnte, weil der weitere Ablauf identisch ist. Dies soll nun an einem Beispiel verdeutlicht werden.

Tabelle 8.1 zeigt einen Ausschnitt aus einer Ablauftabelle mit Parallelabfrage. Dabei entspricht der obere Teil mit dem Zustand s_i dem Ablaufdiagramm in Bild 8.1a. Von Bedeutung in dieser Tabelle ist, daß die Zustände s_1 und s_m nicht nur von s_i, sondern auch von s_q erreicht werden und daß jeweils Y_e und Y_f erzeugt werden müssen. Wichtig ist auch,

Tabelle 8.1. Beispiel für eine mögliche Mehrfachausnutzung von Serialisierungszuständen

derzeitiger Zustand s^{ν}	Eingabebelegung $x_1\ x_2$	Folgezustand $s^{\nu+1}$	Ausgabebelegung Y
s_i	0 0	s_j	Y_c
s_i	0 1	s_k	Y_d
s_i	1 0	s_l	Y_e
s_i	1 1	s_m	Y_f
s_q	0 0	s_l	Y_e
s_q	0 1	s_m	Y_f
s_q	1 0	s_u	Y_g
s_q	1 1	s_v	Y_h

daß die Entscheidung über den tatsächlichen Folgezustand s_1 oder s_m in beiden Fällen durch den Wert von x_2 getroffen wird. Wir können daher sowohl s_i mit $x_1=1$ als auch s_q mit $x_1=0$ zu demselben Serialisierungszustand s_{i2} überführen. Der Zustand s_{i2} geht dann in Abhängigkeit von x_2 in die Zustände s_1 bzw. s_m über.

Verzweigen wir dagegen zunächst entsprechend dem Wert von x_2 in die Serialisierungszustände, dann geht diese Möglichkeit, einen Serialisierungszustand gemeinsam zu benutzen, verloren.

Tabelle 8.2. Einfluß der Abfragereihenfolge auf die Anzahl der notwendigen Serialisierungszustände
a. Parallelabfrage von Eingangsvariablen (Ausschnitt aus Tabelle 4.1)
b. Abfrage in der Reihenfolge x_1, x_5, x_7
c. Abfrage in der Reihenfolge x_7, x_5, x_1

derzeitiger Zustand s^ν	Eingabebelegung $x_1\ x_2\ x_3\ x_4\ x_5\ x_6\ x_7\ x_8\ x_9$	Folgezustand $s^{\nu+1}$	Ausgabebelegung $y_1\ y_2\ y_3\ y_4\ y_5\ y_6\ y_7\ y_8\ y_9\ y_{10}\ y_{11}\ y_{12}$
10	1 - - - - - - - -	1	* * * * * * * * 0 0 0 0
10	0 - - - 0 - - - -	10	0 0 0 * * 1 0 * 0 1 0 0
10	0 - - - - - 0 - -	10	0 0 0 * * 1 0 * 0 1 0 0
10	0 - - - 1 - 1 - -	11	0 0 0 0 1 1 1 * 0 1 0 0

a.

derzeitiger Zustand s'^ν	Eingabebelegung $x_1\ x_2\ x_3\ x_4\ x_5\ x_6\ x_7\ x_8\ x_9$	Folgezustand $s'^{\nu+1}$	Ausgabebelegung $y_1\ y_2\ y_3\ y_4\ y_5\ y_6\ y_7\ y_8\ y_9\ y_{10}\ y_{11}\ y_{12}\ y_z$
10	1 - - - - - - - -	1	* * * * * * * * 0 0 0 0 1
10	0 - - - - - - - -	10a	* * * * * * * * * * * * 0
10a	- - - - 0 - - - -	10	0 0 0 * * 1 0 * 0 1 0 0 1
10a	- - - - 1 - - - -	10b	* * * * * * * * * * * * 0
10b	- - - - - - 0 - -	10	0 0 0 * * 1 0 * 0 1 0 0 1
10b	- - - - - - 1 - -	11	0 0 0 0 1 1 1 * 0 1 0 0 1

b.

derzeitiger Zustand s''^ν	Eingabebelegung $x_1\ x_2\ x_3\ x_4\ x_5\ x_6\ x_7\ x_8\ x_9$	Folgezustand $s''^{\nu+1}$	Ausgabebelegung $y_1\ y_2\ y_3\ y_4\ y_5\ y_6\ y_7\ y_8\ y_9\ y_{10}\ y_{11}\ y_{12}\ y_z$
10	- - - - - - 0 - -	10a	* * * * * * * * * * * * 0
10	- - - - - - 1 - -	10b	* * * * * * * * * * * * 0
10a	- - - - 0 - - - -	10c	* * * * * * * * * * * * 0
10a	- - - - 1 - - - -	10d	* * * * * * * * * * * * 0
10b	- - - - 0 - - - -	10e	* * * * * * * * * * * * 0
10b	- - - - 1 - - - -	10f	* * * * * * * * * * * * 0
10c	1 - - - - - - - -	1	* * * * * * * * 0 0 0 0 1
10c	0 - - - - - - - -	10	0 0 0 * * 1 0 * 0 1 0 0 1
10d	1 - - - - - - - -	1	* * * * * * * * 0 0 0 0 1
10d	0 - - - - - - - -	10	0 0 0 * * 1 0 * 0 1 0 0 1
10e	1 - - - - - - - -	1	* * * * * * * * 0 0 0 0 1
10e	0 - - - - - - - -	10	0 0 0 * * 1 0 * 0 1 0 0 1
10f	1 - - - - - - - -	1	* * * * * * * * 0 0 0 0 1
10f	0 - - - - - - - -	11	0 0 0 0 1 1 1 * 0 1 0 0 1

c.

Aber auch wenn wir den Serialisierungsprozeß für jeden Zustand isoliert betrachten, kann die Reihenfolge der Abfrage die Anzahl der Serialisierungszustände beeinflussen.

Betrachten wir hierzu einen Ausschnitt aus Tabelle 4.1, den wir in Tabelle 8.2a darstellen.

Für den Zustand 10 sind alle Verzweigungen aufgeführt. In Teil b. der Tabelle 8.2 fragen wir die Eingangsvariablen in der Reihenfolge x_1, x_5 und x_7 ab, in der Tabelle 8.2c ist die Reihenfolge umgekehrt. In der Tabelle b machen wir uns die unterschiedliche Anzahl der <u>festen</u> Werte in den vier Eingabebelegungen zunutze. Bereits die Abfrage von x_1 führt im Falle $x_1=1$ sofort zu einer endgültigen Entscheidung, nämlich der Rücksetzung in den Zustand 1. Für $x_1=0$ verzweigen wir in den Serialisierungszustand 10a usw. Wir benötigen für die Bearbeitung des Zustandes 10 nur zwei Serialisierungszustände.

In Tabelle 8.2c müssen wir zunächst alle 4 Wertekombinationen für die Variablen x_7 und x_5 durch Serialisierungszustände festhalten. Dann erst erfolgt die Verzweigung in die endgültigen Folgezustände 1, 10 und 11. Betrachten wir die Tabelle genauer, dann stellen wir fest, daß ähnlich wie in Tabelle 8.1 Serialisierungszustände mehrfach ausgenutzt werden können. Hier betrachten wir allerdings nur einen einzigen Zustand und seine Folgezustände. Die Serialisierungszustände 10c, 10d und 10e können gleichgesetzt werden, da sie alle mit x_1 in dieselben Folgezustände verzweigen und dieselben Ausgabebelegungen erzeugen. Dennoch bleiben insgesamt 4 Serialisierungszustände übrig.

Wir wollen abschließend festhalten, daß die Anzahl N^Z der Serialisierungszustände im allgemeinen von der Reihenfolge abhängt, in welcher die Eingangsvariablen abgefragt werden.

Ein allgemeiner Algorithmus zur Optimierung dieser Anzahl N^Z ist nicht bekannt. Wir wollen hier lediglich den mit Tabelle 8.2 herausgestellten Aspekt in eine Vorschrift kleiden. Wir betrachten also die einzelnen Zustände s_i isoliert voneinander und versuchen die ungleiche Zahl festgelegter Variablenwerte auszunutzen.

Hierzu schreibt man, wie in Tabelle 8.2a, alle für einen Zustand relevanten Eingabebelegungen, die jeweils zugehörigen Folgezustände und die Ausgabebelegungen untereinander. Man wählt p der für den betrachteten

Zustand am häufigsten spezifizierten Eingangsvariablen aus und fragt
zunächst deren Werte ab. In Tabelle 8.2 ist p=1 und x_1 ist in Tabelle 8.2a am häufigsten, nämlich viermal spezifiziert. Die Variablen x_5
und x_7 sind nur in zwei Belegungen festgelegt.

Die Liste der Belegungen wird nun in 2^p Teillisten unterteilt. Die erste
dieser Teillisten enthält alle Belegungen, die für alle p ausgewählten
Variablen jeweils den Wert 0 vorgeschrieben haben. Entsprechend enthalten die weiteren Teillisten jeweils die Belegungen mit anderen festen Teilbelegungen in den p Variablen. Jede dieser Teillisten wird
nun bezüglich der noch nicht abgefragten Variablen so behandelt wie die
ursprüngliche Belegungstabelle. Sobald für eine Teilliste die Belegungen der noch nicht abgefragten Eingangsvariablen beliebig sind, ist ein
endgültiger Zustand $s^{\nu+1}$ erreicht, und diese Liste braucht nicht weiter
betrachtet zu werden. Das gleiche gilt, wenn alle für diesen Zustand
relevanten Eingangsvariablen abgefragt worden sind. Allen anderen Teillisten ordnet man einen Serialisierungszustand zu.

Tabelle 8.3 verdeutlicht das Vorgehen für das Beispiel in Tabelle 8.2.
Im linken Teil sind die relevanten Belegungen der Variablen x_1, x_5 und
x_7 für den Zustand 10 aufgeführt. Der Wert von p wird zu 1 festgesetzt.
Da x_1 am häufigsten spezifiziert ist, verzweigt man nach x_1. Die Teilliste für x_1=0 enthält drei Belegungen und bekommt den Serialisierungszustand 10a zugewiesen. Die Teilliste für x_1=1 enthält nur noch die beliebige Belegung; für diese benötigt man keinen Serialisierungszustand.

In der Teilliste für x_1=0 sind die Variablen x_5 und x_7 in gleich vielen Belegungen (zwei) spezifiziert. Es ist daher gleichgültig, nach welcher Variablen zunächst abgefragt wird. Wir entscheiden uns willkürlich
für x_5. Da in der Belegung $(x_5 x_7)$ = -0 der Wert von x_5 nicht festgelegt ist, müssen wir diese Belegung in zwei Belegungen aufteilen:
$(x_5 x_7)$ = 00 und $(x_5 x_7)$ = 10. Für beide Eingabebelegungen sind die Folgezustände und die Ausgabebelegungen jeweils gleich.

Die Teilliste für x_1=0 und x_5=0 weist nun eine Besonderheit auf. In
der einen Zeile der Teilliste ist x_7 nicht spezifiziert, in der anderen ist x_7=0. Die Folgezustände und die Ausgabebelegungen sind in
beiden Zeilen identisch. Wäre dies nicht der Fall, dann würde ein Fehler in der Spezifikation der Problemstellung vorliegen. Für den Serialisierungsprozeß beachten wir nur die Zeile, die eine weitergehende
Aussage macht; in diesem Beispiel also die Zeile, in welcher x_7 nicht

Tabelle 8.3. Zur Ermittlung der Abfragereihenfolge bei der Eingangsserialisierung (entsprechend Tabellen 8.2a und b)

$x_1 = 0$

$x_5\ x_7$	$s^{\nu+1}$	Y
0 -	10	Y_{10}
- 0	10	Y_{10}
1 1	11	Y_{11}
2 2		

(10a)

$x_5 = 0$

x_7	$s^{\nu+1}$	Y
-	10	Y_{10}
(0	10	Y_{10})

$x_5 = 1$

x_7	$s^{\nu+1}$	Y
0	10	Y_{10}
1	11	Y_{11}
2		

(10b)

$x_7 = 0$

$s^{\nu+1}$	Y
10	Y_{10}

$x_7 = 1$

$s^{\nu+1}$	Y
11	Y_{11}

$x_1 = 1$

$x_5\ x_7$	$s^{\nu+1}$	Y
- -	1	Y_1

relevante Eingabe-belegung	Folge zustand	Ausgabe-belegung
$x_1\ x_5\ x_7$	$s^{\nu+1}$	Y
1 - -	1	Y_1
0 0 -	10	Y_{10}
0 - 0	10	Y_{10}
0 1 1	11	Y_{11}
4 2 2·	feste Werte in den Belegungen	

spezifiziert ist. Allgemeiner kann man dies wie folgt darstellen: Treten in einer Teilliste Zeilen mit identischen Eintragungen der Folgezustände und Ausgabebelegungen auf, dann kann man die zugehörigen Eingabebelegungen u. U. zusammenfassen. Hierzu definiert man eine Funktion, die für die zugehörigen Eingabebelegungen den Wert 1 besitzt und für alle anderen Eingabebelegungen den Wert 0. Die disjunktive Minimalform dieser Funktion beschreibt dann die günstigste Zusammenfassung der Eingabebelegungen.

Die Teilliste für $x_1=0$ und $x_5=1$ muß nun weiter aufgeteilt werden. Danach sind alle drei relevanten Eingangsvariablen abgefragt, und die Entscheidung über den Folgezustand $s^{\nu+1}$ und die zugehörige Ausgabebelegung liegt in jedem Falle vor.

Der Vollständigkeit halber seien noch zwei Hinweise gegeben, die nicht aus der Tabelle 8.3 abgeleitet werden können, die aber im allgemeinen zu beachten sind.

Es kann sich bei dieser Methode ergeben, daß die Reihenfolge der Abfrage von Eingangsvariablen ausgehend von verschiedenen Teillisten unterschiedlich ist. Das Beispiel zu Algorithmus 8 wird dies zeigen.

Sind zwei Teillisten identisch, dann kann man für sie dieselben Serialisierungszustände zur Kennzeichnung verwenden.

Tabelle 8.4 zeigt ausgehend von Tabelle 4.1 für das Beispiel der Trommelspeichersteuerung die Ablauftabelle mit vollständiger Serialisierung der Eingangsabfragen. Bei jedem Zustand geht man so vor, wie dies für den Zustand 10 gezeigt wurde. Man beachte auch die neue Ausgangsvariable y_z und die beliebigen Werte der Variablen y_1 bis y_{12}, falls $y_z=0$ ist. Man benötigt 12 Serialisierungszustände und zwar für die Zustände 1, 3, 4 und 10 jeweils zwei, für den Zustand 7 einen, und für den Zustand 11 drei. Statt der ursprünglichen 13 Zustände sind es nun 25, zu deren Unterscheidung man fünf Zustandsvariablen benötigt. Zusammen mit der einen maskierten Variablen (vollständige Serialisierung) ergibt dies sechs Adreßvariablen. In Kapitel 6 hatten wir in Bild 6.7 sieben Adreßvariablen eingesetzt.

Im Hinblick auf die bereits beschriebenen und die noch zu beschreibenden Verfahren ist die Ablauftabelle 8.4 wie jede andere Ablauftabelle zu behandeln.

Tabelle 8.4. Serialisierte Ablauftabelle (Mealy-Form) für die Trommelspeichersteuerung in Tabelle 4.1

derzeitiger Zustand s'^{ν}	Eingabebelegung x_1	x_2	x_3	x_4	x_5	x_6	x_7	x_8	x_9	Folgezustand $s'^{\nu+1}$	Ausgabebelegung y_1	y_2	y_3	y_4	y_5	y_6	y_7	y_8	y_9	y_{10}	y_{11}	y_{12}	y_z
1	1	-	-	-	-	-	-	-	-	1	*	*	*	*	*	*	*	*	0	0	0	0	1
1	0	-	-	-	-	-	-	-	-	1a	*	*	*	*	*	*	*	*	*	*	*	*	0
1a	-	0	-	-	-	-	-	-	-	1	*	*	*	0	0	*	*	*	0	0	0	0	1
1a	-	1	-	-	-	-	-	-	-	1b	*	*	*	*	*	*	*	*	*	*	*	*	0
1b	-	-	0	-	-	-	-	-	-	8	1	1	0	*	*	0	0	*	0	0	0	0	1
1b	-	-	1	-	-	-	-	-	-	2	1	1	0	1	0	0	0	*	0	0	0	0	1
2	1	-	-	-	-	-	-	-	-	1	*	*	*	*	*	*	*	*	0	0	0	0	1
2	0	-	-	-	-	-	-	-	-	3	0	0	0	0	0	1	0	*	0	1	0	0	1
3	1	-	-	-	-	-	-	-	-	1	*	*	*	*	*	*	*	*	0	0	0	0	1
3	0	-	-	-	-	-	-	-	-	3a	*	*	*	*	*	*	*	*	*	*	*	*	0
3a	-	-	-	0	-	-	-	-	-	3	0	0	0	0	0	1	0	*	0	1	0	0	1
3a	-	-	-	1	-	-	-	-	-	3b	*	*	*	*	*	*	*	*	*	*	*	*	0
3b	-	-	-	-	-	-	0	-	-	3	0	0	0	0	0	1	0	*	0	1	0	0	1
3b	-	-	-	-	-	-	1	-	-	4	0	0	0	0	1	0	1	0	1	1	0	0	1
3	1	-	-	-	-	-	-	-	-	1	*	*	*	*	*	*	*	*	0	0	0	0	1
4	0	-	-	-	-	-	-	-	-	4a	*	*	*	*	*	*	*	*	*	*	*	*	0
4a	-	-	-	-	-	0	-	-	-	4	0	0	0	0	1	0	1	0	1	1	0	0	1
4a	-	-	-	-	-	1	-	-	-	4b	*	*	*	*	*	*	*	*	*	*	*	*	0
4b	-	-	-	-	-	-	-	0	-	5	0	0	0	*	*	0	1	0	1	1	0	0	1
4b	-	-	-	-	-	-	-	1	-	6	0	0	0	*	*	0	1	0	1	1	0	0	1
5	1	-	-	-	-	-	-	-	-	1	*	*	*	*	*	*	*	*	0	0	0	0	1
5	0	-	-	-	-	-	-	-	-	4	0	0	1	1	0	0	0	1	1	1	1	0	1
6	1	-	-	-	-	-	-	-	-	1	*	*	*	*	*	*	*	*	0	0	0	0	1
6	0	-	-	-	-	-	-	-	-	7	*	*	*	*	*	*	*	1	1	1	0	0	1
7	1	-	-	-	-	-	-	-	-	1	*	*	*	*	*	*	*	*	0	0	0	0	1
7	0	-	-	-	-	-	-	-	-	7a	*	*	*	*	*	*	*	*	*	*	*	*	0
7a	-	0	-	-	-	-	-	-	-	1	*	*	*	0	0	*	*	*	0	0	0	0	1
7a	-	1	-	-	-	-	-	-	-	7	*	*	*	0	0	*	*	*	0	0	0	0	1
8	1	-	-	-	-	-	-	-	-	1	*	*	*	*	*	*	*	*	0	0	0	0	1
8	0	-	-	-	-	-	-	-	-	9	0	0	0	*	*	1	0	*	0	1	0	0	1
9	1	-	-	-	-	-	-	-	-	1	*	*	*	*	*	*	*	*	0	0	0	0	1
9	0	-	-	-	-	-	-	-	-	10	0	0	0	*	*	1	0	*	0	1	0	0	1
10	1	-	-	-	-	-	-	-	-	1	*	*	*	*	*	*	*	*	0	0	0	0	1
10	0	-	-	-	-	-	-	-	-	10a	*	*	*	*	*	*	*	*	*	*	*	*	0
10a	-	-	-	-	0	-	-	-	-	10	0	0	0	*	*	1	0	*	0	1	0	0	1
10a	-	-	-	-	1	-	-	-	-	10b	*	*	*	*	*	*	*	*	*	*	*	*	0
10b	-	-	-	-	-	-	0	-	-	10	0	0	0	*	*	1	0	*	0	1	0	0	1
10b	-	-	-	-	-	-	1	-	-	11	0	0	0	0	1	1	1	*	0	1	0	0	1
11	1	-	-	-	-	-	-	-	-	1	*	*	*	*	*	*	*	*	0	0	0	0	1
11	0	-	-	-	-	-	-	-	-	11a	*	*	*	*	*	*	*	*	*	*	*	*	0
11a	-	-	-	0	-	-	-	-	-	11	0	0	0	0	1	1	1	*	0	1	0	0	1
11a	-	-	-	1	-	-	-	-	-	11b	*	*	*	*	*	*	*	*	*	*	*	*	0
11b	-	-	-	-	-	-	-	-	0	11c	*	*	*	*	*	*	*	*	*	*	*	*	0
11b	-	-	-	-	-	-	-	-	1	13	0	0	1	0	0	1	1	*	0	1	0	0	1
11c	-	-	-	-	-	-	-	0	-	12	0	0	1	0	0	1	1	*	0	1	0	0	1
11c	-	-	-	-	-	-	-	1	-	7	0	0	1	0	0	1	1	*	0	1	0	0	1
12	1	-	-	-	-	-	-	-	-	1	*	*	*	*	*	*	*	*	0	0	0	0	1
12	0	-	-	-	-	-	-	-	-	11	0	0	0	0	0	1	1	*	0	1	1	0	1
13	1	-	-	-	-	-	-	-	-	1	*	*	*	*	*	*	*	*	0	0	0	0	1
13	0	-	-	-	-	-	-	-	-	13	0	0	0	0	0	*	*	*	0	0	0	1	1

8.4 Taktungsfragen

Bei der Festlegung der Werte für die Ausgabebelegungen der Zwischenzu-
stände waren wir davon ausgegangen, daß die Ausgabebelegung in einem
Register zwischengespeichert wird. Die mögliche Änderung des Register-
inhalts sollte durch die Zusatzvariable y_z veranlaßt werden. Mit Bild
8.2 soll diese Überlegung konkretisiert werden. Dort ist zunächst der
Steuerwerkstakt c dargestellt, der dem Zustandsregister und gegebenenfalls dem Register für die Maskierungsvariablen zugeführt wird. Die Änderung dieser Registerinhalte erfolge mit der ansteigenden Taktflanke.
Die Speicherauslesezeit wird für diese Betrachtungen klein gegenüber

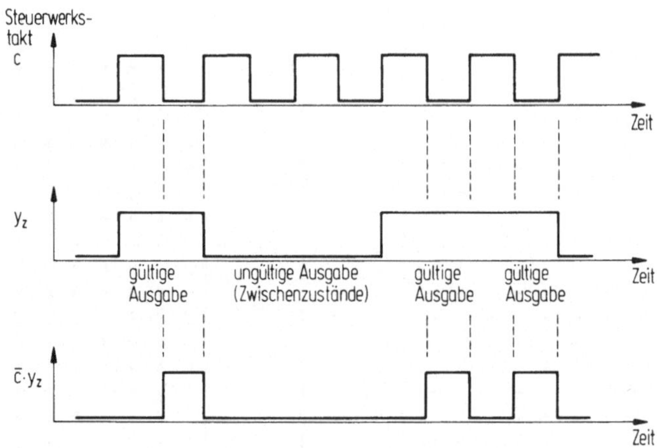

Bild 8.2. Erzeugung des Taktsignals für das Ausgaberegister

der Taktperiodendauer angenommen. Daher sind die Änderungen von y_z
gleichzeitig mit ansteigenden Taktflanken gezeichnet. Verknüpft man y_z
konjunktiv mit dem negierten Takt, dann erhält man ein fehlerfreies
Taktsignal für das Ausgangsregister, dessen Inhalt mit der ansteigenden Flanke von $\bar{c}\cdot y_z$ veränderbar sein soll. Zeitliche Verschiebungen
von y_z gegenüber dem Steuerwerkstakt haben solange keinen Einfluß, wie
sie kleiner sind als die Zeit, in welcher der Steuerwerkstakt 1 ist.

Besitzt das gesteuerte Werk ebenfalls Einheiten, die getaktet werden
müssen, dann sind zwei unterschiedliche Situationen zu diskutieren.

Nehmen wir zunächst an, daß die Wahl des Taktes für das gesteuerte Werk
frei ist. Für diese Situation zeigt Bild 8.3 eine Lösung. Das Taktsignal c_g ist gegenüber dem Steuerwerkstakt phasenverschoben. Beide Takte

könnte man aus einem gemeinsamen Grundtakt ableiten. Die im gesteuerten Werk tatsächlich wirksamen Taktimpulse erzeugt man durch Ausblenden mit y_z $(c_g \cdot y_z)$.

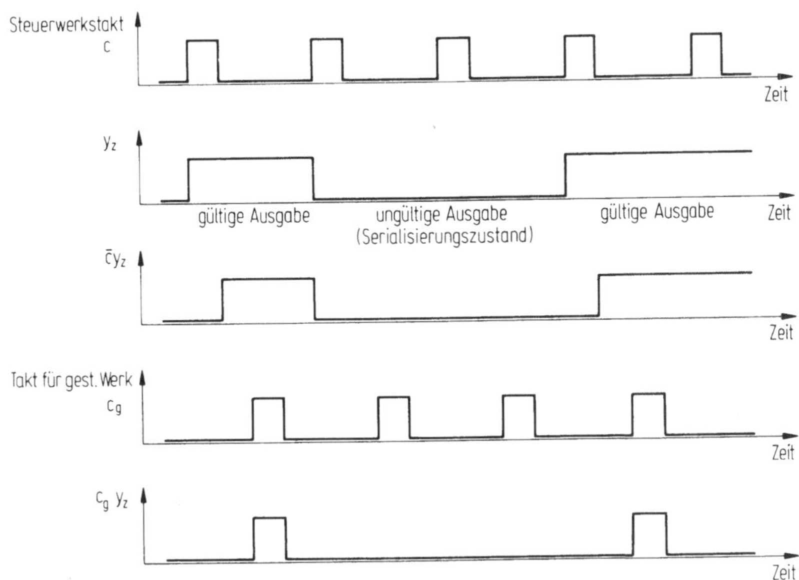

Bild 8.3. Takterzeugung für ein gesteuertes Werk ohne festliegenden Takt

Im Beispiel der Trommelspeichersteuerung liegt jedoch eine andere Situation vor. Dort wird der Takt von der Trommelspur abgenommen und liegt damit fest. Die vorgeschlagene Serialisierung der Eingangsabfrage macht für
dieses Beispiel eine Einlagerung von bis zu fünf Taktimpulsen eines Grundtaktes in die Zeit erforderlich, in welcher der Trommeltakt 1 ist.

Bild 8.4 zeigt ein Ablaufdiagramm zur Lösung der skizzierten Aufgabenstellung.

Die ansteigenden Flanken eines Grundtaktes steuern den vorgestellten
Ablauf (Moore-Darstellung). Solange der Trommeltakt 0 ist, bleiben die
Ausblendsignale TA1 und TA2 beide 1. Nach den Gleichungen in Bild 8.4
sind dann der Steuerwerkstakt und der Takt für das Ausgaberegister kon-
stant 1. Das Steuerwerk befindet sich daher in Wartestellung. Wird der
Trommeltakt zu 1, dann wird mit der nächsten ansteigenden Flanke des
Grundtaktes TA1 zu 0 und blendet einen Impuls für den Steuerwerkstakt
aus. Sofern die ansteigende Flanke des Steuerwerktaktes das Steuerwerk

in einen Serialisierungszustand überführt, wird $y_z=0$ und ein zweiter
Impuls wird für den Steuerwerkstakt ausgeblendet. Erst wenn $y_z=1$ ist,
wenn also ein normaler Zustand erreicht ist, setzt man TA1 wieder zu 1.
Man erzeugt jetzt durch TA2=0 einen Impuls zur Übernahme der vorliegenden gültigen Ausgabebelegung in das Ausgaberegister. Dieser Vorgang muß

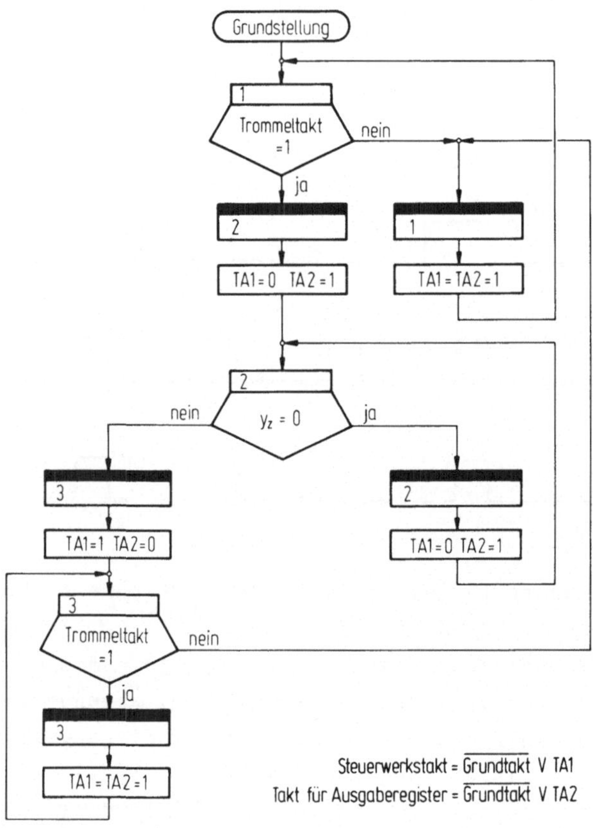

Bild 8.4. Takterzeugung für das Steuerwerk aus einem Grundtakt und einem
festliegenden Takt für das gesteuerte Werk

abgeschlossen sein, ehe der Trommeltakt 0 ist, da das Operationswerk
mit der abfallenden Taktflanke gesteuert wird und zu dieser Zeit die
neue Steuerbelegung erwartet. Ob im speziellen Fall der Trommelsteuerung eine solche Lösung günstig ist, soll hier nicht diskutiert werden.
Die Zweckmäßigkeit aller vorgestellten Prinzipien ist ohnehin im konkreten Anwendungsfall zu überprüfen.

Algorithmus 7: Ermittlung der Serialisierungszustände für die Abfrageserialisierung

Schritt 1:
Man gehe von einer Ablauftabelle aus, die unter der Voraussetzung der
gleichzeitigen Abfrage aller jeweils relevanter Eingangsvariablen ermittelt wurde.
Schritt 2:
Man führe eine Laufvariable i ein und setze sie zu 1.
Schritt 3:
Man übernehme den dem Zustand s_i zugeordneten Teil der Ablauftabelle
in eine neue Tabelle. Um Schreibarbeit zu sparen, betrachtet man nur
die Belegungen der für den Zustand s_i relevanten Eingangsvariablen und
kennzeichnet die Ausgabebelegungen durch Nummern. Belegungen, die denselben Folgezustand und dieselbe Ausgabebelegung bewirken, versuche man
zu möglichst wenigen Belegungen zusammenzufassen.
Schritt 4:
Man bestimme für jede der für den Zustand s_i (bzw. s_k^z) relevanten Eingangsvariablen die Anzahl der aufgeführten Belegungen, in denen diese
Variable einen festen Wert besitzt.
Schritt 5:
Man setze die Anzahl p der jeweils gleichzeitig abzufragenden Eingangsvariablen fest und wähle die p Eingangsvariablen aus, die in Schritt 4
am höchsten bewertet wurden. Ist die Entscheidung nicht eindeutig zu
treffen, entscheide man sich willkürlich für eine der gleichwertigen
Alternativen. Die ausgewählten p Variablen heißen Verzweigungsvariablen, die nicht ausgewählten heißen Restvariablen.
Schritt 6:
Belegungen der Eingangsvariablen, die in den Verzweigungsvariablen redundant spezifiziert sind, werden in die entsprechenden Belegungen aufgelöst, die keine redundanten Werte für die Verzweigungsvariablen besitzen. Bei q Strichen für die Verzweigungsvariablen entstehen dann 2^q
Belegungen.
Schritt 7:
Man zerlege die im Schritt 6 ermittelte Tabelle in 2^p Tabellen. Die Tabelle j (j ist eine p-stellige binäre Belegung) erhält die Zeilen der
ursprünglichen Tabelle, in der die Belegung der Verzweigungsvariablen
gleich j ist. In der Tabelle j werden die Eingabebelegungen nur für
die Restvariablen aufgeführt.
Schritt 8:
Man überprüfe die 2^p Tabellen jeweils auf die folgenden Besonderheiten:

a. Es gibt nur eine einzige Belegung der Restvariablen. Dieser Tabelle ist der entsprechende normale Folgezustand von s_i zuzuordnen.

b. Jede andere Tabelle erhält einen Serialisierungszustand s_k^z zugewiesen. Tabellen, die hinsichtlich der Restvariablen, deren Belegungen und zugehörigen Folgezuständen und Ausgabebelegungen identisch sind, erhalten denselben Serialisierungszustand zugewiesen.

Schritt 9:

Gibt es keine Tabelle, die in Schritt 8 einen Serialisierungszustand erhalten hat, dann gehe man zu Schritt 10. Andernfalls wiederhole man für jeden Serialisierungszustand s_k^z und für die zugehörige Tabelle die Schritte 4 bis 9 solange, bis alle Serialisierungszustände abgearbeitet sind.

Schritt 10:

Man ermittle den dem Zustand s_i zugehörigen Teil der serialisierten Ablauftabelle. Der Zustand s_i bzw. die eingeführten Serialisierungszustände werden durch die in Schritt 5 jeweils ausgewählten Verzweigungsvariablen in die in Schritt 8 festgestellten Serialisierungszustände bzw. in die normalen Folgezustände überführt.

Schritt 11:

Ist i<N, dann erhöhe man i um 1 und wiederhole Schritt 3. Andernfalls ist der Algorithmus beendet.

Beispiel zu Algorithmus 7

Dieses Beispiel behandelt eine verhältnismäßig komplexe Verzweigung von einem Zustand aus. Das Beispiel der Trommelsteuerung ist zu einfach und zeigt nicht alle Schwierigkeiten auf.
Wir beginnen den Algorithmus mit Schritt 3 und zeigen gleich den Tabellenausschnitt für den Zustand 1.

Schritt 3:

derzeitiger Zustand	Belegungen der für den Zustand 1 relevanten Eingangsvar.	Folgezustand	Ausgabebelegung
s^ν	$x_1\ x_5\ x_6\ x_8\ x_9$	$s^{\nu+1}$	Y
1	0 1 1 1 -	4	Y_2
1	0 0 0 0 -	2	Y_1
1	0 0 - 1 -	3	Y_4
1	0 1 0 - -	5	Y_6
1	1 - 0 0 0	2	Y_1
1	1 - - 1 0	3	Y_4
1	1 - 1 1 1	6	Y_1
1	1 - 0 - 1	7	Y_1
1	- - 1 0 -	8	Y_1

Die beiden Belegungen, die zum Zustand 2 führen und die Ausgabebelegung Y_1 erzeugen, lassen sich nicht zusammenfassen. Das gleiche gilt für die

Belegungen, die in den Zustand 3 führen und die Ausgabebelegung Y_4 erzeugen.

Schritt 4:

Eingangs-variablen	x_1 x_5 x_6 x_8 x_9
Anzahl der festen Werte	8 4 7 7 4

Diese Tabelle gibt an, wie oft die entsprechende Variable in den neun Belegungen der in Schritt 3 aufgeführten Tabelle einen festen Wert zugewiesen hat.

Schritt 5:

Wir setzen p = 1 und wählen die am höchsten bewertete Variable x_1 als Verzweigungsvariable aus. Die Variablen x_5, x_6, x_8 und x_9 heißen Restvariablen.

Schritt 6:

Lediglich die Belegung $(x_1 \; x_5 \; x_6 \; x_8 \; x_9) = - - - 1 \, 0 -$ besitzt für x_1 keinen festen Wert. Diese Belegung wird in die Belegungen $0 - 1 \, 0 -$ und $1 - 1 \, 0 -$ aufgelöst.

Schritt 7:

Wir erhalten zwei Tabellen, entsprechend den zwei möglichen Werten, die die Variable x_1 annehmen kann.

	Belegungen der Restvariablen	Folgezustand	Ausgabebelegung
	x_5 x_6 x_8 x_9	$s^{\nu+1}$	Y
Tabelle 0 (x_1=0)	1 1 1 -	4	Y_2
	0 0 0 -	2	Y_1
	0 - 1 -	3	Y_1
	1 0 - -	5	Y_6
	- 1 0 -	8	Y_1

	Belegungen der Restvariablen	Folgezustand	Ausgabebelegung
	x_5 x_6 x_8 x_9	$s^{\nu+1}$	Y
Tabelle 1 (x_1=0)	0 0 0	2	Y_1
	- - 1 0	3	Y_4
	- 1 1 1	6	Y_1
	- 0 - 1	7	Y_1
	- 1 0 -	8	Y_1

Schritt 8:

Für beide Tabellen trifft der Fall b zu. Da die Tabellen ungleich sind, erhalten sie unterschiedliche Serialisierungszustände: s_1^z für Tabelle 0 und s_2^z für Tabelle 1.

Schritt 9:

Auf die Tabellen 0 und 1 werden jetzt jeweils die Schritte 4 bis 9 angewandt. Wir wählen für die Tabelle 0 x_5 als Verzweigungsvariable, Tabelle 1 dagegen wird nach x_9 verzweigt. Die wiederholte Anwendung der Schritte 7 und 8 führt zu folgenden Tabellen.

alter Serialisierungszustand	Tabelle	Belegungen der Restvariablen	Folgezustand $s^{\nu+1}$	Ausgabebelegung Y	neuer Serialisierungszustand
s_1^z	0 (x_5)	$\overline{x_6\ x_8}$ 0 0 - 1 1 0	2 3 8	Y_1 Y_4 Y_1	s_3^z
s_1^z	1 (x_5)	$\overline{x_6\ x_8}$ 1 1 0 - 1 0	4 5 8	Y_2 Y_6 Y_1	s_4^z
s_2^z	0 (x_9)	$\overline{x_6\ x_8}$ 0 0 - 1 1 0	2 3 8	Y_1 Y_4 Y_1	s_3^z
s_2^z	1 (x_9)	$\overline{x_6\ x_8}$ 1 1 0 - 1 0	6 7 8	Y_1 Y_1 Y_1	s_5^z

Von s_1^z und s_3^z aus erreicht man für $x_5=0$ bzw. $x_9=0$ dieselben Tabellen.
Beide Tabellen erhalten daher denselben Serialisierungszustand s^z zugeordnet. Für die drei unterschiedlichen Tabellen, entsprechend den
Serialisierungszuständen s_3^z bis s_5^z wiederholt man jeweils die Schritte
4 bis 9.

alter Serialisierungszustand	Tabelle	Belegungen der Restvariablen	Folgezustand $s^{\nu+1}$	Ausgabebelegung Y	neuer Serialisierungszustand
s_3^z	0 (x_8)	$\overline{x_8}$ 0 1	2 8	Y_1 Y_1	s_6^z
s_3^z	1 (x_8)		3	Y_4	entfällt
s_4^z	0 (x_6)		5	Y_6	entfällt
s_4^z	1 (x_6)	$\overline{x_8}$ 1 0	4 8	Y_2 Y_1	s_7^z
s_5^z	0 (x_6)		7	Y_1	entfällt
s_5^z	1 (x_6)	$\overline{x_8}$ 1 0	6 8	Y_1 Y_1	s_8^z

Drei der Verzweigungen führen bereits auf die endgültigen Folgezustände. Man braucht dort daher keine Serialisierungszustände mehr. Für die
den Serialisierungszuständen s_6^z bis s_8^z zugeordneten Tabellen wiederholt
man die Schritte 4 bis 9.

alter Serialisierungszustand	Tabelle	Belegungen der Restvariablen	Folgezustand $s^{\nu+1}$	Ausgabebelegung Y	neuer Serialisierungszustand
s_6^z	0 (x_8)		2	Y_1	entfällt
s_6^z	1 (x_8)		8	Y_1	entfällt
s_7^z	1 (x_8)		4	Y_2	entfällt
s_7^z	0 (x_8)		8	Y_1	entfällt
s_8^z	1 (x_8)		6	Y_1	entfällt
s_8^z	0 (x_8)		8	Y_1	entfällt

Alle Serialisierungszustände sind abgearbeitet.

Schritt 10:

Aus den im letzten Schritt erstellten Tabellen erhält man unmittelbar die Informationen für die modifizierte Ablauftabelle. Die Ausgangsvariable y_z ist den bisherigen Ausgangsvariablen hinzuzufügen.

derzeitiger Zustand s'^{ν}	Belegungen der für den Zustand 1 relevanten Eingangsvar. $x_1\ x_5\ x_6\ x_8\ x_9$	Folgezustand $s'^{\nu+1}$	bisherige Ausgabebelegung Y	Belegung der Variablen y_z
1	0 - - - -	s_1^z	*	0
1	1 - - - -	s_2^z	*	0
s_1^z	- 0 - - -	s_3^z	*	0
s_1^z	- 1 - - -	s_4^z	*	0
s_2^z	- - - - 0	s_3^z	*	0
s_2^z	- - - - 1	s_5^z	*	0
s_3^z	- - - 0 -	s_6^z	*	0
s_3^z	- - - 1 -	3	Y_4	1
s_4^z	- - 0 - -	5	Y_6	1
s_4^z	- - 1 - -	s_7^z	*	0

In entsprechender Weise ist die Tabelle für die Zustände s_5^z bis s_8^z zu vervollständigen. Es entstehen 8 weitere Zeilen in der Tabelle.

Schritt 11:

Den gleichen Vorgang müßte man nun für die übrigen Zustände der ursprünglichen Ablauftabelle ausführen.

9. Zustandskodierung bei Mealy-Schaltwerken

Bereits im Kapitel 3 in den Bildern 3.2 und 3.5 wurde zwischen Schaltwerken vom Mealy- und Moore-Typ unterschieden. Beim Vergleich der beiden Bilder fällt auf, daß die Ermittlung der jeweiligen Folgezustände
$(q_1^{\nu+1} \ldots q_n^{\nu+1})$ im Mealy-Schaltwerk anders erfolgt als im Moore-Schaltwerk. Dagegen ist das Auswählen relevanter Eingangsvariablen über Multiplexerbausteine in beiden Anordnungen gleich. So können die in Kapitel 6
und 8 vorgestellten Methoden für beide Schaltwerkstypen eingesetzt werden. Auch für die in Kapitel 7 besprochenen Möglichkeiten zur Reduktion der Wortlänge des Ausgabeteils ist ohne Belang, ob ein Moore- oder
ein Mealy-Schaltwerk entworfen werden soll. Erstmals bei der Behandlung
des Folgezustandsteils muß eine getrennte Diskussion der beiden Alternativen durchgeführt werden. In diesem Kapitel wollen wir uns mit Mealy-
Schaltwerken beschäftigen.

Bei der Festlegung der Aufgabenstellung eines Schaltwerks erhalten die
Zustände beliebige Namen oder Nummern zugeordnet (Tabelle 4.1). Für die
Realisierung durch ein binäres Schaltwerk müssen die Zustände binär kodiert werden. Dies bedeutet, daß unterschiedliche Zustände unterschiedliche n-Tupel von Nullen und Einsen zugewiesen bekommen.

Wegen der geforderten Unterscheidungsmöglichkeit zwischen N Zuständen
gilt für n

$$n \geq \lceil \mathrm{ld}\, N \rceil. \tag{9.1}$$

Die n-Tupel stellen Belegungen der n Zustandsvariablen dar, sodaß diese
Zahl direkt den Adressenbedarf und in den Bildern 3.2 und 3.5 auch die
Wortlänge beeinflußt und daher im allgemeinen so klein wie möglich ge-
wählt wird, d.h.

$$n = \lceil \mathrm{ld}\, N \rceil. \tag{9.2}$$

Zusätzliche Einschränkungen bei der eindeutigen Zuordnung von binären n-Tupeln zu den Zuständen (sog. Zustandskodierung) bestehen nicht, d.h. jede solche Zuordnung führt zu einer funktionsfähigen Realisierung. Daher stellt sich die Frage, ob dieser Freiheitsgrad zur Aufwandsverminderung eingesetzt werden kann. Dabei sind die Einflüsse auf den Adressenbedarf und die notwendige Wortlänge getrennt zu betrachten.

Unterschiedliche Zustandskodierungen bewirken bei fester Zuordnung der Zustandsvariablen zu den Adreßvariablen eine unterschiedliche Zuteilung von Speicherwörtern zu den Zuständen. Einen Einfluß auf den Adressenbedarf haben sie dagegen nicht. Eine andere Situation liegt vor, wenn beispielsweise durch einfache logische Verknüpfungen zwischen Eingangs- und Zustandsvariablen eine Abbildung der v Eingangsvariablen und n Zustandsvariablen auf weniger als n+v Adreßvariablen vorgenommen wird [19]. Die Möglichkeit, diese Abbildung durch einfache logische Verknüpfungen (UND-, ODER-, ANTIVALENZ- Verknüpfung von je zwei Variablen) vorzunehmen, hängt dann weitgehend von der gewählten Zustandskodierung ab. Diese Vorgehensweise läuft allerdings den Bestrebungen entgegen, möglichst nur die im Kapitel 2 vorgestellten Bausteine einzusetzen. Für die folgenden Betrachtungen gehen wir deshalb davon aus, daß der Adressenbedarf durch die Auswahl der Zuordnung von binären n-Tupeln zu Zuständen nicht beeinflußt werden kann.

Anders liegen die Verhältnisse, wenn wir die für die Abspeicherung der Folgezustände benötigte zusätzliche Wortlänge betrachten. In der Grundstruktur (Bild 3.2) ist vorausgesetzt, daß der jeweilige Folgezustand mit n Zustandsvariablen im Speicher abgelegt ist. Die Wortlänge setzt sich dann aus diesen n Zustandsvariablen, u Maskierungsvariablen und bis zu r Ausgangsvariablen zusammen.

Wir wollen zwei Prinzipien diskutieren, die sowohl jede für sich als auch gemeinsam zur Verminderung des Bedarfs an Wortlänge eingesetzt werden können. Die erste Möglichkeit sieht vor, statt der absoluten Angabe des Folgezustandes nur dessen Änderung gegenüber dem derzeitigen Zustand abzuspeichern. Man spricht von "relativer Adressierung".

Die zweite Möglichkeit betrifft die im Abschnitt 7.1 für Ausgangsvariablen diskutierte Zusammenfassung mehrerer Variablen zu einer einzigen. Dieses Prinzip kann, unabhängig von der Bedeutung der Variablen, auf die gesamte Wortlänge ausgedehnt werden. Man kann also beispielsweise Zustands- und Ausgangsvariablen, Maskierungs- und Zustandsvariablen unter Umständen in derselben Spalte des Speichers ablegen.

Die Relativadressierung und die Zusammenfassung von Zustandsvariablen
mit anderen Variablen sollen in den folgenden Abschnitten genauer betrachtet werden. Insbesondere interessiert dabei der Einfluß der Zustandskodierung auf mögliche Einspareffekte.

9.1 Abspeicherung von Zustandsänderungen (Relativadressierung)
9.1.1 Additive Relativadressierung

Bild 3.4 zeigt die bekannteste Möglichkeit der Relativadressierung. Der
wesentliche Teil ist im Bild 9.1 nochmals herausgestellt. Um das Prinzip zu verdeutlichen, ordnen wir den Zustandsvariablen q_1, q_2, ..., q_n
die Wertigkeiten 2^0, 2^1, ..., 2^{n-1} zu. Dann entspricht jeder Belegung
der Zustandsvariablen und damit jedem Zustand eine Dualzahl. In Bild
9.1 ist der jeweils derzeitige Zustand in einem Register gespeichert.
Dieser Zustand sei beispielsweise s_i, die zugehörige Dualzahl $DZ(s_i)$.
Wollen wir das Schaltwerk in den Zustand s_j überführen, also die Dual-

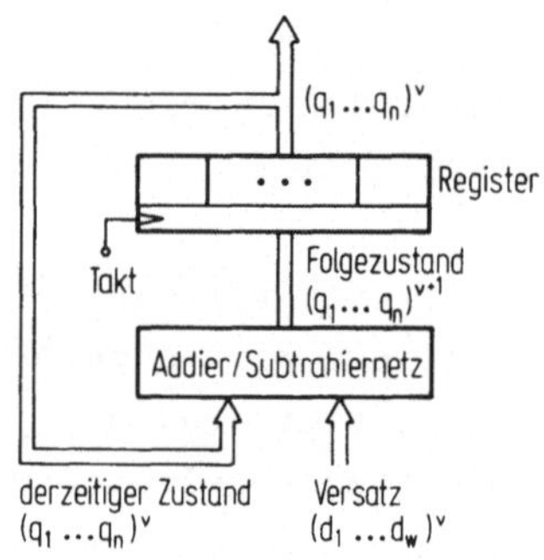

Bild 9.1. Additive Relativadressierung

zahl $DZ(s_j)$ erzeugen, dann addieren wir zu $DZ(s_i)$ die Dualzahl $DZ(s_j)-$
$DZ(s_i)$. Dieser Wert ist im Speicher unter der entsprechenden Adresse
abgelegt. Da der Wert von $DZ(s_j) - DZ(s_i)$, der sogenannte Versatz,
auch negativ sein kann, benötigt man als zusätzlichen Baustein ein
Addier/Subtrahiernetz, mit dessen Hilfe der neue Zustand ermittelt
wird.

Diese Vorgehensweise ist natürlich nur dann sinnvoll, wenn zur Abspeicherung des Versatzes einschließlich seines Vorzeichens weniger Binärstellen benötigt werden als bei direkter Abspeicherung des Folgezustandes. Ob eine Einsparung gelingt, hängt zunächst von der jeweiligen Pro-

blemstellung ab. Aber auch die Wahl der Zustandskodierung beeinflußt den maximalen Wert des Versatzes. Diese Aussage wird im folgenden erläutert.

Zur Veranschaulichung erstellen wir einen Zustandsgraphen. Dieser besteht aus Knoten und gerichteten Kanten. Die Knoten enthalten die unterschiedlichen Zustände; die Kanten kennzeichnen die durch das Ablaufdiagramm bzw. die Ablauftabelle festgelegten Übergänge zu den jeweiligen Folgezuständen.

Zustands-kodierung $q_1\,q_2\,q_3\,q_4$	Versatz	Zustands-graph	Versatz	Zustands-kodierung $q_1\,q_2\,q_3\,q_4$
0 0 0 0		s_1		0 0 0 0
	+1		+2	
0 0 0 1		s_2		0 0 1 0
	+1		+2	
0 0 1 0		s_3		0 1 0 0
	+1		+2	
0 0 1 1		s_4		0 1 1 0
	+1		+2	
0 1 0 0		s_5		1 0 0 0
	+1		-1	
0 1 0 1		s_6		0 1 1 1
	+1		-2	
0 1 1 0		s_7		0 1 0 1
	+1		-2	
0 1 1 1		s_8		0 0 1 1
	+1		-2	
1 0 0 0		s_9		0 0 0 1
	-8		-1	

1. Kodierungs-versuch   2. Kodierungs-versuch

Bild 9.2. Kodierungen mit unterschiedlichem Versatzbereich für einen Modulo-9-Zähler

Als einfaches Beispiel zeigt Bild 9.2 einen Zählvorgang modulo 9. Die neun Zustände können jeweils zu einem Zustand mit der nächst höheren Nummer überführt werden, oder der jeweilige Zustand kann bleiben. Der Zustand s_9 wird schließlich in den Zustand s_1 zurückgeführt.

Bild 9.2 zeigt auch zwei zulässige Zustandskodierungen. Die erste (links vom Graphen) ordnet den Zuständen s_1 bzw. s_2, ..., s_9 die Dualzahlen 0000 bzw. 0001, ..., 1000 zu. Den Folgezustand erhält man jeweils durch Addition einer 1. Eine Ausnahme bildet lediglich die Überführung der Dualzahl 1000 in die Dualzahl 0000. Man erreicht diese durch Subtraktion einer 8 (Man könnte auch 8 addieren und die Stelle mit der Wertigkeit 2^4 unberücksichtigt lassen.). Um den Betrag des maximalen Versatzes darstellen zu können, benötigen wir vier Binärstellen; für das Vorzeichen ist eine weitere Stelle vorzusehen. Somit ist eine Stelle mehr erforderlich als bei der direkten Abspeicherung der Zustandsvariablen.

Betrachten wir die Zustandskodierung rechts vom Graphen, dann sehen wir, daß maximal der Wert 2 addiert oder subtrahiert werden muß. Dies läßt sich mit drei Stellen kodieren, sodaß bei dieser Kodierung eine Einsparung gelingt.

Damit ist der <u>starke Einfluß der Kodierungswahl</u> auf die Größe des Versatzes gezeigt.

Das Beispiel der Trommelsteuerung in Tabelle 4.1 ermöglicht keine Einsparungen durch eine Relativadressierung. Das hat seinen Grund in der Besonderheit der synchronen Rücksetzung durch das Signal $x_1 = 1$ in den Zustand 1. Weisen wir diesem Zustand beispielsweise die Dualzahl 0000 zu, dann muß man von den Dualzahlen DZ(i) der anderen Zustände die Zahl DZ(i) abziehen, um zur Dualzahl 0000 zu gelangen. Der maximale Versatz ist also gleich der maximalen Dualzahl, und diese ist mindestens vierstellig.

Aus den vorgestellten Beispielen ersieht man, daß zumindest die additive Relativadressierung im allgemeinen keine großen Einsparungen bringt. Zudem ist nicht sichergestellt, daß Einsparungen überhaupt möglich sind. Dies bedeutet, daß eine eventuell erforderliche nachträgliche Korrektur an der Problemstellung die bereits gewählte Struktur der relativen Adressierung unzweckmäßig macht. Darüberhinaus ist kein Algorithmus bekannt, der bei vorgegebenem Zustandsgraphen diejenige Zustandskodierung findet, die den kleinsten maximalen Versatz benötigt.

<u>9.1.2 Relativadressierung durch Abspeichern der zu ändernden Variablen</u>
Den Folgezustand kann man aus dem derzeitigen Zustand auch dadurch gewinnen, daß man diejenigen Zustandsvariablen benennt, die beim Übergang

von einer Belegung zur anderen geändert werden müssen. Sofern es gelingt, die Zustände so zu kodieren, daß dabei jeweils nur eine der n notwendigen Zustandsvariablen geändert werden muß, dann kann man diese Information _kompakt im Speicher ablegen_ und über ein Dekodiernetz die zu ändernden Zustandsvariablen bestimmen. Für diesen Fall müßte man $\lceil ld(n+1)\rceil$ Stellen im Speicher ablegen, sofern auch die Möglichkeit besteht, daß ein Zustand zu sich selbst übergeht und damit keine Variable zu ändern ist.

Nur in wenigen Problemstellungen wird es jedoch gelingen, eine solche Kodierung zu finden. Man kann aber die Menge der Zustandsvariablen _zerlegen_, so daß sich beim Übergang von einem Zustand zu einem anderen jeweils _eine Variable in einer Klasse_ der Zerlegung ändern darf. Im Extremfall enthält jede Klasse nur eine Zustandsvariable; dann ist keine Einsparung mehr zu erzielen.

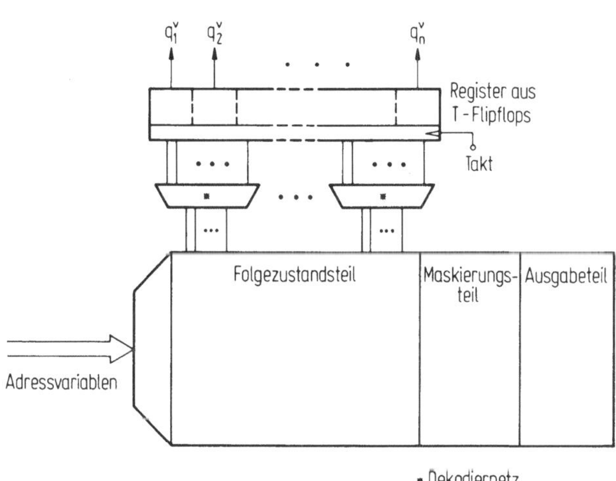

Bild 9.3. Hardwarestruktur zur Ermittlung des Folgezustandes aus der Information über zu ändernden Variablen

Die aus dieser Überlegung resultierende Teilstruktur zur Erzeugung des Folgezustandes zeigt Bild 9.3. Das ursprünglich aus D-Flipflops bestehende Register setzt sich nunmehr aus T-Flipflops zusammen, die den gespeicherten Wert immer dann ändern, wenn T=1 ist.

Betrachten wir zunächst das Beispiel des Zählers aus Bild 9.2. Wie man sich überlegen kann, gibt es keinen einschrittigen Kode (d.h. ein Kode, bei dem sich immer nur eine Variable vom Zustand zum Folgezustand ändert) für einen Modulo-N-Zähler mit ungeradem N.

Daher teilen wir die Menge $\{q_1, q_2, q_3, q_4\}$ der vier Zustandsvariablen willkürlich in die Zerlegung $\{\{q_1, q_2, q_3\}, \{q_4\}\}$. Bei jedem Zustandsübergang dürfen sich jeweils eine der Variablen q_1 bis q_3 sowie q_4 ändern. Bild 9.4 zeigt einen entsprechenden Kodierungsvorschlag.

Zustandsgraph	Zustands- kodierung $q_1\ q_2\ q_3\ q_4$	sich ändern- de Zustands- variable
s_1	0 0 0 0	
		q_1
s_2	0 0 0 1	
		q_2
s_3	0 0 1 1	
		q_3
s_4	0 1 1 1	
		q_1
s_5	0 1 1 0	
		q_2
s_6	0 1 0 0	
		q_1
s_7	0 1 0 1	
		q_4
s_8	1 1 0 1	
		q_3
s_9	1 0 0 1	
		$q_4 ,\ q_1$

Bild 9.4. Kodierung für einen Modulo-9-Zähler, sodaß sich bei einem Zustandsübergang höchstens zwei Zustandsvariablen ändern

Außer beim Übergang vom Zustand s_9 nach s_1 ändert sich immer nur eine Variable. Wollten wir diesen Zustandsgraphen realisieren, dann würden wir die Änderung von q_4 direkt abspeichern und die Änderung der Variablen q_1, q_2 und q_3 kompakt kodieren und durch ein Dekodiernetz bestimmen.

Dieser Realisierungsvorschlag hat gegenüber dem in Abschnitt 9.1.1 den Vorzug, daß die ohnehin für die Darstellung der Ausgangsfunktionen vorgesehenen Dekodiernetze eingesetzt werden können. Leider ist jedoch auch hier kein Algorithmus bekannt, der für einen gegebenen Zustandsgraphen die optimale Kodierung findet. Als solche wollen wir diejenige Kodierung bezeichnen, welche die wenigsten Änderungsinformationen benötigt.

Für das Beispiel der Trommelspeichersteuerung läßt sich wiederum keine Reduktionsmöglichkeit für die abzuspeichernde Zustandsinformation angeben. Die Begründung entspricht der in Abschnitt 9.1.1 gegebenen.

Zusammenfassend wollen wir festhalten, daß die relative Adressierung nur in Sonderfällen zu Einsparungen führt. Die üblicherweise verhältnismäßig kleine Zahl an Zustandsvariablen läßt ohnehin nur geringe Spareffekte zu. So kann man erfahrungsgemäß für $3 \leq n \leq 5$ höchstens mit einer einzusparenden Stelle rechnen. Dies dürfte aber der Bereich sein, in welchem die vorgeschlagenen Schaltwerksstrukturen am häufigsten eingesetzt werden.

Darüberhinaus muß die Suche nach einer optimalen Kodierung intuitiv erfolgen.

9.2 Überlappung von Wortbereichen

Die bisherigen Betrachtungen gingen davon aus, daß die Wortbereiche für die Folgezustände, die Maskierungsvariablen und Ausgangsvariablen voneinander getrennt waren. Gibt man dieses Prinzip auf, so besteht die Möglichkeit zu weiteren Einsparungen in der benötigten Speicherwortlänge.

Nehmen wir zunächst einmal an, daß die Speicherbelegung festliegt. Die Zustände seien bereits kodiert, und jeder Maskierungs- und Ausgangsvariablen ist in jedem Speicherwort jeweils einer der Werte 0, 1 oder * zugewiesen. Dann kann man beispielsweise die in Abschnitt 7.1 aufgeführte Methode zur Zusammenfassung verträglicher Variablen anwenden. Da man aber nach den bisherigen Ausführungen weder bei der Zustandskodierung, noch bei der Festlegung der Maskierungsvariablen, noch bei der eventuellen kompakten Kodierung von Ausgangsfunktionen nach Abschnitt 7.2 Rücksicht auf solche möglichen Zusammenfassungen genommen hat, kann man keinen großen Spareffekt erhoffen.

Im Kapitel 6 wurde andrerseits gezeigt, daß durch ein gezieltes Vorgehen bei der Maskierung von Eingangsvariablen die Maskierungsvariablen gleich einem Teil der Zustandsvariablen gesetzt werden können. In diesem Kapi-

146

tel sei die folgende Situation angenommen: Die ternären Belegungen
(0, 1, *) der Ausgangsvariablen und die im allgemeinen binären Belegungen (0, 1) der Maskierungsvariablen werden als gegeben angenommen.
Die Fragestellung lautet, welche dieser Variablen man gleichzeitig als
Zustandsvariable mitbenutzen kann.

Zur Beantwortung dieser Frage betrachten wir zunächst Tabelle 6.3, in
welcher eine Speicherbelegung dargestellt ist. In der dort diskutierten
Lösung wurden die Belegungen der Maskierungsvariablen den Folgezuständen
zugeordnet. Das bedeutet, daß in allen Speicherwörtern mit gleichen
Folgezuständen auch gleiche Belegungen der Maskierungsvariablen einzutragen sind. Diese Festlegung führt zur Struktur in Bild 3.3b, welche
für die jetzt behandelte Fragestellung günstiger ist als die Struktur in

Tabelle 9.1. Liste der zu unterscheidenden Speicherwörter für die Trommelspeichersteuerung nach Tabelle 6.3.

Folgezustand s^{v+1}	Maskierungs-variablen $b_1\ b_2\ b_3\ b_4\ b_5\ b_6$	Ausgabebelegung $y_2\ y_3\ y_4\ y_5\ y_6\ y_7\ y_9\ y_{10}\ y_{11}\ y_{12}$	$= Y$
1	0 1 0 1 0 0	* * * * * * 0 0 0 0	$= Y_1$
		* * 0 0 * * 0 0 0 0	$= Y_2$
2	0 0 0 0 0 0	1 0 1 0 0 0 0 0 0 0	$= Y_3$
3	1 0 1 0 0 0	0 0 0 0 1 0 0 1 0 0	$= Y_5$
4	1 1 0 0 0 1	0 0 0 1 0 1 1 1 0 0	$= Y_6$
		0 1 1 0 0 0 1 1 1 0	$= Y_8$
5	0 0 0 0 0 0	0 0 * * 0 1 1 1 0 0	$= Y_7$
6	0 0 0 0 0 0	0 0 * * 0 1 1 1 0 0	$= Y_7$
7	0 0 0 1 0 0	* * 0 0 * * 0 0 0 0	$= Y_2$
		* 1 * * * * 1 1 0 0	$= Y_9$
		0 1 0 0 1 1 0 1 0 0	$= Y_{12}$
8	0 0 0 0 0 0	1 0 * * 0 0 0 0 0 0	$= Y_4$
9	0 0 0 0 0 0	0 0 * * 1 0 0 1 0 0	$= Y_{10}$
10	1 0 1 1 0 0	0 0 * * 1 0 0 1 0 0	$= Y_{10}$
11	1 1 1 0 1 0	0 0 0 1 1 1 0 1 0 0	$= Y_{11}$
		0 0 0 0 1 1 0 1 1 0	$= Y_{13}$
12	0 0 0 0 0 0	0 1 0 0 1 1 0 1 0 0	$= Y_{12}$
13	0 0 0 0 0 0	0 1 0 0 1 1 0 1 0 0	$= Y_{12}$
		0 0 0 0 0 0 0 0 0 1	$= Y_{14}$

Bild 3.3a. In allen Speicherwörtern mit gleichen Folgezuständen sind auch jeweils gleiche Belegungen der Maskierungsvariablen einzutragen. Aufgrund dieser Zuordnung lassen sich alle Maskierungsvariablen als Zustandsvariablen benutzen. Anders liegen die Verhältnisse bei den Ausgangsvariablen. In den Zeilen mit gleichen Folgezuständen können auch Ausgabebelegungen gefordert sein, die sich in einer oder mehreren Variablen widersprechen. Dies gilt beispielsweise für die Folgezustände 4, 7, 11 und 13, also für alle Zustände, welche bei der Mealy-Moore-Transformation in Kapitel 4 gesplittet werden mußten.

In Tabelle 9.1 sind entsprechend Tabelle 6.3 nochmals die Belegungen der Maskierungsvariablen und die der Ausgangsvariablen den Folgezuständen zugeordnet. Dabei berücksichtigen wir die im Abschnitt 7.1 ermittelten Zusammenfassungen der Ausgangsvariablen y_1 und y_2 sowie y_3 und y_8. Man sieht aus dieser Tabelle, daß zwar den Zuständen 1, 4, 7, 11 und 13 unterschiedliche Belegungen der Ausgangsvariablen zugewiesen sind, daß aber jeweils nur ein Teil der Ausgangsvariablen dafür verantwortlich ist. Beispielsweise haben die Ausgabebelegungen Y_6 und Y_8, die beide dem Zustand 4 zugehören, in den Variablen y_3, y_4, y_5, y_7 und y_{11} solche widersprüchlichen Wertzuweisungen. Dem Zustand 1 sind zwar die Ausgabebelegungen Y_1 und Y_2 zugeordnet, jedoch gibt es keine Variable, die in der einen Belegung den Wert 1, in der anderen den Wert 0 besitzen muß.

Jede Ausgangsvariable, die mindestens einmal für ein und denselben Folgezustand widersprüchliche Werte annehmen muß, kann nicht zur Zustandskodierung eingesetzt werden. Überprüft man Tabelle 9.1 daraufhin, so verbleiben für die weitere Untersuchung nur noch die Ausgangsvariablen y_2 und y_6. Jedoch genügt die Einhaltung dieser Bedingung noch nicht für eine endgültige Entscheidung. Aus Tabelle 9.2, die nur noch die Variablen b_1 bis b_6 sowie y_2 und y_6 als mögliche Kandidaten enthält, wollen wir weitere Forderungen ableiten.

Tabelle 9.2 entsteht aus Tabelle 9.1, indem man für jeden Folgezustandsbereich die jeweils engste Spezifikation der Variable y_2 und y_6 übernimmt. Ein fester Wert setzt sich also stets gegenüber dem beliebigen Wert durch. Daß in einem Folgezustandsbereich keine widersprüchlichen Werte für diese Variablen auftreten, wurde ja bereits sichergestellt.

In Tabelle 9.2 wurde außerdem ermittelt, wie häufig die einzelnen Variablen in den dreizehn Belegungen die Werte 0 und 1 besitzen und in wievielen Belegungen sie beliebig sind. Betrachten wir beispielsweise die

Variable y_2, die in neun Belegungen eine O, in zwei Belegungen eine 1 be
sitzt und in einer Belegung beliebig ist. Würden wir diese Variable als
Zustandsvariable definieren, dann wären mindestens neun Zustände in
dieser Stelle gleich kodiert (O). Zu ihrer Unterscheidung bräuchte man
$\lceil$ld 9$\rceil$ = 4 weitere Zustandsvariablen. Für alle dreizehn Zustände benötigt man aber ebenfalls nur vier Zustandsvariablen. Wollen wir mit der

Tabelle 9.2. Liste der Maskierungs- und Ausgangsvariablen, die als
Kandidaten für Zustandsvariablen in Frage kommen.

Folgezustand $s^{\nu+1}$	Maskierungs- variablen $b_1\ b_2\ b_3\ b_4\ b_5\ b_6$	Ausgangs- variablen $y_2\ y_6$
1	0 1 0 1 0 0	* *
2	0 0 0 0 0 0	1 0
3	1 0 1 0 0 0	0 1
4	1 1 0 0 0 1	0 0
5	0 0 0 0 0 0	0 0
6	0 0 0 0 0 0	0 0
7	0 0 0 1 0 0	0 1
8	0 0 0 0 0 0	1 0
9	0 0 0 0 0 0	0 1
10	1 0 1 1 0 0	0 1
11	1 1 1 0 1 0	0 1
12	0 0 0 0 0 0	0 1
13	0 0 0 0 0 0	0 1

Anzahl der		
Nullen	9 10 10 10 12 12	9 5
Einsen	4 3 3 3 1 1	2 7
Redundanzen	0 0 0 0 0 0	1 1

minimalen Zustandsvariablenzahl auskommen, dann dürfen wir daher y_2
nicht als Zustandsvariable vorsehen. Allgemein gilt, daß eine Variable nur dann unter der genannten Bedingung als Zustandsvariable eingesetzt werden darf, wenn man zur Unterscheidung der dann gleichkodierten Zustände eine Zustandsvariable weniger benötigt als zuvor. Dies ist
immer dann der Fall, wenn die folgenden Ungleichungen gelten

$$\text{Anzahl der Einsen} \leq \frac{1}{2} \cdot 2^{\lceil \text{ld } N \rceil}$$
$$\text{und}$$
$$\text{Anzahl der Nullen} \leq \frac{1}{2} \cdot 2^{\lceil \text{ld } N \rceil}, \tag{9.3}$$

wobei N die Zustandszahl bedeutet. Für N=13 dürfen nicht mehr als acht
Einsen bzw. Nullen für eine Variable definiert sein. Die einzige Variable, die diese Bedingung in Tabelle 9.2 erfüllt, ist die Variable y_6,
die nun als Zustandsvariable eingesetzt werden darf. Für den beliebigen
Wert beim Zustand 1, kann man sich willkürlich für O oder 1 entschei-

den, da in keinem Fall die Bedingung 9.3 dadurch verletzt wird. In einem Fall treten acht Einsen und fünf Nullen auf, im anderen Fall sieben Einsen und sechs Nullen.

Bleiben nach dieser Überprüfung noch mehrere zulässige Ausgangs- oder Maskierungsvariablen übrig, dann ist zunächst zu prüfen, welche Variablenpaare gemeinsam zur Kodierung zugelassen sind. Zwei Variablen dürfen nur dann gemeinsam als Zustandsvariablen eingesetzt werden, wenn man zur Unterscheidung der dann gleichkodierten Zustände zwei Zustandsvariablen weniger benötigt als zuvor. Hierfür ist notwendige Voraussetzung, daß die Bedingung 9.3 erfüllt und gegebenenfalls beliebige Werte durch Nullen bzw. Einsen ersetzt wurden.

Die Überlegungen sind in entsprechender Weise für den Einsatz von drei und mehr Ausgangs- bzw. Maskierungsvariablen fortzusetzen.

Man könnte die Chancen für die Übernahme anderer Variablen als Zustandsvariablen durch Aufhebung einiger Einschränkungen erhöhen. So wäre es beispielsweise möglich, nicht ausgenutzte Eingänge in Multiplexerbausteine mit einer Variablen zu beschalten, die ohnehin diesem Multiplexerbaustein an einem anderen Eingang zugeführt wird. Für einige Zustände kann man dann die Belegung der betreffenden Maskierungsvariablen ändern.

Weiterhin kann man die bisher stillschweigend getroffene Vereinbarung auflösen, daß jedem Zustand genau eine Belegung der Zustandsvariablen zugeordnet wird. So könnte man solchen Zuständen, für welche die zugeordneten Ausgabebelegungen mindestens in einer Variablen widersprüchliche Werte besitzen, mehrere Zustandskodewörter zuweisen und damit unter mehreren Adressen dieselbe Information abspeichern.

Schließlich besteht auch die Möglichkeit, die willkürlich gewählte Zuordnung von Eingangsvariablen und Multiplexerleitungen im Hinblick auf eine spätere Verwendung der Maskierungsvariablen als Zustandsvariablen gezielter durchzuführen.

Da trotz solcher Erweiterungen der Erfolg im allgemeinen gering ist und sich der Rechenaufwand ohnehin nur lohnte, wenn dadurch mindestens ein Speicherbaustein eingespart wird, wollen wir die recht komplizierten Vorgehensweisen bei Auflösung der gewählten Randbedingungen nicht weiter untersuchen.

10. Der Zustandsteil von Moore-Schaltwerken

In Kapitel 4 war gezeigt worden, wie eine Schaltwerksaufgabe in Mealy-
Form durch eine rein formale Transformation in eine Moore-Form gewandelt werden kann. Für das Beispiel der Trommelspeichersteuerung war zur
Erläuterung von Algorithmus 1 eine solche Transformation durchgeführt
worden. Dabei weist die Moore-Tabelle die folgenden entscheidenden Unterschiede im Vergleich zur Mealy-Tabelle auf.
1. Die Anzahl der Zustände ist beim Moore-Schaltwerk größer.
2. Die Ausgabebelegungen sind allein von den derzeitigen Zuständen abhängig.
Kein Unterschied besteht dagegen bezüglich der Abhängigkeiten der Folgezustände. In beiden Fällen hängen diese sowohl vom derzeitigen Zustand als auch von den Eingabebelegungen ab. Beachtet man zusätzlich
die Ergebnisse von Kapitel 6, dann besteht eine weitere Übereinstimmung in der Abhängigkeit der Maskierungsvariablen; sie sind alleine von
den derzeitigen Zuständen oder aber den Folgezuständen abhängig.

Bei den hier betrachteten Schaltwerken betreffen abhängige Größen den
Speicherinhalt und unabhängige Größen die Adresse zur Auswahl des entsprechenden Speicherinhalts.

Würde man Moore-Schaltwerke mit derselben Struktur realisieren wie Mealy-Schaltwerke, d.h. die Speicherwortadressen aus Eingangs- und Zustandsvariablen zusammensetzen, dann wäre der Speicher mit sehr viel redundanter Information beschrieben. Alle Speicherwörter, deren Adressen
denselben Zustandsteil besitzen, erhielten denselben Speichereintrag für
alle Ausgangsvariablen. Diese sind ja unabhängig von den restlichen,
durch die Eingangsvariablen beeinflußten Adreßvariablen. Dasselbe gilt
für die Maskierungsvariablen, sofern sie dem jeweils derzeitigen Zustand
(Bild 3.3a) zugeordnet sind. (Bei Zuordnung zum Folgezustand erfolgt lediglich eine Umverteilung der redundanten Information; die Höhe der

Redundanz bleibt unverändert.) Diese Aussage bezüglich der Maskierungsvariablen gilt zwar bereits für Mealy-Schaltwerke, doch ist zum einen
die Anzahl der Ausgangsvariablen meist wesentlich größer als die der
Maskierungsvariablen, und zum anderen vermehrt die im allgemeinen größere Zustandszahl zusätzlich die Redundanz in diesem Speicherteil.

Die genannten Gründe sprechen dafür, die Schaltwerksgrundstruktur beim
Übergang vom Mealy- zum Moore-Werk zu verändern. In Bild 3.5 war eine
entsprechende Strukturabwandlung vorgeschlagen worden.

Die Speicheradresse besteht dort nur aus dem derzeitigen Zustand. Von
diesem kann allerdings noch keine endgültige Entscheidung über den Folgezustand abgeleitet werden. Daher übernimmt man jeweils <u>alle</u> für einen
Zustand <u>möglichen Folgezustände</u> in das betreffende Speicherwort. Die
Entscheidung über den tatsächlich geforderten Folgezustand fällt dann
eine Auswahlschaltung (Multiplexer), die von den Eingangsvariablen bzw.
den maskierten Variablen gesteuert wird. Die direkte Zuordnung der Werte der Maskierungs- und Ausgangsvariablen zu den Zuständen ist dagegen,
wie bereits beschrieben, möglich.

Durch diese Maßnahme wird der Adreßraum im allgemeinen stark vermindert, wogegen die Wortlänge entsprechend erhöht wird. Hinzu kommt, daß
man im allgemeinen mehr Multiplexerbausteine einsetzen muß.

Selbstverständlich könnte man auch, statt der vorgestellten Lösung,
Speicher mit unterschiedlichem Adressenbedarf verwenden. Die Speicher
zur Ermittlung des Folgezustandes benötigten dann eine größere Anzahl
von Adreßvariablen als die Speicher zur Ermittlung der Maskierungs- und
Ausgangsvariablen. Die beschriebenen Methoden zur Reduzierung der benötigten Wortlänge könnten dann auf die unterschiedlich adressierten Speicher getrennt angesetzt werden. Zur Beurteilung darüber, welche Vorgehensweise die bessere Lösung liefert, müssen wir zunächst die Struktur
in Bild 3.5 genauer untersuchen.

10.2 Spaltenreduktion im Zustandsteil

Die Auswahl des jeweils gewünschten Folgezustandes erfolgt in Bild 3.5
durch die Belegungen der v maskierten Variablen. Daher muß man im allgemeinen Fall 2^V Folgezustände in ein Speicherwort aufnehmen. Setzt man
zur Kodierung eines Zustandes n Variablen ein, so benötigt der Folgezustandsteil die Wortlänge $n \cdot 2^V$.

Im Beispiel der Trommelsteuerung waren 18 Zustände in der Moore-Darstellung zu unterscheiden. Hieraus folgt n = $\lceil$ld 18$\rceil$ = 5. In Kapitel 6 wurde die Anzahl der Maskierungsvariablen zu e = v = 4 ermittelt. Die Wortlänge des Folgezustandsteils ergibt sich damit zu $5 \cdot 2^4$ = 80.

Aus diesem großen Wortlängenbedarf folgt die Notwendigkeit, durch zusätzliche Maßnahmen die insgesamt zur Bestimmung des Folgezustandes abgespeicherten Variablen zu reduzieren. Das ist immer dann möglich, wenn die maximale Anzahl der unterschiedlichen Folgezustände eines Zustandes kleiner ist als 2^v.

Um dies zu verdeutlichen, erstellen wir zunächst die Tabelle 10.1. Hierzu gehen wir von der Moore-Darstellung für das Problem der Trommelsteuerung in Kapitel 4 aus. Die Zustände 1 bis 13b bilden die Adressen der Speicherworte. Dabei sei noch kein Binärkode der Zustände festgelegt. Die nach der willkürlich gewählten Zustandsnummer geordneten Speicherworte können daher noch beliebig untereinander vertauscht werden.

Was die Belegungen der maskierten Variablen und die ihnen zugeordneten Folgezustände und Belegungen der Maskierungsvariablen angeht, so erhalten wir diese aus der Tabelle 6.3. Betrachten wir beispielsweise den Zustand 4b in der Moore-Darstellung. Seine Folgezustände und die zugehörige Ausgabebelegung entnimmt man dem Beispiel zu Algorithmus 1: Die Folgezustände sind 1, 6, 5 und 4a, die Ausgabebelegung Y_8 ist zu erzeugen. Nun ermitteln wir in Tabelle 6.3 die zugehörigen Informationen, die es erlauben in Tabelle 10.1 den Speicherinhalt der Adresse 4b festzulegen. Dabei gelten alle Aussagen bezüglich der Zuordnung zwischen Zustand s_i und den Belegungen der maskierten Variablen auch für die jeweils aus dem Zustand s_i durch Splitten hervorgegangenen Zustände s_{ia}, s_{ib}, s_{ic}, ...

Die Bereiche, welche die Folgezustände in Tabelle 10.1 aufnehmen sollen, sind mit den 16 möglichen Belegungen der maskierten Variablen überschrieben. Der Tabelle 6.3 entnehmen wir, daß der Folgezustand 1 vom Zustand 4 durch vier Belegungen der maskierten Variablen erreicht wird; dies ist dort komprimiert durch $(f_1 f_2 f_3 f_4)$ = 1-0- ausgedrückt. Für das Zeichen '-' ist jeweils der Wert 0 bzw. 1 einzusetzen, um die entsprechenden Eintragungen in Tabelle 10.1 durchführen zu können. In den zugehörigen vier Bereichen der Zeile 4b steht daher der Folgezustand 1. Die Zustände 6 und 5 treten jeweils nur für eine Eingabebelegung als Folgezustand von 4b auf. Der Folgezustand 4a ist in zwei Bereichen zu finden. In entsprechender Weise füllt man die ganze Tabelle 10.1 im Folgezustandsteil aus.

Die jeweiligen Belegungen der Maskierungsvariablen erhält man durch eine einfache Transformation aus Tabelle 6.3. Dort waren diese Belegungen den Folgezuständen zugeordnet. Um nur eine einzige solche Belegung je Speicherwort aufnehmen zu müssen, beziehen wir uns jetzt auf den jeweils derzeitigen Zustand. Wenn daher beispielsweise dem Folgezustand 4 in Tabelle 6.3 die Belegung $(b_1 b_2 b_3 b_4 b_5 b_6)$ = 11000 zugewiesen wurde, dann schreiben wir in Tabelle 10.1 diese Belegung sowohl in die Zeile 4a als auch in die Zeile 4b.

Die Ausgabebelegung für den Zustand 4b wurde bereits mit Y_8 angegeben. Auch die restlichen Werte entnimmt man der Moore-Darstellung in Kapitel 4.

Betrachten wir nun die fertig ausgefüllte Tabelle 10.1. Wir stellen zunächst fest, daß viele Felder für Folgezustände nicht ausgefüllt sind. Dies ist eine Folge der in Kapitel 6 getroffenen Festlegung, bei jedem Verfahrensschritt möglichst viele Inhalte von Speicherzellen "unbeschrieben" zu lassen.

Außerdem sehen wir, daß in allen Bereichen, in denen f_1=1 ist, entweder der Folgezustand 1 oder kein Eintrag vorliegt. Die maskierte Variable f_1 ist ja gleich der synchronen Rücksetzvariablen x_1. Statt der acht Bereiche, für die alle f_1=1 ist, braucht man natürlich nur einen Folgezustandsbereich abzuspeichern und diesen mit der Belegung $(f_1 f_2 f_3 f_4)$ = 1--- zu überschreiben. Als einziger Folgezustand steht in diesem Bereich der Zustand 1.

In entsprechender Weise können auch weitere Folgezustandsbereiche zu einem einzigen verschmolzen werden. Hierzu kann man den Begriff der Verträglichkeit zweier Folgezustandsbereiche einführen: Zwei Folgezustandsbereiche sind dann verträglich, wenn sie in keinem Speicherwort widersprüchliche Folgezustandseintragungen besitzen. Man könnte hieraus mit Algorithmus 3 die <u>maximalen Verträglichkeitsklassen</u> bestimmen, mit Algorithmus 4 eine <u>irredundante Überdeckung</u> mit der kleinsten Klassenzahl ermitteln und schließlich daraus durch Streichen von Spaltennamen eine <u>Zerlegung</u> mit der kleinsten Klassenzahl erzeugen. Im allgemeinen sind die Verhältnisse jedoch so einfach, daß man auf den komplizierten Algorithmus verzichten kann.

Tabelle 10.1. Speicherwortaufteilung bei Moore-Realisierung und unveränderter Eingangsmaskierung

Adresse	Folgeadressen für die 16 möglichen Belegungen (f_1 f_2 f_3 f_4) der maskierten Variablen																Belegung der Maskierungsvariablen	Ausgabebelegung
	0000	0001	0010	0011	0100	0101	0110	0111	1000	1001	1010	1011	1100	1101	1110	1111	b_1 b_2 b_3 b_4 b_5 b_6	Y
1	1		8		1		2		1		1		1		1		0 1 0 1 0 0	Y_2
2	3								1								0 0 0 0 0 0	Y_3
3	3		3		3		4a		1		1		1		1		1 0 1 0 0 0	Y_5
4a	4a	5			4a	6			1	1			1	1			1 1 0 0 0 1	Y_6
4b	4a	5			4a	6			1	1			1	1			1 1 0 0 0 1	Y_8
5	4b								1								0 0 0 0 0 0	Y_7
6	7a								1								0 0 0 0 0 0	Y_7
7a	1		7b						1		1						0 0 0 1 0 0	Y_9
7b	1		7b						1		1						0 0 0 1 0 0	Y_2
7c	1		7b						1		1						0 0 0 1 0 0	Y_{12}
8	9								1								0 0 0 0 0 0	Y_4
9	10								1								0 0 0 0 0 0	Y_{10}
10	10		10		10		11a		1		1		1		1		1 0 1 1 0 0	Y_{10}
11a	11a	11a	12	13a	11a	11a	7c	13a	1	1	1	1	1	1	1	1	1 1 1 0 1 0	Y_{11}
11b	11a	11a	12	13a	11a	11a	7c	13a	1	1	1	1	1	1	1	1	1 1 1 0 1 0	Y_{13}
12	11								1								0 0 0 0 0 0	Y_{12}
13a	13b								1								0 0 0 0 0 0	Y_{12}
13b	13b								1								0 0 0 0 0 0	Y_{14}

Felder ohne Eintragungen sind redundant

In Tabelle 10.1 beispielsweise kann man nur noch die Bereichspaare
$(f_1\,f_2\,f_3\,f_4)$ = 0000 und 0100 sowie 0011 und 0111 jeweils zu einem Bereich
zusammenfassen. Wir müssen daher statt der ursprünglichen 16 Bereiche
nurmehr 16 - 7 - 1 - 1 = 7 Bereiche für den Folgezustandsteil vorsehen.
Dies entspricht einer Wortbreite von 7·5 = 35 Stellen.

Gehen wir nochmals zu Tabelle 6.3 zurück. Wir sehen dort, daß maximal
fünf unterschiedliche Folgezustände für einen Zustand (11) auftreten.
Es stellt sich die Frage, ob man nicht auch mit fünf Folgezustandsbereichen auskommen und damit die Wortlänge nochmals um 10 Stellen reduzieren kann.

Zum besseren Verständnis einer später beschriebenen Methode, die unter
Umständen eine weitere Reduktion ermöglicht, wollen wir zunächst einmal den Grund dafür untersuchen, warum Tabelle 10.1 nicht auf fünf Bereiche reduzierbar ist. Hierzu betrachten wir beispielsweise die Zustände 11a und 4a. Zur Verdeutlichung der Zusammenhänge zeichnen wir
in Bild 10.1a <u>ein KV(Karnaugh-Veitch)-Diagramm</u> für die Variablen f_1,
f_2, f_3 und f_4. Jedes Feld dieses Diagramms entspricht einem Folgezustandsbereich in Tabelle 10.1. Der erste Bereich beispielsweise ist mit
der Belegung $(f_1\,f_2\,f_3\,f_4)$ = 0000 überschrieben, sodaß das Feld in der
linken oberen Ecke des KV-Diagramms diesem Bereich zugeordnet ist. Nach
den für KV-Diagramme gültigen Regeln kann man Felder, denen derselbe
Funktionswert zugewiesen ist, zu Blöcken zusammenfassen. So entspricht
der Block $(f_1\,f_2\,f_3\,f_4)$ = 1--- den unteren acht Feldern im Diagramm.

In dieses Diagramm tragen wir nun in Bild 10.1b die Folgezustände des
Zustandes 11a in die den Zustandsbereichen zugeordneten Felder ein.
Zusätzlich weisen wir den maskierten Variablen die für diesen Zustand
relevanten Eingangsvariablen zu. Diese Zuordnung liest man aus Tabelle
6.2 ab. In entsprechender Weise tragen wir in Bild 10.1c die Folgezustände des Zustands 4a ein. In die frei gebliebenen Felder kann man beliebige Zustände so eintragen, daß eine günstige Blockbildung entsteht.

Wenn wir nun im Diagramm b möglichst große Blöcke bilden, dann erhalten wir für jeden der fünf Zustände einen Block. Im Diagramm c ließen
sich vier Blöcke entsprechend vier unterschiedlichen Zuständen bilden.
(Als Vorbereitung der Transformation in Bild f haben wir jedoch fünf
Blöcke eingezeichnet). Vergleichen wir die <u>Blockanordnungen</u> (unabhängig von den Zuständen in den Blöcken) in beiden Diagrammen, dann be-
merken wir Unterschiede. Nur der Block mit dem Folgezustand 1 ist in

beiden Diagrammen gleich. Die vorgestellten Blöcke zeigen aber die zulässigen Zusammenfassungen bezogen auf jeweils einen Zustand. Da die
Zusammenfassungen aber für alle Zustände gleichartig sein müssen, sind
die größeren Blöcke so lange zu unterteilen, bis in allen KV-Diagrammen
gleiche Blockstrukturen entstanden sind. Diagramm d zeigt die Lösung
für die Diagramme b und c. Es entstehen sieben Blöcke, die dann, wie
wir wissen, nicht weiter aufgeteilt werden müssen, wenn auch die restlichen Zustände einbezogen werden.

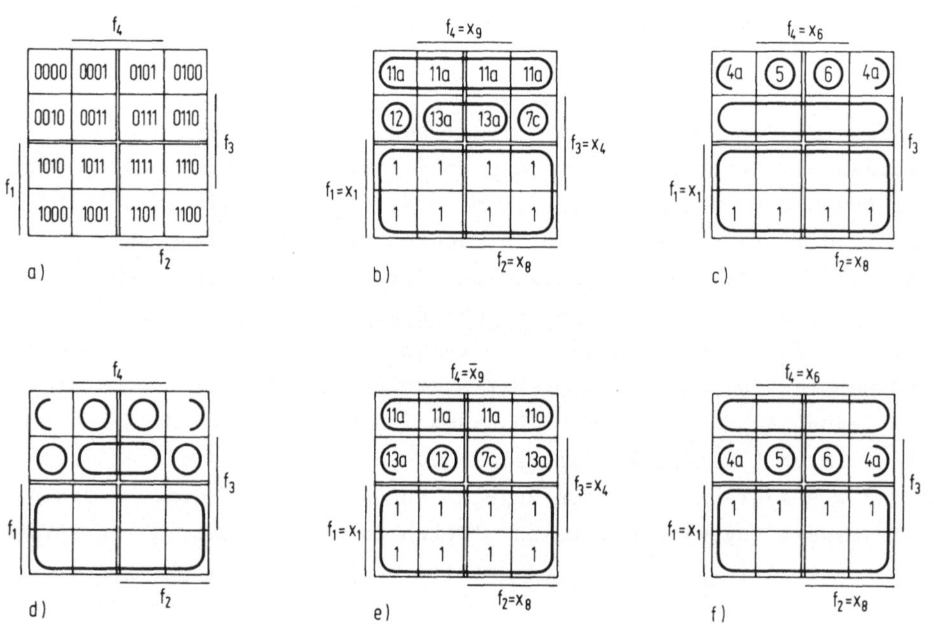

Bild 10.1. Zur Zusammenfassung von Folgezustandsbereichen
a. Karnaugh-Veitch-Diagramm für die Variablen f_1, f_2, f_3 und f_4
b. Folgezustände des Zustands 11a in Abhängigkeit der Belegungen der
   maskierten Variablen
c. Folgezustände des Zustands 4a in Abhängigkeit der Belegungen der
   maskierten Variablen
d. Darstellung der Belegungsblöcke, für die sowohl der Zustand 11a
   als auch der Zustand 4a jeweils gleiche Folgezustände besitzen
e. Folgezustände des Zustandes 11a bei veränderter Zuordnung der Eingangsvariablen zur maskierten Variablen f_4 ($f_4 = \bar{x}_9$)
f. Folgezustände des Zustandes 4a bei Änderung des Wertes von f_2
   ($f_2 = 1$)

Wir wollen nun untersuchen, welche Blockstruktur entsteht, wenn im Zustand 11a die Variable $f_4 = \bar{x}_9$ und im Zustand 4a die Variable f_3 konstant
1 gesetzt werden. Im Diagramm b werden dann die Eintragungen in den
beiden äußeren Spalten mit den Eintragungen in den benachbarten inneren
Spalten vertauscht; man erhält Bild 10.1e. Im Diagramm c ändern wir den

Wert von f_3. Dadurch werden alle Eintragungen in den äußeren Zeilen mit den Eintragungen in den benachbarten inneren Zeilen vertauscht (Bild 10.1f). Die Blockbildung in Diagramm f hat dieselbe Struktur wie die von Teilbild e. Es sind 5 Blöcke vorhanden entsprechend der Anzahl der Folgezustände von Zustand 11a. Wenn es nun gelingt, in den Diagrammen für die übrigen Zustände dieselbe Blockstruktur zu erzeugen, dann kommt man im Speicher mit fünf Bereichen aus. Wir werden später feststellen, daß dies tatsächlich möglich ist. Läßt man daher zu, daß auch <u>negierte Eingangsvariablen</u> auf die Eingänge der Multiplexerbausteine geschaltet werden, dann kann man unter Umständen die Anzahl der <u>Zustandsbereiche</u> im Speicher <u>reduzieren</u>. Da dann die Multiplexerbausteine zwischen mehr Variablen (bejahte und negierte Form) auswählen können, wird im allgemeinen die Anzahl der Maskierungsvariablen größer. Die dadurch bedingte Erhöhung der Wortlänge ist jedoch wesentlich geringer als die Einsparung durch den Wegfall eines oder mehrerer Zustandsbereiche.

Wie kann man aber das in Bild 10.1 beschriebene intuitive Vorgehen algorithmisieren? Hierzu betrachten wir nochmals die Diagramme 10.1e und f im Vergleich zu den Diagrammen b und c. Die kleinsten Blöcke in den Bildern b und e enthalten die Zustände 12 und 7b. Liegen diese Blöcke innerhalb eines größeren Blockes für einen anderen Zustand, beispielsweise im Diagramm c dem Block 4a, dann muß dieser größere Block in jedem Fall in kleinere Blöcke aufgeteilt werden. Es erscheint daher zweckmäßig, die <u>jeweils kleinsten Blöcke</u> eines Übergangs durch <u>Transformationen</u>, ähnlich denen in Bild 10.1, auf jeweils das gleiche Feld im Diagramm zu bringen. So umfassen beispielsweise in den Bildern e und f die Blöcke 12 und 5 sowie 7b und 6 jeweils das gleiche Feld. Die zweckmäßigste Vergrößerung von Blöcken durch Einbeziehen der freien Felder erfolgt dann automatisch bei der Suche nach den größtmöglichen Verträglichkeitsklassen der Speicherbereiche.

Zunächst sei willkürlich angenommen, daß die jeweils kleinsten Blöcke in den Diagrammen für die einzelnen Zustände auf das Feld $(f_1 f_2 \dots f_v) = 11 \dots 1$ transformiert werden. Den kleinsten Block erkennt man an der Anzahl fester Werte in den Belegungen der Eingangsvariablen.

Tabelle 10.2 zeigt einen Ausschnitt aus der Moore-Tabelle für die Trommelsteuerung. Die jeweils kleinsten Blöcke für die Zustände 4a und 11a sind eingerahmt. Man sieht hieraus, daß die Entscheidung, welches der kleinste Block ist, u.U. nicht eindeutig getroffen werden kann.

158

Jedoch sollte man nicht willkürlich eine der Möglichkeiten auswählen,
wenn man die Anzahl der bejaht und negiert einzusetzenden Eingangsvariablen klein halten will. Wir sehen beispielsweise, daß x_8 die einzige
Variable ist, die in Tabelle 10.2 jeweils die beiden kleinsten Bereiche
unterscheidet. Wir könnten also entweder x_8 oder $\bar{x}_8$ durch den Multiplexer schalten, um die entsprechende maskierte Variable für einen der
kleinsten Blöcke zu 1 zu machen. Falls jedoch bei einem anderen Zustand

Tabelle 10.2. Ausschnitt aus der Moore-Tabelle für die Trommelspeichersteuerung (Beispiel zu Algorithmus 1)

derzeitiger Zustand s^ν	Eingabebelegung x_1 x_2 x_3 x_4 x_5 x_6 x_7 x_8 x_9	Folgezustand $s^{\nu+1}$
4a	1 - - - - - - - -	1
	0 - - - - 1 - 1 -	6
	0 - - - - 1 - 0 -	5
	0 - - - 0 - - - -	4a
11a	1 - - - - - - - -	1
	0 - - 1 - - - 1 0	13a
	0 - - 1 - - - - 1	13a
	0 - - 1 - - - 0 0	12
	0 - - 0 - - - - -	11a

der kleinste Block einen festen Wert für x_8 aufweist, sollte dieser
Wert die ausgewählten kleinsten Blöcke von 4a bzw. 11a bestimmen. Aus
diesem Grund ermitteln wir in Algorithmus 8 zunächst, welche Variablen
nur bejaht, welche nur negiert und welche sowohl bejaht als auch negiert verfügbar sein müssen. Falls daher x_8 beispielsweise nur bejaht
gefordert wird, liegt damit fest, welcher der kleinsten Bereiche tatsächlich ausgewählt werden soll.

Im Beispiel der Trommelspeichersteuerung werden wir sehen, daß nur die
Variable x_9 negiert vorliegen muß. Für die anderen Eingangsvariablen
genügt die bejahte Form.

Wenn wir daher, im Gegensatz zu den bisherigen Betrachtungen, davon ausgehen, daß die Zuordnung der Eingangsvariablen zu den Multiplexerbausteinen erst ermittelt werden soll, dann müssen wir den Algorithmus 4
leicht modifizieren.

Wurde in Algorithmus 8 festgestellt, daß zumindest eine Eingangsvariable sowohl bejaht als auch negiert eingesetzt werden muß, dann betrachtet man beide Formen dieser Variablen als unterschiedliche Variablen. Auf die erweiterte Variablenmenge setzt man dann Algorithmus 4 an.

Bei der Trommelspeichersteuerung ist keine Variable sowohl bejaht als auch negiert vorzusehen. Allerdings müssen zunächst einmal x_1 und x_9 statt in bejahter in negierter Form verfügbar sein. Aus diesem Grunde ist im Beispiel zu Algorithmus 4 überall $\bar{x}_1$ bzw. $\bar{x}_9$ an Stelle von x_1 bzw. x_9 zu schreiben. Dies gilt auch für die Lösung:

$$\{\{\bar{x}_1\}, \{x_3, x_7, x_8\}, \{x_2, x_4, x_5\}, \{x_6, \bar{x}_9\}\}$$

Als Konstante schalten wir bei den drei Multiplexerbausteinen statt einer O jeweils eine 1 durch. Treten in einer Klasse der Zerlegung ausschließlich negierte Variablen auf, so kann man diese durch die jeweilige bejahte Form ersetzen. Man ändert dadurch das willkürlich festgelegte Bezugsfeld $(f_1 f_2 ... f_v)$ = 11...1. So kann statt der Klasse $\{\bar{x}_1\}$ die Klasse $\{x_1\}$ bleiben.

Dieses Prinzip kann man erweitern, um möglichst wenige Variablen in negierter Form einsetzen zu müssen. Jede Klasse kann durch eine andere ersetzt werden, die aus der ersten durch Komplementierung aller Variablen und Konstanten hervorgeht.

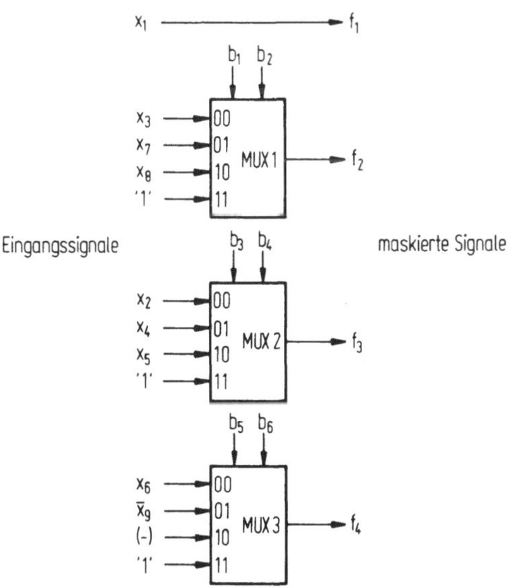

Bild 10.2. Beschaltung der Multiplexerbausteine für Moore-Realisierung

In Bild 10.2 ist die neue Beschaltung der Multiplexerbausteine für die Trommelspeichersteuerung dargestellt. Wir müssen nun die neuen Speicherinhalte ermitteln. Hierzu legt man zunächst die Zuordnung der Maskierungsvariablen zu den Eingangsvariablen in Abhängigkeit vom jeweiligen Zustand fest. Tabelle 6.2 muß dazu nur leicht abgewandelt werden. Überall, wo in der Spalte "Zuordnung $f_i \Leftrightarrow x_j$" eine Null steht, ist eine Eins einzusetzen. Für den Zustand 11, d.h. in der Moore-Tabelle für die Zustände 11a und b, muß x_9 durch $\bar{x}_9$ ersetzt werden. Entsprechend ändern sich die Belegungen der maskierten Variablen. So erhält man Tabelle 10.3 Liegt eine Tabelle entsprechend 6.2 nicht vor, was der Normalfall ist, dann muß Tabelle 10.3 neu aufgebaut werden. Im hier diskutierten Fall wollen wir jedoch den Bezug zu den früheren Ergebnissen herstellen.

Die Speicherbelegung in Tabelle 10.4 folgt aus Tabelle 10.3 zusammen mit der ursprünglichen Moore-Tabelle. Das genaue Vorgehen wurde bereits für Tabelle 10.1 beschrieben.

Versucht man in Tabelle 10.4 Zustandsbereiche zu verschmelzen, wie das bereits früher gezeigt wurde, dann kommt man zu nurmehr fünf Zustandsbereichen. Tabelle 10.5 zeigt die entsprechenden Zusammenfassungen. Wie üblich setzt sich ein fester Zustandseintrag gegenüber Redundanzen bei der Zusammenfassung durch.

Die am Kopf der Tabelle dargestellten Belegungsblöcke der Variablen f_1, f_2, f_3 und f_4 bestimmen, in welche Eingänge der <u>Zustandsmultiplexer</u> die Speicherausgänge zu schalten sind. Die Werte der fünf Zustandsvariablen für den Zustand 1 sind beispielsweise jeweils auf $2^3 = 8$ Multiplexereingänge zu legen, entsprechend den 3 Strichen in der Blockdarstellung. Alle Leitungsadressen der Multiplexer mit der Adreßvariablen $f_1 = 1$ sind damit belegt. In ähnlicher Weise sind die übrigen Belegungsblöcke zu interpretieren.

In Tabelle 10.5 sieht man auch, daß sich für die synchrone Rücksetzung in den Zustand 1 eine Sonderlösung anbietet. Diese Rücksetzung erfolgt unabhängig von der Speicheradresse, so daß dieser Zustand nicht abgespeichert werden muß. Vielmehr kann man die zugehörigen Multiplexereingänge mit den Konstanten '0' bzw. '1' beschalten, entsprechend der Kodierung des Zustandes 1. Durch diese Besonderheit kann also ein weiterer Zustandsbereich eingespart werden.

Die vorgestellten Maßnahmen erreichten zwar eine starke Reduktion der

Tabelle 10.3. Zuordnungen der Belegungen der maskierten Variablen zu den Belegungen der Eingangsvariablen in Tabelle 4.1 für Moore-Realisierung

Zustand s^ν	Eingabebelegung $x_1\,x_2\,x_3\,x_4\,x_5\,x_6\,x_7\,x_8\,x_9$	Zuordnung $f_i \Leftrightarrow x_j$ ($f_1\,f_2\,f_3\,f_4$)	Maskierte Variablen ($f_1\,f_2\,f_3\,f_4$)	Folgezustand $s^{\nu+1}$
1	1 - - - - - - - -		1 - - 1	1
1	0 0 - - - - - - -	$x_1\ x_3\ x_2\ 1$	0 - 0 1	1
1	0 1 1 - - - - - -		0 1 1 1	2
1	0 1 0 - - - - - -		0 0 1 1	8
2	1 - - - - - - - -	$x_1\ 1\ 1\ 1$	0 0 1 1	1
2	0 - - - - - - - -		0 1 1 1	3
3	1 - - - - - - - -		1 - - 1	1
3	0 - - 1 - - 1 - -	$x_1\ x_7\ x_4\ 1$	0 1 1 1	4a
3	0 - - 0 - - - - -		0 - 0 1	3
3	0 - - - - - 0 - -		0 0 - 1	3
4a,b	1 - - - - - - - -		1 - 1 -	1
4a,b	0 - - - - 1 - 1 -	$x_1\ x_8\ 1\ x_6$	0 1 1 1	6
4a,b	0 - - - - 1 - 0 -		0 0 1 1	5
4a,b	0 - - - - 0 - - -		0 - 1 0	4a
5	1 - - - - - - - -	$x_1\ 1\ 1\ 1$	1 1 1 1	1
5	0 - - - - - - - -		0 1 1 1	4b
6	1 - - - - - - - -	$x_1\ 1\ 1\ 1$	1 1 1 1	1
6	0 - - - - - - - -		0 1 1 1	7a
7a,b,c	1 - - - - - - - -		1 1 - 1	1
7a,b,c	0 1 - - - - - - -	$x_1\ 1\ x_2\ 1$	0 1 1 1	7b
7a,b,c	0 0 - - - - - - -		0 1 0 1	1
8	1 - - - - - - - -	$x_1\ 1\ 1\ 1$	1 1 1 1	1
8	0 - - - - - - - -		0 1 1 1	9
9	1 - - - - - - - -	$x_1\ 1\ 1\ 1$	1 1 1 1	1
9	0 - - - - - - - -		0 1 1 1	10
10	1 - - - - - - - -		1 - - 1	1
10	0 - - - 0 - - - -	$x_1\ x_7\ x_5\ 1$	0 - 0 1	10
10	0 - - - - - 0 - -		0 0 - 1	10
10	0 - - - 1 - 1 - -		0 1 1 1	11
11a,b	1 - - - - - - - -		1 - - -	1
11a,b	0 - - 1 - - - 1 0		0 1 1 1	7c
11a,b	0 - - 1 - - - - 1	$x_1\ x_8\ x_1\ \bar{x}_9$	0 - 1 0	13
11a,b	0 - - 1 - - - 0 0		0 0 1 1	12
11a,b	0 - - 0 - - - - -		0 - 0 -	11a
12	1 - - - - - - - -	$x_1\ 1\ 1\ 1$	1 1 1 1	1
12	0 - - - - - - - -		0 1 1 1	11b
13a,b	1 - - - - - - - -	$x_1\ 1\ 1\ 1$	1 1 1 1	1
13a,b	0 - - - - - - - -		0 1 1 1	13

Tabelle 10.4. Speicherwortaufteilung bei Moore-Realisierung und verbesserter Eingangsmaskierung

Adresse	Folgeadressen für die 16 möglichen Belegungen $(f_1\,f_2\,f_3\,f_4)$ der maskierten Variablen																Belegung der Maskierungsvariablen $b_1\,b_2\,b_3\,b_4\,b_5\,b_6$	Ausgabebelegung Y
---	0000	0001	0010	0011	0100	0101	0110	0111	1000	1001	1010	1011	1100	1101	1110	1111	---	---
1		1		8		1		2		1		1		1		1	0 1 0 1 0 0	Y_2
2								3								1	0 0 0 0 0 0	Y_3
3		3		3		3		4a		1		1		1		1	1 0 1 0 0 0	Y_5
4a			4a	5			4a	6			1	1			1	1	1 1 0 0 0 1	Y_6
4b			4a	5			4a	6			1	1			1	1	1 1 0 0 0 1	Y_8
5								4b								1	0 0 0 0 0 0	Y_7
6								7a								1	0 0 0 0 0 0	Y_9
7a						1		7b						1		1	0 0 0 1 0 0	Y_2
7b						1		7b						1		1	0 0 0 1 0 0	Y_{12}
7c						1		7b						1		1	0 0 0 1 0 0	Y_4
8								9								1	0 0 0 0 0 0	Y_{10}
9								10								1	0 0 0 0 0 0	Y_{10}
10		10		10		10		11a		1		1		1		1	1 0 1 1 0 0	Y_{10}
11a	11a	11a	13a	12	11a	11a	13a	7c	1	1	1	1	1	1	1	1	1 1 1 0 1 0	Y_{11}
11b	11a	11a	13a	12	11a	11a	13a	7c	1	1	1	1	1	1	1	1	1 1 1 0 1 0	Y_{13}
12								11b								1	0 0 0 0 0 0	Y_{12}
13a								13b								1	0 0 0 0 0 0	Y_{12}
13b								13b								1	0 0 0 0 0 0	Y_{14}

Felder ohne Eintragungen sind redundant

Tabelle 10.5. Zusammenfassungen der in Tabelle 10.4 verträglichen Folgezustandsspalten

Adresse	Folgeadressen für die Belegungen (f_1 f_2 f_3 f_4) der maskierten Variablen					Belegung der Maskierungsvariablen						Ausgabebelegung
	1---	0-0-	0-10	0011	0111	b_1 b_2 b_3 b_4 b_5 b_6						Y
1	1	1	*	8	2	0 1 0 1 0 0						Y_2
2	1	*	*	*	3	0 0 0 0 0 0						Y_3
3	1	3	*	3	4a	1 0 1 0 0 0						Y_5
4a	1	*	4a	5	6	1 1 0 0 0 1						Y_6
4b	1	*	4a	5	6	1 1 0 0 0 1						Y_8
5	1	*	*	*	4b	0 0 0 0 0 0						Y_7
6	1	*	*	*	7a	0 0 0 0 0 0						Y_9
7a	1	1	*	*	7b	0 0 0 1 0 0						Y_2
7b	1	1	*	*	7b	0 0 0 1 0 0						Y_{12}
7c	1	1	*	*	7b	0 0 0 1 0 0						Y_4
8	1	*	*	*	9	0 0 0 0 0 0						Y_{10}
9	1	*	*	*	10	0 0 0 0 0 0						Y_{10}
10	1	10	*	10	11a	1 0 1 1 0 0						Y_{10}
11a	1	11a	13a	12	7c	1 1 1 0 1 0						Y_{11}
11b	1	11a	13a	12	7c	1 1 1 0 1 0						Y_{13}
12	1	*	*	*	11b	0 0 0 0 0 0						Y_{12}
13a	1	*	*	*	13b	0 0 0 0 0 0						Y_{12}
13b	1	*	*	*	13b	0 0 0 0 0 0						Y_{14}

benötigten Speicherwortlänge (von 80 auf 20 Stellen für die Folgezustände), jedoch bleibt der Aufwand für die Zustandsmultiplexer unverändert. In diesem Beispiel ist ein Multiplexer einzusetzen, der 16 Kanäle mit jeweils fünf Leitungen schaltet. Ein solcher Multiplexer kann beispielsweise aus fünf Bausteinen bestehen, die jeweils einen Kanal mit einer Leitung durchschleusen können. Wir wollen später weitere Maßnahmen diskutieren, die sowohl die Wortlänge als auch den Multiplexeraufwand reduzieren helfen. Zunächst soll jedoch Algorithmus 8 formuliert werden, mit dessen Hilfe eine näherungsweise optimale Maskierung von Eingangsvariablen für Moore-Schaltwerke erreicht wird.

Algorithmus 8: Maskierung von Eingangsvariablen bei Moore-Schaltwerken

Schritt 1:
Ausgangspunkt ist eine Moore-Ablauftabelle. Man ermittle für jeden Zustand diejenigen Zustandsübergänge, für welche die meisten Eingangsvariablen relevant sind. (Gesplittete Zustände müssen nicht unterschieden werden.) Die ermittelten Belegungen der Eingangsvariablen beschreibe man jeweils durch einen konjunktiven Term T_i.

Schritt 2:

Die einem Zustand zugewiesenen konjunktiven Terme verknüpfe man disjunktiv, und man versuche jeden disjunktiven Ausdruck mit den üblichen Regeln (KV-Diagramm) zu minimieren.

Schritt 3:

Bejahte und negierte Variablen werden als unterschiedliche Variablen in die minimierten Ausdrücke eingeführt: x_i heißt nun x_{i1} und $\bar{x}_i$ heißt nun x_{i0}. Die so transformierten minimierten Ausdrücke werden konjunktiv verknüpft. Der neue Ausdruck wird in eine disjunktive Form gewandelt (so wie der Überdeckungsausdruck in Algorithmus 2). Die nun entstandenen konjunktiven Terme ergänze man wie folgt: Tritt eine Variable x_i weder in der Form x_{i0} noch in der Form x_{i1} in einem Term auf, dann verknüpft man sie in der Form x_{i1} konjunktiv mit dem betrachteten Term. Nun suche man den konjunktiven Term mit den wenigsten Variablen. Gibt es mehrere gleichwertige Alternativen, dann wähle man willkürlich eine davon aus. Der ausgewählte Term heißt Bezugsterm BT.

Schritt 4:

Man stelle für jeden Zustand fest, welcher der in Schritt 1 für die verschiedenen Zustände ermittelten konjunktiven Terme T_i mit dem Bezugsterm widerspruchsfrei ist.

Dies ist dann der Fall, wenn für jede bejahte Variable x_j des Terms T_i die Variable x_{j1} im Bezugsterm BT und für jede negierte Variable $\bar{x}_k$ des Terms T_i die Variable x_{j0} im Bezugsterm BT zu finden ist.

Gibt es mehrere widerspruchsfreie Terme T_i für einen Zustand, dann wähle man willkürlich einen davon aus. Dieser Term heißt relevanter Term R

Schritt 5:

Für jeden Zustand ermittelt man in der Ablauftabelle die relevanten Eingangsvariablen. Das sind alle Eingangsvariablen, deren Werte über den jeweiligen Folgezustand des betrachteten Zustandes entscheiden.

Schritt 6:

Für jeden Zustand benennt man die relevanten Eingangsvariablen x_i in der folgenden Weise um:

a. x_i tritt bejaht im zugehörigen relevanten Term auf, dann wird x_i in x_{i1} umbenannt.

b. x_i tritt negiert im zugehörigen relevanten Term auf, dann wird x_i in x_{i0} umbenannt.

c. x_i tritt weder bejaht noch negiert im zugehörigen relevanten Term auf, dann entscheidet der Bezugsterm BT über die Umbenennung. Tritt in BT nur x_{i1} auf, dann wird auch die relevante Eingangsvariable des untersuchten Zustandes in x_{i1} umbenannt. Entsprechendes gilt, wenn in BT nur x_{i0} auftritt. Kommt x_i in beiden Formen in BT vor, dann ist die Umbenennung beliebig in x_{i0} oder x_{i1} vorzunehmen.

Schritt 7:

Man wende Algorithmus 4 ab Schritt 2 auf die umbenannten Eingangsvariablen an. Hierdurch erreicht man eine näherungsweise Optimierung des Multiplexeraufwands für die Eingangsmaskierung. Das Ergebnis ist eine Zerlegung der umbenannten Eingangsvariablen. Jede Klasse der Zerlegung beschreibt die Beschaltung eines Multiplexers. Enthält eine Klasse die
Variable x_{i0}, dann wird dem Multiplexer die Variable $\bar{x}_i$ zugeführt. Entsprechendes gilt für x_{i1}. Als Konstante ist bei allen Multiplexern der
Wert 1 vorzusehen.

Schritt 8:

Soll die Anzahl negierter Eingangsvariablen vermindert werden, dann
kann man die Beschaltung der Multiplexer unter Umständen ändern: Alle
auf einen Multiplexer geschalteten Eingangsvariablen können gemeinsam
komplementiert werden (einschließlich der Konstanten).

Schritt 9:

Man lege die Beschaltung der Multiplexer fest. Mit Hilfe der Tabelle
in Schritt 6 ermittelt man die Belegung der Maskierungsvariablen für
die einzelnen Zustände.

166

Beispiel zu Algorithmus 8: Trommelspeichersteuerung:

Schritte 1 und 2:

Aus der Mooretabelle (Beispiel zu Algorithmus 1) werden für jeden Zustand nur die Eingabebelegungen aufgeführt, für welche jeweils die meisten Eingangsvariablen relevant sind.

derzeitiger Zustand s^ν	x_1	x_2	x_3	x_4	x_5	x_6	x_7	x_8	x_9	konjunktiver Term T_i	minimierter Ausdruck
1	0	1	0	-	-	-	-	-	-	$\bar{x}_1 x_2 \bar{x}_3$	$\bar{x}_1 x_2$
	0	1	1	-	-	-	-	-	-	$\bar{x}_1 x_2 x_3$	
2	0	-	-	-	-	-	-	-	-	$\bar{x}_1$	1
	1	-	-	-	-	-	-	-	-	x_1	
3	0	-	-	1	-	-	1	-	-	$\bar{x}_1 x_4 x_7$	$\bar{x}_1 x_4 x_7$
4a, 4b	0	-	-	-	-	1	-	0	-	$\bar{x}_1 x_6 \bar{x}_8$	$\bar{x}_1 x_6$
	0	-	-	-	-	1	-	1	-	$\bar{x}_1 x_6 x_8$	
5	0	-	-	-	-	-	-	-	-	$\bar{x}_1$	1
	1	-	-	-	-	-	-	-	-	x_1	
6	0	-	-	-	-	-	-	-	-	$\bar{x}_1$	1
	1	-	-	-	-	-	-	-	-	x_1	
7a, 7b, 7c	0	0	-	-	-	-	-	-	-	$\bar{x}_1 \bar{x}_2$	$\bar{x}_1$
	0	1	-	-	-	-	-	-	-	$\bar{x}_1 x_2$	
8	0	-	-	-	-	-	-	-	-	$\bar{x}_1$	1
	1	-	-	-	-	-	-	-	-	x_1	
9	0	-	-	-	-	-	-	-	-	$\bar{x}_1$	1
	1	-	-	-	-	-	-	-	-	x_1	
10	0	-	-	-	1	-	1	-	-	$\bar{x}_1 x_5 x_7$	$\bar{x}_1 x_5 x_7$
11a, 11b	0	-	-	1	-	-	-	0	0	$\bar{x}_1 x_4 \bar{x}_8 \bar{x}_9$	$\bar{x}_1 x_4 \bar{x}_9$
	0	-	-	1	-	-	-	1	0	$x_1 x_4 x_8 x_9$	
12	0	-	-	-	-	-	-	-	-	$\bar{x}_1$	1
	1	-	-	-	-	-	-	-	-	x_1	
13	0	-	-	-	-	-	-	-	-	$\bar{x}_1$	1
	1	-	-	-	-	-	-	-	-	x_1	

Die minimierten Ausdrücke bestehen hier nur jeweils aus einem einzigen konjunktiven Term. Im allgemeinen entstehen disjunktive Ausdrücke.

Schritt 3:

Die konjunktive Verknüpfung aller minimierten Ausdrücke mit gewandelten

Variablennamen ergibt hier nur einen einzigen konjunktiven Term:

$$(x_{10} \cdot x_{20}) \cdot 1 \cdot (x_{10} \cdot x_{41} \cdot x_{71}) \cdot (x_{10} \cdot x_{61}) \cdot 1 \cdot 1 \cdot x_{10} \cdot 1 \cdot 1 \cdot (x_{10} \cdot x_{51} \cdot x_{71}) \cdot (x_{10} \cdot x_{41} \cdot x_{90}) \cdot 1 \cdot 1 =$$

$$x_{10} \cdot x_{21} \cdot x_{41} \cdot x_{51} \cdot x_{61} \cdot x_{71} \cdot x_{90} .$$

Als Bezugsterm BT erhält man schließlich:

$$BT = x_{10} \cdot x_{21} \cdot x_{31} \cdot x_{41} \cdot x_{51} \cdot x_{61} \cdot x_{71} \cdot x_{81} \cdot x_{90} .$$

Jede Variable x_i kommt in diesem Beispiel nur jeweils in einer Form vor.

Schritte 4, 5 und 6:

derzeitiger Zustand	relevante Terme	relevante Eingangsvariablen	umbenannte Eingangsvariablen
s^{ν}	RT		
1	$\bar{x}_1\, x_2\, x_3$	x_1 , x_2 , x_3	x_{10} , x_{21} , x_{31}
2	$\bar{x}_1$	x_1	x_{10}
3	$\bar{x}_1\, x_4\, x_7$	x_1 , x_4 , x_7	x_{10} , x_{41} , x_{71}
4a, 4b	$\bar{x}_1\, x_6\, x_8$	x_1 , x_6 , x_8	x_{10} , x_{61} , x_{81}
5	$\bar{x}_1$	x_1	x_{10}
6	$\bar{x}_1$	x_1	x_{10}
7a, 7b, 7c	$\bar{x}_1\, x_2$	x_1 , x_2	x_{10} , x_{21}
8	$\bar{x}_1$	x_1	x_{10}
9	$\bar{x}_1$	x_1	x_{10}
10	$\bar{x}_1$	x_1	x_{10}
11a, 11b	$\bar{x}_1\, x_4\, x_8\, \bar{x}_9$	x_1 , x_4 , x_8 , x_9	x_{10} , x_{41} , x_{81} , x_{90}
12	$\bar{x}_1$	x_1	x_{10}
13	$\bar{x}_1$	x_1	x_{10}

Die relevanten Eingangsvariablen entnimmt man dem Beispiel zu Algorithmus 4. Die Variablen, welche die relevanten Terme bilden, sind in diesem Beispiel gleich mit den relevanten Eingangsvariablen. Das ist häufig so, jedoch gibt es auch Ausnahmen.

Schritt 7:

Im Beispiel zu Algorithmus 4 sind lediglich x_1 durch x_{10}, x_9 durch x_{90} und die übrigen Variablen x_i mit $2 \leq i \leq 8$ jeweils durch x_{i1} zu ersetzen. Daher erhält man das folgende Ergebnis:

$$\{\{x_{10}\}, \{x_{31}, x_{71}, x_{81}\}, \{x_{21}, x_{41}, x_{51}\}, \{x_{61}, x_{90}\}\} .$$

Hieraus erhält man die folgende Multiplexerbeschaltung:

$$\{\{\bar{x}_1\}, \{x_3, x_7, x_8\}, \{x_2, x_4, x_5\}, \{x_6, \bar{x}_9\}\} .$$

Schritt 8:

Die Komplementbildung der ersten Klasse vermindert die Anzahl der negierten Variablen, die auf die Multiplexerbausteine zu schalten sind.

Schritt 9:

Die Beschaltung der Multiplexer ist mit Bild 10.2 festgelegt. Hieraus folgt die in Tabelle 10.4 gelistete Zuordnung zwischen den Zuständen und den Belegungen der Maskierungsvariablen.

10.3 Gleiche Zustandsvariablen für alle Folgezustände eines Zustandes

Bei den Betrachtungen in Abschnitt 10.2 wurde das Problem der Zustandskodierung noch ausgeklammert. Es wurde lediglich angenommen, daß bei
N Zuständen in jedem Folgezustandsbereich $n = \lceil \mathrm{ld}\, N \rceil$ Zustandsvariablen
einzusetzen sind. Wir wollen die verbleibenden Freiheitsgrade in der
Kodierung nun so einsetzen, daß eine zusätzliche Reduktion der Wortlänge und eine gleichzeitige Verminderung der Multiplexerbausteine entsteht.

Der Grundgedanke besteht darin, eine oder mehrere Zustandsvariablen zu
finden, deren Änderungen allein vom derzeitigen Zustand abhängen und
damit nicht durch die Eingangsvariablen beeinflußt werden können. Die
Werte dieser Zustandsvariablen brauchen dann nicht in allen Folgezustandsbereichen abgespeichert zu werden, vielmehr muß man sie nur einmal aufführen. Hinzu kommt, daß diese Zustandsvariablen auch nicht über
Zustandsmultiplexer zu schleusen sind, da die Eingangsvariablen keine
Auswahl zu treffen haben.

Wir wollen bei den folgenden Betrachtungen zunächst die bisherige Annahme aufrecht erhalten, daß jedem Zustand ein einziges Speicherwort
entspricht. Wir werden aber sehen, daß durch Zuweisung mehrerer Speicherwörter zu einem Zustand weitere Einsparungen möglich sind.

10.3.1 Einfachzuweisung von Adressen zu Zuständen

Aus der Speicherbelegung, beispielsweise in Tabelle 10.5, entnimmt man,
welche Folgezustände jeweils in einem Speicherwort abzulegen sind. Ein
Zustand s_i besitze z.B. die Folgezustände s_{i1}, s_{i2}, ..., $s_{i\chi}$. Damit
steht bereits fest, daß diese χ Zustände höchstens in $n - \lceil \mathrm{ld}\, \chi \rceil$ Stellen
gleich kodiert werden können. Man benötigt nämlich $\lceil \mathrm{ld}\, \chi \rceil$ Stellen, um
sie zu unterscheiden, und n Stellen sind zur Kodierung aller Zustände
vorgesehen. Daher bestimmt der Zustand mit den meisten unterschiedlichen Folgezuständen eine obere Schranke für die Anzahl der Zustandsvariablen, die unabhängig von den Eingangsvariablen gewählt werden können.
Jedoch wollen wir nun zeigen, daß diese Schranke nicht immer erreicht
werden kann. Es sei dazu ein Zustand s_j betrachtet, dessen Folgezustän-
de seien s_{i1}, s_{j1}, s_{j2}, ..., $s_{j\lambda}$. Dieser Zustand s_j hat also unter an-
derem, genau wie der Zustand s_i, den Zustand s_{i1} als Folgezustand. Will
man daher die Folgezustände von s_i und die von s_j jeweils in denselben
Zustandsvariablen gleich kodieren, dann geht dies nur in $n - \lceil \mathrm{ld}(\lambda + \chi) \rceil$
Stellen. Eine solche Verkettung von Folgezustandsmengen kann auch über

mehrere Zustände erfolgen und vermindert die Anzahl der gleichkodierbaren Zustandsvariablen.

Um alle Verkettungen zu ermitteln, schreiben wir zunächst für jeden Zustand seine Folgezustände in eine Menge. Wir vereinigen nun zwei Mengen miteinander, wenn sie mindestens ein gemeinsames Element enthalten. Dieser Prozeß wird solange fortgesetzt, bis eine Zerlegung π_s der Zustandsmenge entstanden ist. Die Anzahl μ der Elemente der größten Klasse kann man mit $\lceil ld\ \mu \rceil$ Zustandsvariablen unterscheiden. Sind die <u>Zustände in einer Klasse</u> unterschieden, dann muß man noch die einzelnen <u>Klassen kodieren</u>, um eine <u>eindeutige Zustandskodierung</u> zu erhalten. Bei $|\pi_s|$ Klassen sind hierzu $\lceil ld\ |\pi_s| \rceil$ Variablen erforderlich.

Falls nun $\lceil ld\ |\pi_s| \rceil + \lceil ld\ \mu \rceil > n$ ist, dann würde die vorgeschlagene Kodierungsmethode zu einer erhöhten Anzahl an notwendigen Zustandsvariablen führen und daher den Adressenbedarf vermehren. Dies ist meistens unerwünscht, und man vereinigt Klassen der Zerlegung π_s zunächst so, daß auch in der neuen Zerlegung höchstens $2^{\lceil ld\ \mu \rceil}$ Elemente in einer Klasse sind. Wären bei Auswertung der neuen Zerlegung immer noch mehr als n Zustandsvariablen erforderlich, dann muß man versuchen, durch Vereinigen weiterer Klassen der Zerlegung π_s mit n Zustandsvariablen auszukommen.

Es gibt durchaus Problemstellungen, bei denen alle Klassen der Zerlegung π_s zu einer vereinigt werden müssen, ehe die geforderte Bedingung erfüllt ist. In diesem Fall kann keine Variable zur Gleichkodierung aller Folgezustände eines Zustandes eingesetzt werden.

Betrachten wir das Beispiel der Trommelsteuerung in Tabelle 10.5. Da der Zustand 1 zu jedem Zustand Folgezustand ist, enthält π_s nur eine Klasse mit allen Folgezuständen. Damit ist bereits ein triviales Beispiel zu der vorigen Aussage gefunden.

Um aber die Einsparmöglichkeiten demonstrieren zu können, nehmen wir einmal an, die jeweilige Rücksetzung erfolge auf andere Weise. Wir entfernen daher den Bereich, der nur den Folgezustand 1 enthält. Mit Hilfe von Algorithmus 9a erhält man die in Tabelle 10.6 dargestellte Kodierung der Zustände und die aufgeführte Speicherbelegung. Man sieht, daß die Zustände gegenüber Tabelle 10.5 entsprechend der Kodierung umgeordnet sind. Der Klassenkode $q_1 q_2$ ist der für alle Folgezustände eines Zustandes konstante Kodierungsanteil. Beispielsweise hat der Zustand 1 die Zustände 1, 2 und 8 als Folgezustände. Alle drei Zustände sind in den

170

Tabelle 10.6. Festlegung der Adressen und des Speicherinhalts für die Trommelspeichersteuerung in Moore-Darstellung (ohne synchrone Rücksetzung entsprechend dem Beispiel zu Algorithmus 9a).

derzeitiger Zustand = Adresse		Folgeadressen für die Belegungen der maskierten Variablen				
		$f_1\ f_2\ f_3\ f_4$ 0 - - -	$f_1\ f_2\ f_3\ f_4$ 0 - 0 -	$f_1\ f_2\ f_3\ f_4$ 0 - 1 0	$f_1\ f_2\ f_3\ f_4$ 0 0 1 1	$f_1\ f_2\ f_3\ f_4$ 0 1 1 1
s^ν	$(q_1\ q_2\ q_3\ q_4\ q_5)^\nu$	$(q_1\ q_2)^{\nu+1}$	$(q_3\ q_4\ q_5)^{\nu+1}$	$(q_3\ q_4\ q_5)^{\nu+1}$	$(q_3\ q_4\ q_5)^{\nu+1}$	$(q_3\ q_4\ q_5)^{\nu+1}$
1	0 0 0 0 0	0 0	0 0 0		1 0 0	0 0 1
2	0 0 0 0 1	0 1				0 0 0
7a	0 0 0 1 0	0 0	0 0 0			0 1 1
7b	0 0 0 1 1	0 0	0 0 0			0 1 1
8	0 0 1 0 0	1 0				0 0 1
3	0 1 0 0 0	0 1	0 0 0		0 0 0	0 0 1
4a	0 1 0 0 1	0 1		0 0 1	0 1 1	1 0 0
4b	0 1 0 1 0	0 1		0 0 1	0 1 1	1 0 0
5	0 1 0 1 1	0 1				0 1 0
6	0 1 1 0 0	0 0				0 1 0
7c	1 0 0 0 0	0 0	0 0 0			0 1 1
9	1 0 0 0 1	1 0				0 1 0
10	1 0 0 1 0	1 0	0 1 0		0 1 0	0 1 1
11a	1 0 0 1 1	1 0	0 1 1	1 1 0	1 0 1	0 0 0
11b	1 0 1 0 0	1 0	0 1 1	1 1 0	1 0 1	0 0 0
12	1 0 1 0 1	1 0				1 0 0
13a	1 0 1 1 0	1 0				1 1 1
13b	1 0 1 1 1	1 0				1 1 1

Felder ohne Eintragungen sind redundant

Stellen q_1 und q_2 jeweils mit 00 kodiert. In den übrigen drei Stellen q_3, q_4 und q_5 unterscheiden sie sich jedoch.

Die Einsparungen in der Wortlänge ergeben sich dadurch, daß die Variablen q_1 und q_2 nur einmal statt viermal abgespeichert werden müssen. Darüberhinaus ist nur ein Multiplexerkanal mit drei Leitungen, entsprechend q_3, q_4 und q_5 vorzusehen.

Algorithmus 9a: Bestimmung der Zustandsvariablen, die unabhängig von den Eingangsvariablen gemacht werden können (Einfachzuweisung)

Schritt 1:

Man ermittle aus der Moore-Ablauftabelle zu jedem Zustand s_i seine unterschiedlichen Folgezustände. Diese bilden die Elemente der Klasse B_i. (Zustände, die nirgends als Folgezustand auftreten, bilden jeweils eine einelementige Klasse.)

Schritt 2:

Man überprüfe alle Paare B_i, B_j von Klassen. Ist die Durchschnittsmenge $B_i \cap B_j \neq \emptyset$, dann ersetze man die Klassen B_i und B_j durch deren Vereinigungsmenge $B_i \cup B_j$. Man wiederhole diesen Schritt solange, bis es kein Paar von Klassen mit einer nicht leeren Durchschnittsmenge mehr gibt. Das Ergebnis ist eine Zerlegung der Zustandsmenge.

Schritt 3:

Man ermittle die Klasse mit den meisten Elementen. Diese maximale Elementezahl sei μ.

Schritt 4:

Man versuche intuitiv durch Vereinigung von Klassen die Anzahl der Elemente in den neuen Klassen möglichst nahe an $2^{\lceil \mathrm{ld}\ \mu \rceil}$ zu bringen. Jedoch darf keine Klasse mehr als $2^{\lceil \mathrm{ld}\ \mu \rceil}$ Elemente besitzen. Die so gefundene Zerlegung heißt π_s.

Schritt 5:

Man überprüfe, ob $\lceil \mathrm{ld}\ |\pi_s| \rceil + \lceil \mathrm{ld}\ \mu \rceil = n$ ist. (Dabei ist n die Anzahl der Adreßvariablen; $n \geq \lceil \mathrm{ld}\ N \rceil$.) Falls ja, dann wurde eine gültige Lösung gefunden und man führe Schritt 6 aus. Ist die Gleichung dagegen nicht erfüllt, dann ersetze man $\lceil \mathrm{ld}\ \mu \rceil$ durch $\lceil \mathrm{ld}\ \mu \rceil + 1$ und wiederhole Schritt 4.

Schritt 6:

Ist $\lceil \mathrm{ld}\ \mu \rceil = n$, dann kodiere man die <u>Zustände</u> beliebig. Andernfalls ordne man allen $|\pi_s|$ <u>Klassen</u> eine eindeutige, im übrigen beliebige, Kodierung mit den Variablen q_1, q_2, ..., $q_{n'}$ mit $n' = \lceil \mathrm{ld}\ |\pi_s| \rceil$ zu. Die Zustände in einer Klasse werden dann in den ersten $\lceil \mathrm{ld}\ |\pi_s| \rceil$ Stellen wie die Klasse kodiert, die restlichen $n - \lceil \mathrm{ld}\ |\pi_s| \rceil$ Stellen dienen zur Unterscheidung der Zustände in den Klassen. Diese Kodierung ist wiederum beliebig.

<u>Beispiel zu Algorithmus 9a: Modifizierte Trommelspeichersteuerung</u>

Schritt 1:

Wir gehen von Tabelle 10.5 aus und beachten bei den folgenden Ausführungen die Rückführung aller Zustände in den Zustand 1 durch $f_1 = x_1$ nicht. Dann ergeben sich folgende Klassen von Folgezuständen:

$$
\begin{array}{lll}
B_1 = \{1, 2, 8\} & B_2 = \{3\} & B_3 = \{3, 4a\} \\
B_{4a} = \{4a, 5, 6\} & B_{4b} = \{4a, 5, 6\} & B_5 = \{4b\} \\
B_6 = \{7a\} & B_{7a} = \{1, 7b\} & B_{7b} = \{1, 7b\} \\
B_{7c} = \{1, 7b\} & B_8 = \{9\} & B_9 = \{10\} \\
B_{10} = \{10, 11a\} & B_{11a} = \{11a, 13a, 12, 7c\} & \\
B_{11b} = \{11a, 13a, 12, 7c\} & & B_{12} = \{11b\} \\
B_{13a} = \{13b\} & B_{13b} = \{13b\} &
\end{array}
$$

Schritt 2:

Durch Verkettung nicht disjunkter Klassen erhält man die folgende Zerlegung:
{{1, 2, 7b, 8}, {3, 4a, 5, 6}, {7c, 10, 11a, 12, 13a}, {4b}, {7a}, {13b}, {11b}}.

Schritt 3:

Die Klasse mit den meisten Elementen ist {7c, 10, 11a, 12, 13a}. Daraus ergibt sich μ zu 5.

Schritt 4:

Man versucht in der unter Schritt 2 gefundenen Zerlegung Klassen zusammenzufassen, sodaß möglichst wenig Klassen mit nicht mehr als acht Elementen entstehen.
Eine solche Zerlegung ist beispielsweise die folgende:
π_s = {{1, 2, 7a, 7b, 8}, {3, 4a, 4b, 5, 6}, {7c, 9, 10, 11a, 11b, 12, 13a, 13b}}.

Schritt 5:

Mit $|\pi_s|$ = 3, n = $\lceil$ld 18$\rceil$ = 5 und $\lceil$ld $\mu\rceil$ = 3 ist die zu überprüfende Bedingung erfüllt.

Schritt 6:

Die Zuordnung von Kodewörtern zu den drei Klassen der Zerlegung π_s sowie zu den Zuständen innerhalb der Klassen ist willkürlich.

Zustand	Klasse	Klassenkode	Kodierung innerhalb der Klassen
s		q_1 q_2	q_3 q_4 q_5
1		0 0	0 0 0
2		0 0	0 0 1
7a	I	0 0	0 1 0
7b		0 0	0 1 1
8		0 0	1 0 0
3		0 1	0 0 0
4a		0 1	0 0 1
4b	II	0 1	0 1 0
5		0 1	0 1 1
6		0 1	1 0 0
7c		1 0	0 0 0
9		1 0	0 0 1
10		1 0	0 1 0
11a	III	1 0	0 1 1
11b		1 0	1 0 0
12		1 0	1 0 1
13a		1 0	1 1 0
13b		1 0	1 1 1

10.3.2 Mehrfachzuweisung von Adressen zu Zuständen

Betrachten wir die Situation, daß in beispielsweise zwei Speicherwörtern identische Informationen abgespeichert sind. Dies bedeutet, daß in denselben Bereichen dieselben Folgezustände eingetragen sind und daß auch die Maskierungs- und Ausgangsvariablen jeweils dieselben Werte besitzen. Für das Verhalten des Schaltwerks ist es daher gleichgültig, welche Adresse angesteuert wird; man hat einem Zustand zwei Adressen zugewiesen. In allen Zustandsbereichen, in denen dieser Zustand eingetragen ist, hat man daher die Wahl, die eine oder die andere Adresse einzusetzen.

Normalerweise versuchen wir, den Speicher von derartigen Redundanzen freizuhalten, da diese den Adressenbedarf erhöhen. Doch kann die Mehrfachzuweisung die benötigte Wortlänge unter Umständen verringern. Allerdings sollte man diese Möglichkeit nur so weit ausnutzen, wie durch die Einführung von nützlicher Redundanz die <u>Anzahl der Adreßvariablen nicht erhöht</u> wird.

Im Beispiel der Trommelsteuerung sind 18 Zustände zu unterscheiden. Bei fünf Adreßvariablen bleiben 14 Speicherwörter unbeschrieben. Diese wollen wir ausnutzen, um die in Tabelle 10.5 benötigte Wortlänge im Folgezustandsteil weiter zu vermindern. Der wesentliche Unterschied in der Vorgehensweise gegenüber derjenigen im vorigen Kapitel 10.3.1 liegt darin, daß eine Verkettung der Klassen von Folgezuständen nicht notwendig ist. Tritt ein Zustand beispielsweise in zwei Klassen auf, dann weist man ihm zwei Adressen zu. Dennoch muß die Anzahl der ursprünglichen Klassen vermindert werden, da diese ja gleich der Anzahl der Zustände ist. Wir versuchen also durch Vereinigen von Klassen statt der Zerlegung π_s eine Überdeckung τ_s mit der folgenden Eigenschaft zu erzeugen:

$$\lceil 1d \; |\tau_s| \rceil + \lceil 1d \; \mu \rceil = n. \qquad (10.2)$$

Dabei ist μ die Anzahl der Elemente in der größten Klasse von τ_s. Zusätzlich soll die Anzahl $|\tau_s|$ der Klassen von τ_s möglichst groß sein.

Leider reichen die vorgestellten Optimierungsmethoden nicht aus, um diese Aufgabe zu lösen. Wir könnten zwar zwei Zustände verträglich nennen, wenn sie <u>zusammen</u> nicht mehr als eine vorgegebene Anzahl von Folgezuständen besitzen. Doch kann aus der Verträglichkeit von Paaren allein nicht auf die Verträglichkeit einer größeren Klasse geschlossen werden. Wegen der Komplexität eines entsprechenden Algorithmus für dieser Art von Verträglichkeitsbegriff empfiehlt sich ein intuitives Vorgehen.

Algorithmus 9b behandelt die Mehrfachzuweisung von Adressen zu einem Zustand und unterscheidet sich von Algorithmus 9a nur in der Art, wie die Folgezustandsklassen zusammengelegt werden.

174

Das Beispiel der Trommelsteuerung kann mit diesem Algorithmus ohne Modifikation entworfen werden. Es wird sich zeigen, daß nur dem Zustand 1 mehr als eine, nämlich drei Adressen zuzuordnen sind. Der Adressenbedarf steigt von 18 auf 20.

<u>Tabelle 10.7.</u> Festlegung der Adressen und des Speicherinhalts für die Trommelspeichersteuerung in Moore-Darstellung entsprechend dem Beispiel zu Algorithmus 9b

derzeitiger Zustand = Adresse		Folgeadressen für die Belegungen der maskierten Variablen					
		$f_1 f_2 f_3 f_4$	$f_1 f_2 f_3 f_4$	$f_1 f_2 f_3 f_4$	$f_1 f_2 f_3 f_4$	$f_1 f_2 f_3 f_4$	$f_1 f_2 f_3 f_4$
		– – – –	1 – – –	0 – 0 –	0 – 1 0	0 0 1 1	0 1 1 1
s^ν	$(q_1\,q_2\,q_3\,q_4\,q_5)^\nu$	$(q_1\,q_2)^{\nu+1}$	$(q_3\,q_4\,q_5)^{\nu+1}$	$(q_3\,q_4\,q_5)^{\nu+1}$	$(q_3\,q_4\,q_5)^{\nu+1}$	$(q_3\,q_4\,q_5)^{\nu+1}$	$(q_3\,q_4\,q_5)^{\nu+1}$
1'	0 0 0 0 0	1 0	0 0 0	0 0 0		0 1 0	0 0 1
11a	0 0 0 0 1	0 0	0 0 0	0 0 1	1 1 0	0 1 1	1 0 0
10	0 0 0 1 0	0 0	0 0 0	0 1 0		0 1 0	0 0 1
12	0 0 0 1 1	0 0	0 0 0				1 0 1
7c	0 0 1 0 0	0 1	0 0 0	0 0 0			1 0 1
11b	0 0 1 0 1	0 0	0 0 0	0 0 1	1 1 0	0 1 1	1 0 0
13a	0 0 1 1 0	0 0	0 0 0				1 1 1
13b	0 0 1 1 1	0 0	0 0 0				1 1 1
1"	0 1 0 0 0	1 0	0 0 0				0 0 1
6	0 1 0 0 1	0 1	0 0 0				1 0 0
3	0 1 0 1 0	0 1	0 0 0	0 1 0		0 1 0	1 1 0
5	0 1 0 1 1	0 1	0 0 0				1 1 1
7a	0 1 1 0 0	0 1	0 0 0	0 0 0			1 0 1
7b	0 1 1 0 1	0 1	0 0 0	0 0 0			1 0 1
4a	0 1 1 1 0	0 1	0 0 0		1 1 0	0 1 1	0 0 1
4b	0 1 1 1 1	0 1	0 0 0		1 1 0	0 1 1	0 0 1
1'''	1 0 0 0 0	1 0	0 0 0				0 0 1
2	1 0 0 0 1	0 1	0 0 0				0 1 0
8	1 0 0 1 0	1 0	0 0 0				0 1 1
9	1 0 0 1 1	0 0	0 0 0				0 1 0

Felder ohne Eintragungen sind redundant

Tabelle 10.7 zeigt die ermittelte Aufteilung in den Klassenkode (q_1, q_2) und die Kodierung innerhalb der Klassen (q_3, q_4, q_5). Die drei Adressen für den Zustand 1 sind mit 1', 1" und 1''' gekennzeichnet. Im übrigen ist die mit Algorithmus 9b generierte Kodierung entsprechend den dortigen Angaben in Tabelle 10.5 eingesetzt worden, um Tabelle 10.7 zu erhalten.

Der verbliebene Freiheitsgrad in der Kodierung der Zustände einer Klasse wurde so ausgenutzt, daß möglichst viele Zustandsvariablen <u>unabhängig von der Adresse</u> sind. Im Bereich ($f_1 f_2 f_3 f_4$) = 1――― tritt nur der Zustand 1 auf, so daß die gewünschte Unabhängigkeit auf jeden Fall erreicht wird. Diese Variablen brauchen nicht abgespeichert zu werden,

vielmehr kann man die entsprechenden Multiplexereingänge konstant mit
0 beschalten. Im Bereich $(f_1 f_2 f_3 f_4)$ = 0-10 treten zwei unterschiedliche
Zustände 4a und 13a auf. Da beide verschiedenen Klassen angehören,
kann man sie in den Stellen $q_3 q_4 q_5$ identisch kodieren. Eine Abspeicherung dieses Teilkodes ist daher nicht erforderlich. Im Bereich
$(f_1 f_2 f_3 f_4)$ = 0011 konnten alle Zustände in den Variablen q_3 und q_4
gleich kodiert werden, während dies im Bereich 0-0- nur in der Variablen q_3 gelang. Von den 2 + 3·5 = 17 Stellen des Zustandsteils sind
daher 9 Stellen unabhängig von den Adressen und brauchen nicht abgespeichert zu werden.

Man sollte allerdings bedenken, daß diese Festlegungen bei nachträgli-
chen Änderungen der Aufgabenstellung unter Umständen aufgelöst werden
müssen. Das führt zu einer Strukturänderung und nicht nur zu einer Änderung von Speicherinhalten. In der Erprobungsphase sollte man daher
auf diese Einsparung verzichten und erst bei ausgetesteten Schaltungen
darauf zurückgreifen.

Von den ursprünglich vorgesehenen 80 Stellen für den Zustandsteil benötigen wir unter Ausnutzung aller beschriebenen Einsparmöglichkeiten
nurmehr acht Stellen. Die Anzahl der Zustandsmultiplexerbausteine konn-
te von fünf auf drei 16:1 Multiplexer vermindert werden. Der Aufwand
an Eingangsmultiplexer bleibt unverändert.

**Algorithmus 9b: Bestimmung der Zustandsvariablen, die unabhängig von
den Eingangsvariablen gemacht werden können (Mehrfachzuweisung)**

Schritt 1:
Man ermittle aus der Moore-Ablauftabelle zu jedem Zustand s_i seine un-
terschiedlichen Folgezustände. Diese bilden die Elemente der Klasse B_i.
(Zustände, die nirgends als Folgezustand auftreten, bilden jeweils ei-
ne einelementige Klasse.)
Schritt 2:
Man überprüfe alle Paare B_i, B_j von Klassen. Ist eine Klasse in der an-
deren enthalten, dann wird sie gestrichen. Sind zwei Klassen gleich,
wird eine davon gestrichen.
Schritt 3:
Man ermittle die Klassen mit den meisten Elementen. Diese maximale Elementezahl sei μ.

Schritt 4:

Man versuche intuitiv durch Vereinigung von Klassen, die Anzahl der Elemente in den neuen Klassen möglichst nahe an $2^{\lceil ld\ \mu \rceil}$ zu bringen, jedoch darf keine Klasse mehr als $2^{\lceil ld\ \mu \rceil}$ Elemente besitzen. Die so gefundene Überdeckung heißt τ_s.

Schritt 5:

Man überprüfe, ob $\lceil ld\ |\tau_s| \rceil + \lceil ld\ \mu \rceil = n$ ist. (Dabei ist n die Anzahl der gewünschten Adreßvariablen $n \geq \lceil ld\ N \rceil$.) Falls ja, dann wurde eine gültige Lösung gefunden und man führe Schritt 6 aus. Ist die Gleichung dagegen nicht erfüllt, dann ersetze man $\lceil ld\ \mu \rceil$ durch $\lceil ld\ \mu \rceil + 1$ und wiederhole den Schritt 4.

Schritt 6:

Ist $\lceil ld\ \mu \rceil = n$, dann kodiere man die <u>Zustände</u> beliebig. Eine Mehrfachzuweisung tritt nicht auf. Andernfalls ordne man allen $|\tau_s|$ <u>Klassen</u> eine eindeutige, im übrigen beliebige, Kodierung mit den Variablen $q_1, q_2, \ldots, q_{n'}$ mit $n' = \lceil ld\ |\tau_s| \rceil$ zu. Tritt derselbe Zustand s_i in mehreren Klassen auf, dann unterscheide man dies durch jeweils andere Bezeichnungen z.B. s_i', s_i'', s_i''', $\ldots$

Die Zustände in einer Klasse werden in den ersten $\lceil ld\ |\tau_s| \rceil$ Stellen wie die Klasse kodiert, die restlichen $n - \lceil ld\ |\tau_s| \rceil$ Stellen dienen zur Unterscheidung der Zustände in den Klassen. Diese Kodierung ist wiederum beliebig.

Schritt 7:

Man lege eine Tabelle an, in der für alle Zustände (auch die Zustände s_i', s_i'', $\ldots$) jeweils alle Folgezustände aufgeführt sind. Für jeden Zustand muß die Klasse der Folgezustände in einer Klasse von τ_s enthalten sein. Da jedoch die Klassen der Folgezustände noch keine Zustandsnummern mit Strichen enthalten, sind die Striche in diesen Klassen so zu wählen, daß die genannte Bedingung erfüllt ist.

Die aus einem Zustand s_i hervorgegangenen Zustände s_i', s_i'', $\ldots$ besitzen jeweils dieselben Folgezustände.

Zusammen mit der Kodierung in Schritt 6 legt diese Tabelle Adressen und Folgeadressen fest.

<u>Beispiel zu Algorithmus 9b: Trommelspeichersteuerung</u>

Schritt 1:

Wir gehen von Tabelle 10.5 aus und erhalten folgende Klassen von Zuständen

$B_1 = \{1, 2, 8\}$ $\qquad\qquad$ $B_2 = \{1, 3\}$ $\qquad\qquad$ $B_3 = \{1, 3, 4a\}$

$B_{4a} = \{1, 4a, 5, 6\}$ $B_{4b} = \{1, 4a, 5, 6\}$ $B_5 = \{1, 4b\}$

$B_6 = \{1, 7a\}$ $B_{7a} = \{1, 7b\}$ $B_{7b} = \{1, 7b\}$

$B_{7c} = \{1, 7b\}$ $B_8 = \{1, 9\}$ $B_9 = \{1, 10\}$

$B_{10} = \{1, 10, 11a\}$ $B_{11a} = \{1, 11a, 13a, 12, 7c\}$

$B_{11b} = \{1, 11a, 13a, 12, 7c\}$ $B_{12} = \{1, 11b\}$

$B_{13a} = \{1, 13b\}$ $B_{13b} = \{1, 13b\}$

Schritt 2:

Bei Überprüfung aller Paare von Klassen auf Gleichheit oder Enthaltensein werden die folgenden Klassen gestrichen: B_2, B_{4b}, B_{7b}, B_{7c} B_9, B_{11b}, B_{13b}.

Schritt 3:

Die Klasse B_{11a} hat die meisten, mämlich fünf, Elemente. Daraus ergibt sich μ zu 5.

Schritt 4:

Die nach Schritt 2 verbliebenen Klassen versucht man zu möglichst wenigen Klassen zusammenzufassen, sodaß keine Klasse mehr als acht Elemente enthält. So ergibt sich beispielsweise die folgende Überdeckung:
$$\tau_s = \{\{1, 7c, 10, 11a, 12, 13a, 11b, 13b\}, \{1, 3, 4a, 5, 6, 4b, 7a, 7b\}, \{1, 2, 8, 9\}\}.$$

Schritt 5:

Mit $|\tau_s| = 3$, $n = \lceil ld\ 18 \rceil = 5$ und $\lceil ld\ \mu \rceil = 3$ ist die zu überprüfende Bedingung erfüllt.

Schritt 6:

Die Zuordnung von Kodewörtern zu den drei Klassen der Überdeckung ist willkürlich. Im übrigen wurden die Ausführungen zu Tabelle 10.7 bei der Kodierung der Zustände innerhalb der Klassen berücksichtigt.

Zustand	Klasse	Klassenkode	Kodierung innerhalb der Klassen
s		$q_1\ q_2$	$q_3\ q_4\ q_5$
1'	I	0 0	0 0 0
7c	I	0 0	1 0 0
10	I	0 0	0 1 0
11a	I	0 0	0 0 1
11b	I	0 0	1 0 1
12	I	0 0	0 1 1
13a	I	0 0	1 1 0
13b	I	0 0	1 1 1
1"	II	0 1	0 0 0
3	II	0 1	0 1 0
4a	II	0 1	1 1 0
4b	II	0 1	1 1 1
5	II	0 1	0 1 1
6	II	0 1	0 0 1
7a	II	0 1	1 0 0
7b	II	0 1	1 0 1
1'''	III	1 0	0 0 0
2	III	1 0	0 0 1
8	III	1 0	0 1 0
9	III	1 0	0 1 1

178

<u>Schritt 7:</u>

Aus Tabelle 10.5 entnehmen wir zu jedem Zustand die entsprechenden Folgezustände und schreiben sie in die folgende Tabelle. Danach suchen wir die Nummer der Klasse in τ_s, die jeweils alle Folgezustände des betrachteten Zustandes gestrichen oder ungestrichen enthält.

Zustand	Klasse der Folgezustände	Klassennummer in der Überdeckung	Festlegung der gestrichenen Zustände
1'	{1, 2, 8}	III	$1'''$
1	{1, 2, 8}	III	$1'''$
1	{1, 2, 8}	III	$1'''$
2	{1, 3}	II	$1''$
3	{1, 3, 4a}	II	$1''$
4a	{1, 4a, 5, 6}	II	$1''$
4b	{1, 4a, 5, 6}	II	$1''$
5	{1, 4b}	II	$1''$
6	{1, 4b}	II	$1''$
7a	{1, 7b}	II	$1''$
7b	{1, 7b}	II	$1''$
7c	{1, 7b}	II	$1''$
8	{1, 9}	III	$1'''$
9	{1, 10}	I	$1'$
10	{1, 10, 11a}	I	$1'$
11a	{1, 7c, 11a, 12, 13a}	I	$1'$
11b	{1, 7c, 11a, 12, 13a}	I	$1'$
12	{1, 11b}	I	$1'$
13a	{1, 13b}	I	$1'$
13b	{1, 13b}	I	$1'$

11. Ermittlung einer von mehreren möglichen Folgeadressen durch einen Zähler

<u>11.1 Prinzipbeschreibung</u>

Um den Grundgedanken der Zählerbestimmung von Folgeadressen nahezubringen, behandeln wir zunächst eine sehr einfache Problemstellung:

Es sei mit den in diesem Buch vorgestellten Strukturen ein Vorwärtszähler (Dualzahlenkode) zu realisieren. Dieser Zähler besitze außer dem Takt kein weiteres Eingangssignal. Aus diesem Grunde besteht auch keine Möglichkeit, zwischen Moore- und Mealy-Realisierung zu unterscheiden; die Adresse besteht bei beiden Alternativen allein aus dem derzeitigen Zustand. Der Ausgabeteil braucht für diese Betrachtung nicht näher spezifiziert zu werden. Die Realisierung des Zählers erfolgt so, daß man unter der Adresse i des RAM die Folgeadresse i + 1 abspeichert.

Da es nicht nur Registerbausteine, sondern auch integrierte Zählerbausteine gibt, kann dasselbe Problem mit derselben Anzahl an Bausteinen auf andere Weise gelöst werden. Man setzt zum Zwischenspeichern des derzeitigen Zustandes während einer Taktperiode statt des Registers einen Dualzähler ein. Nun kann man auf die Abspeicherung des Folgezustandsteils vollständig verzichten und muß nur noch für den Ausgabeteil einen Speicher vorsehen.

Im Gegensatz zu den früher beschriebenen Maßnahmen ist der geringere Speicherbedarf nicht auf eine Verminderung der abgespeicherten Redundanz, sondern auf eine Ausgliederung einer Teilfunktion aus dem Speicher zurückzuführen. Solche Ausgliederungen besitzen im allgemeinen den Nachteil, daß sie zusätzliche Bausteine erfordern und zudem zu einer problemabhängigen Schaltungsstruktur führen. Beides ist bei der vorgestellten Zählerbestimmung einer Adresse nicht der Fall. Der Registerbaustein wird durch einen Zählerbaustein ersetzt, und der Zähler läßt sich andrerseits wie ein Register verwenden. Man braucht nur das Signal "Parallelübernahme" entsprechend zu schalten.

Im allgemeinen hat man kompliziertere Problemstellungen als die der
Vorwärtszähler-Realisierung. Vor allem treten eingangsabhängige Verzweigungen in unterschiedliche Folgezustände auf. Jedoch kann man das
vorgestellte Prinzip erweitern, sofern man eine Moore-Realisierung zugrunde legt.

Bei Moore-Realisierungen haben wir mehrere Bereiche für die Folgezustände vorgesehen. Wir wollen zunächst einmal annehmen, daß für eine
bestimmte Belegung der maskierten Variablen, d.h. in einem bestimmten
Zustandsbereich, jeweils unter der Adresse i die Folgeadresse i+1
eingetragen sei. Bei Verwendung eines Zählers braucht man diesen Bereich nicht abzuspeichern. Man erzeugt vielmehr ein Signal, das für
die entsprechende Belegung der maskierten Variablen beispielsweise den
Wert 0 ($\hat{=}$ Vorwärtszählen) und für alle anderen Belegungen den Wert 1
($\hat{=}$ Parallelübernehmen) annimmt. Hierzu verknüpft man die Variablen,
die in der ausgewählten Belegung feste Werte besitzen über ein NAND-
Glied. Doch wird nur selten ohne gezielte zusätzliche Maßnahmen die
beschriebene Situation bei praktischen Aufgabenstellungen vorkommen.
Solche Maßnahmen sind nun zu diskutieren.

Zunächst wollen wir die Forderung, daß im ausgewählten Zustandsbereich
unter der Adresse i stets die Folgeadresse i+1 gefordert sein muß,
in eine Aussage über die Zustandsübergänge transformieren. Es sind ja
statt der Adressen willkürlich gewählte Zustandsnummern vorgegeben.
Von der Behandlung der Zustandskodierung in Kapitel 10 wissen wir, daß
die Zuordnung der Zustände zu den Adressen beliebig ist, solange nur
jeder Zustand mindestens einer Adresse zugehört. Wir benötigen daher
eine Beschreibung des Zählervorgangs, die zunächst unabhängig von der
Adressenzuordnung ist.

Bereits im Kapitel 9 wurde der Zustandsgraph eingeführt. Dieser nimmt
bei einem Zählervorgang eine typische Struktur an, die dadurch charakterisiert ist, daß die Zustände im Graphen in einer Kette angeordnet
sind. Weist man den Zuständen der Kette, an einem Ende beginnend nacheinander die Dualzahlen 0, 1, 10, 11, ... usw. zu, dann kann man einen
Dualzähler einsetzen, welcher die Zustandsübergänge der Zählkette aus-
führt.

Bild 11.1a zeigt ein Beispiel für einen Zustandsgraphen, der mit der
darunter aufgeführten Adressenzuordnung durch einen Zähler realisiert
werden kann. Bild 11.1b stellt dagegen einen Graphen vor, der sich nicht

in eine Zählkette einfügen läßt. Vom Zustand 4 beispielsweise muß man
zum Zustand 1 zurück, dessen zugehörige Adresse bei Zählerrealisierung
um zwei kleiner sein muß als die Adresse von Zustand 4.

Ist ein Zustandsübergang in einem Folgezustandsbereich als beliebig gekennzeichnet, so wählt man diesen Übergang so, daß eine Zählkette entsteht. Ein Beispiel hierfür zeigt Bild 11.1c. Die Änderung der Zustände 4 und 2 seien im betrachteten Zustandsbereich beliebig und werden

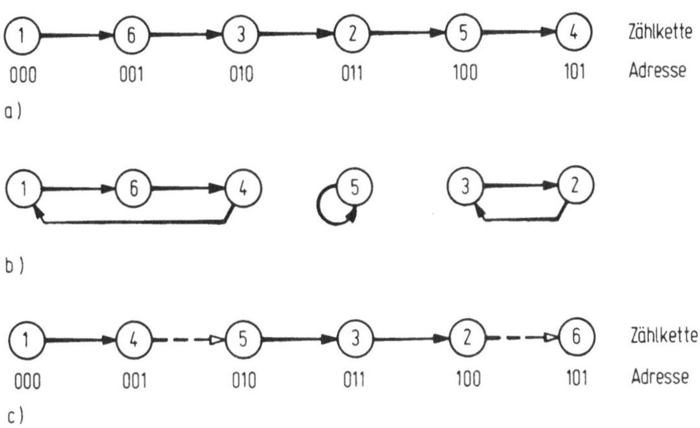

Bild 11.1. Zustandsgraphen zur Überprüfung einer Zählerrealisierung
a. Zählerkette mit Kodierung
b. Zustandsgraph, der sich nicht durch einen Zähler realisieren läßt
c. Festlegung von Übergängen zur Eingliederung in eine Zählkette

durch die gestrichelten Pfeile so festgelegt, daß eine Zählkette entsteht. Die Lösung ist nicht die einzige. Man hätte auch den Zustand 4
zum Zustand 6 und den Zustand 6 zum Zustand 5 durch solche gestrichelten Pfeile überführen können.

Die zweite Maßnahme, die man häufig durchführen muß, um eine Adreßbestimmung durch einen Zähler zu erreichen, sei als nächstes beschrieben. Hierzu gehen wir davon aus, daß für jeden Folgezustandsbereich
ein Graph entsteht, der wie in Bild 11.1b nicht in eine Zählkette ein-
zugliedern ist. Wir betrachten ein Beispiel mit zwei Bereichen (Tabelle 11.1a). Die zugehörigen Graphen für die Bereiche 1 und 2 zeigen
die Bilder 11.2a und b. Beide Graphen stellen keine Zählkette dar.
Betrachten wir dagegen Bild 11.2c, worin sämtliche Übergänge von einem
Zustand zu seinen Folgezuständen eingetragen sind, dann erkennen wir,
daß die durchgezogenen Pfeile eine Zählkette bilden.

In unserer Überlegung führen wir nun eine zusätzliche Variable ein, die
wir im Speicher ablegen wollen. Diese Variable dient zur Steuerung des
Zählvorgangs bzw. des Parallelübernehmens in den Zähler. Ist diese Variable O, dann soll der Zähler weiterzählen. Der im Speicher abgelegte Folgezustand wird dann beliebig * eingetragen. Ist die Variable
dagegen 1, dann übernimmt der Zähler den an den Ausgängen des Zustands-
multiplexers vorliegenden Zustand parallel. Die Zusatzvariable wird genau wie die Zustandsvariablen über einen Multiplexer geschaltet, den
die maskierten Variablen steuern. Im Beispiel von Tabelle 11.1 liegt
nur eine maskierte Variable vor. Die neue Speicherbelegung mit Zusatzvariable zeigt Tabelle 11.1b. Diese Darstellung bringt zunächst keine
Vorteile, da die beliebigen Folgezustände (*) unregelmäßig auftreten.

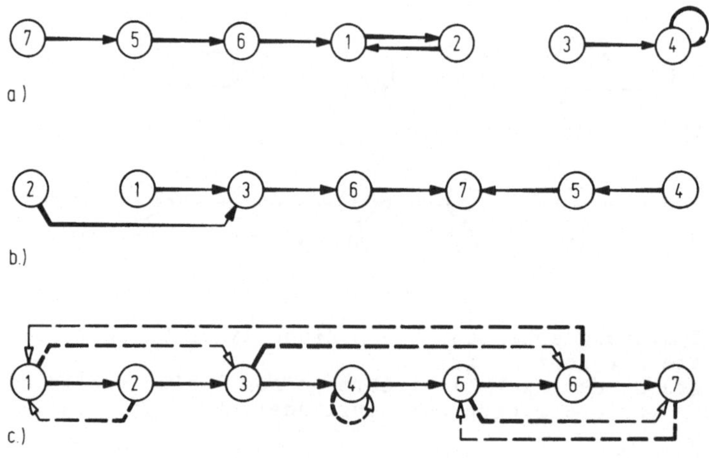

Bild 11.2. Zustandsgraphen zur Darstellung von Zustandsübergängen in
verschiedenen Bereichen (Tabelle 11.1)
a. Zustandsübergänge im Bereich f_1=O
b. Zustandsübergänge im Bereich f_1'=1
c. Zustandsübergänge in den Bereichen f_1=O und f_1=1

Aus Kapitel 10 ist bekannt, daß Zustandseintragungen zwischen den Zustandsbereichen ausgetauscht werden können, wenn die Eingangsvariablen
auch in negierter Form über die Multiplexer geleitet werden. Wir wollen
dies ausnutzen, um alle beliebigen Zustandseintragungen in einen Bereich
zu bekommen. Hierzu führen wir die maskierte Variable f_1' ein, die in
Abhängigkeit vom derzeitigen Zustand (= Adresse) gleich f_1 oder $\bar{f}_1$ ist.
Diese Zuordnung zeigt Tabelle 11.1c. Erfolgt die Auswahl über einen weiteren Eingangsmultiplexer (zweistufiges Multiplexerschaltnetz), müssen d
in derselben Tabelle aufgeführten Maskierungsvariablen im Speicher abgelegt werden. Wir transformieren Tabelle 11.1b unter Berücksichtigung die

Tabelle 11.1. Beispiel zum Austausch von Eintragungen in verschiedenen Zustandsbereichen
a. Vorgegebene Speicherbelegung
b. Ausgliederung der Zählübergänge und Einführung einer Zusatzvariablen
c. Zustandsabhängige Zuordnung f_1' zu f_1 bzw. $\bar{f}_1$
d. Zustandsabhängiger Austausch von Eintragungen in den beiden Zustandsbereichen

a.

Adresse	Folgeadressen für	
	$f_1 = 0$	$f_1 = 1$
1	2	3
2	1	3
3	4	6
4	4	5
5	6	7
6	1	7
7	5	*
	Bereich 1	Bereich 2

b.

Adresse	Folgeadressen und Zusatzvariable für			
	$f_1 = 0$		$f_1 = 1$	
1	*	0	3	1
2	1	1	*	0
3	*	0	6	1
4	4	1	*	0
5	*	0	7	1
6	1	1	*	0
7	5	1	*	*
	Bereich 1		Bereich 2	

c.

Adresse	maskierte Variable f_1'	Maskierungsvariable b_z
1	f_1	0
2	$\bar{f}_1$	1
3	f_1	0
4	$\bar{f}_1$	1
5	f_1	0
6	$\bar{f}_1$	1
7	$\bar{f}_1$	1

d.

Adresse	Folgeadressen und Zusatzvariablen für				Maskierungsvariablen
	$f_1' = 0$		$f_1' = 1$		b_z ...
1	*	0	3	1	0
2	*	0	1	1	1
3	*	0	6	1	0
4	*	0	4	1	1
5	*	0	7	1	0
6	*	0	1	1	1
7	*	*	5	1	1

ser Zuordnung in Tabelle 11.1d. Immer wenn $f_1'=\bar{f}_1$ ist, werden die Eintragungen in den beiden Zustandsbereichen vertauscht. Im Bereich $f_1'=0$ sind nun alle Folgezustände beliebig. Natürlich muß Tabelle 11.1d nicht in dieser Form abgespeichert werden. Der Bereich $f_1'=0$ kann ebenso wie die Zusatzvariable im Bereich $f_1'=1$ vollständig entfallen.

Führt man die Maskierung der Eingangsvariablen nicht zweistufig durch, sondern bildet man f_1' direkt, dann müssen i.a. zumindest ein Teil der Eingangsvariablen bejaht und negiert auf die Multiplexerbausteine geführt werden. Im Beispiel von Tabelle 11.1 genügt jedoch auch in dieser Schaltungsvariante eine zusätzliche Maskierungsvariable zur Multiplexersteuerung.

Das grundsätzliche Vorgehen bei der Ermittlung eines Zustandsbereichs, dessen Zustandsänderungen durch einen Zähler bestimmt werden können, kann man also in zwei Schritte gliedern:
1. Aufsuchen einer Zählkette im Überführungsgraphen, die möglichst jeden Zustand enthält.
2. Vertauschen von Bereichseintragungen, damit die Zählkette in einem Bereich abgespeichert wird.
Wir wollen nun überlegen, wie diese Schritte bei komplexeren Aufgabenstellungen auszuführen sind.

11.2 Aufsuchen von Zählketten
Im vorigen Abschnitt 11.1 haben wir bereits festgestellt, daß bei praktischen Aufgabenstellungen im allgemeinen die Vertauschung von Folgezuständen aus unterschiedlichen Bereichen erforderlich ist, um die Zustandsübergänge eines Bereichs in eine Zählkette eingliedern zu können. Wir haben daher den vollständigen Zustandsüberführungs-Graphen gezeichnet und einen Weg durch diesen Graphen gesucht, der alle Zustände miteinander verbindet.

Betrachten wir wieder das Beispiel der Trommelsteuerung und zwar die Speicherbelegung in Tabelle 10.5. Wie erwartet, lassen sich keine Zustandsübergänge eines Bereichs in eine Zählkette einordnen. Die Zählkettenstruktur ist nämlich bereits dann ausgeschlossen, wenn in einem Bereich zweimal derselbe Zustand aufgeführt ist. Bevor wir jedoch den Überführungsgraphen zeichnen, müssen wir eine Besonderheit von Tabelle 10.5 genauer untersuchen. Diese Besonderheit ist typisch für praktische Aufgabenstellungen.

Die Zustandsbereiche sind nicht, wie bisher angenommen, binären Belegungen der maskierten Variablen, sondern <u>Belegungsblöcken</u> (0, 1, -)
zugeordnet. Dies hat zur Folge, daß ein Austausch von Zustandseintragungen in unterschiedlichen Bereichen unter Umständen nur unter Erhöhung der Bereichszahl möglich ist. Dann kann man aber keine Stellen im
Speicherwort einsparen.

Zur Verdeutlichung dieser Aussage wählen wir in Bild 11.3 wieder die
Darstellungsform des KV-Diagramms. Bild 10.1f ist in Bild 11.3a nochmals aufgeführt. Es zeigt für den Zustand 4a die Lage der Folgezustände und die Blockbildung für die fünf Zustandsbereiche.

Bild 11.3b zeigt ein Beispiel für eine unergiebige Transformation, welche die ursprüngliche Blockstruktur zerstört. Da die Blockstruktur für
alle Zustände außer dem betrachteten Zustand 4a erhalten bleibt, müssen die neuen Blöcke in den alten vollständig enthalten sein. Daher
entsteht die neue Struktur mit acht Blöcken, die auch im Bild 11.3b
eingetragen ist.

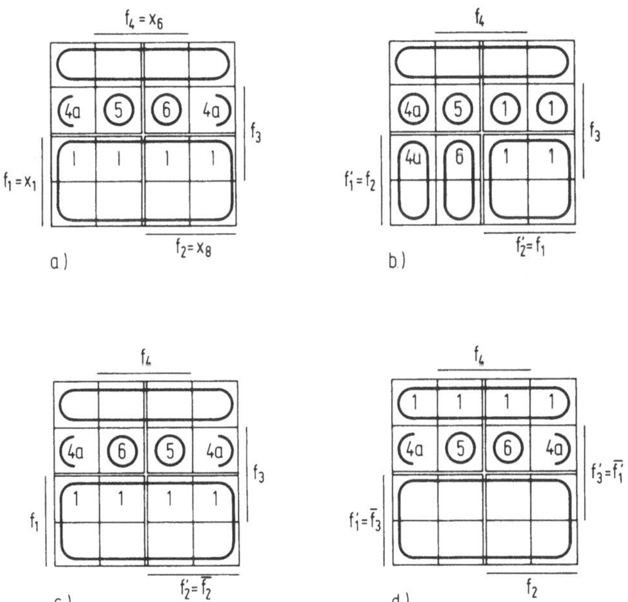

Bild 11.3. Veränderungen der Blockbildung bei Transformation von Maskierungsvariablen
a. Ursprüngliche Blockbildung für den Zustand 4a in Tabelle 10.4
b. Vermehrung der Blockzahl durch die Transformation $f_2'=f_1$ und $f_1'=f_2$
c. Transformation 1 unter Beibehaltung der ursprünglichen Blockstruktur
d. Transformation 2 unter Beibehaltung der ursprünglichen Blockstruktur

186

Die vorgestellte Transformation macht jedoch deutlich, daß die neuen
maskierten Variablen f_i' in Abhängigkeit vom derzeitigen Zustand (=Adres-
se) einer beliebigen alten maskierten Variablen f_j bzw. $\bar{f}_j$ zugeordnet
werden können. In dem früheren Beispiel (Tabelle 11.1) war i=j.

Zwei Transformationen, welche die Blockstruktur nicht verändern, sind
in den Bildern 11.3c und d dargestellt. In 11.3c ist die Transformation
einfach. Für diesen Zustand 4a wird f_2' gleich dem ursprünglichen $\bar{f}_2$.
In Bild 11.3d sind dagegen zwei Variablen vertauscht und gleichzeitig
negiert. Die zweistufige Multiplexerrealisierung zeigt Bild 11.4. Die
zusätzlich notwendige Maskierungsinformation schaltet dort für den Zu-
stand 4a die maskierten Variablen f_3' auf $\bar{f}_1$ und f_1' auf $\bar{f}_3$. Die Variable f_2' wird zu f_2 und f_4' wird zu f_4. Die übrigen Zustände können andere
Zuordnungen zwischen den Variablen f_i' und f_j ($1 \leq i,\ j \leq 4$) fordern.
Daher sind in Bild 11.4 für die Multiplexer MUX i' weitere Eingangsleitungen eingezeichnet. Im schlimmsten Fall müssen alle Multiplexer MUX i'
alle Variablen f_j ($1 \leq j \leq 4$) in bejahter und negierter Form durchschalten können. In Bild 11.4 wären dann acht Eingangsleitungen je Multiplexer MUX i' erforderlich.

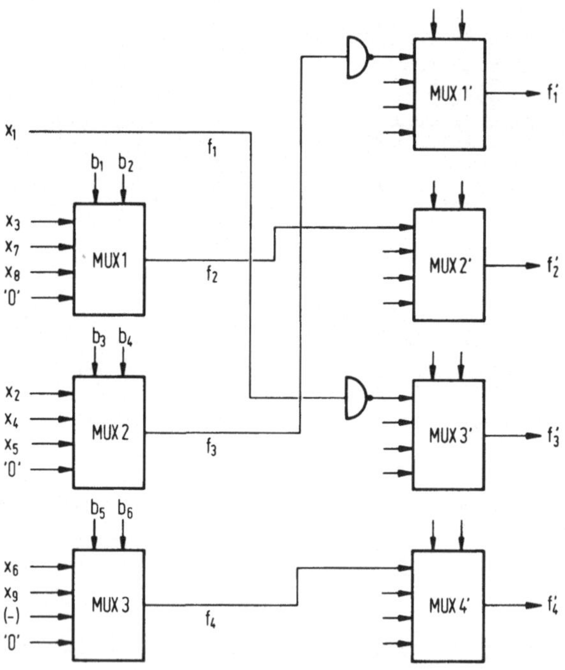

Bild 11.4. Zweistufige Multiplexeranordnung zur Verdeutlichung der
Transformation von Bild 11.3d

Die tatsächliche Gewinnung der maskierten Variablen f_i' erfolgt jedoch durch eine einstufige Multiplexeranordnung. Da im Zustand 4a (Bild 11.3a) $f_1 = x_1$ und $f_3 = 1$ ist, muß man nun $f_1' = \bar{f}_3 = 0$ und $f_3' = \bar{f}_1 = \bar{x}_1$ schalten. Man erreicht dies, in dem man für f_1 einen Multiplexer einführt und ihm außer der Variablen x_1 die Konstante 0 zuführt und den Multiplexer 2 (MUX 2) außer mit den bisher festliegenden Variablen zusätzlich mit der Variablen $\bar{x}_1$ beschaltet.

Aus Bild 11.3d ersieht man, daß der Austausch von Feldern bei Vorhandensein beliebiger Zustandsübergänge (freie Felder) verhältnismäßig kompliziert ist. In diesem Fall kann nämlich die Größe des Blocks in welchem sich ein Zustand befindet verändert werden. So vergrößerte sich beispielsweise der Block mit den leeren Feldern, während der Block mit dem Zustand 1 kleiner wurde. Wir wollen im folgenden auf die Ausnutzung dieser Möglichkeit verzichten. Vielmehr wird die für alle Zustände gemeinsame Blockstruktur zugrunde gelegt, und nur solche Zustandseintragungen werden ausgetauscht, deren zugehörige Blöcke gleiche Größe besitzen. Im Beispiel der Trommelsteuerung bleibt dann als einzige Alternative der Übergang von Bild 11.3a zu 11.3c.

Die austauschbaren Bereiche sind durch die Belegungen der maskierten Variablen $(f_1 f_2 f_3 f_4)$ = 0111 und 0011 charakterisiert. Da bereits feststeht, daß die Zustandsübergänge eines Bereichs alleine keine Zählkette bilden, betrachten wir nun die beiden Bereiche, zwischen denen ein Austausch erlaubt ist. Bild 11.5a zeigt den Überführungsgraphen, in welchem nur Zustandsübergänge der beiden Bereiche berücksichtigt sind. Die gestrichelten Pfeile beschreiben Übergänge, die beliebige Eintragungen (*) in Tabelle 10.5 ersetzen und die eine Einordnung der Zustände in eine Zählkette erlauben. Diese ist in Bild 11.5b nochmals herausgezeichnet.

Wenn man die Zustandsübergänge in Bild 11.5b mit denen im Bereich $(f_1 f_2 f_3 f_4)$ = 0111 in Tabelle 10.5 vergleicht, dann stellt man fest, daß für fünf Zustände Eintragungen ausgetauscht werden müssen. Es sind dies die Zustande 4a, 7b, 7c, 11a und 13b.

Aus Tabelle 10.3 entnimmt man, daß für die Zustände 4a und 11a die maskierte Variable $f_2 = x_8$ ist. Nun soll für diese Zustände f_2 negiert werden ($f_2' = \bar{f}_2$), d.h. $f_2' = \bar{x}_8$. Man muß daher dem Multiplexer für f_2 die Variable x_8 in negierter Form zuführen. Eine weitere Überprüfung von Tabelle 10.3 zeigt, daß x_8 beispielsweise auch für den Zustand 4b

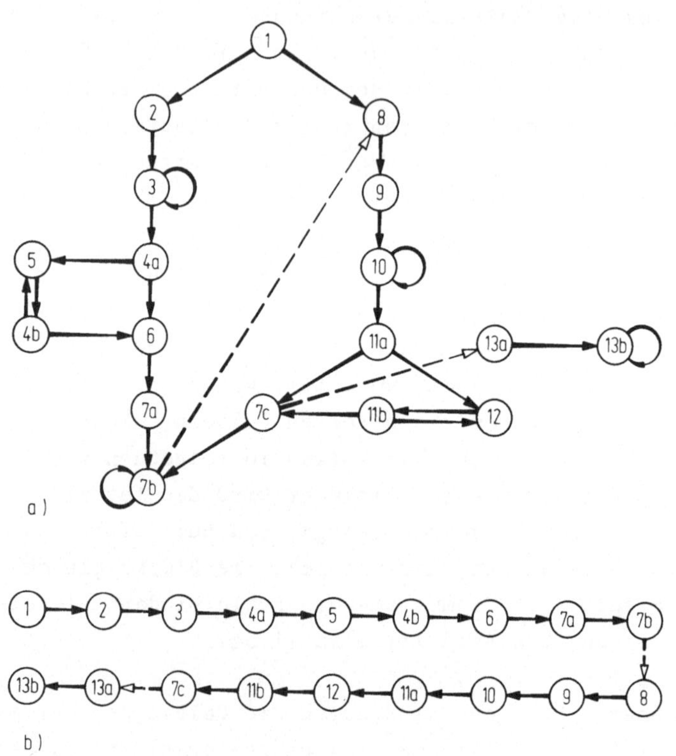

a)

b)

Bild 11.5. Suche nach einer Zählkette
a. Überführungsgraph der Trommelsteuerung für die Bereiche 0011
   und 0111
b. Ausgewählte Zählkette

relevant ist. Wir müssen daher x_8 und $\bar{x}_8$ auf den Multiplexer schalten.

Für die Zustände 7b, 7c und 13b ist $f_2 = 1$. So ergibt sich für $f'_2 = 0$.
Da für andere Zustände, beispielsweise den Zustand 2, $f'_2 = f_2 = 1$ sein
muß, ist die Konstante 0 zusätzlich dem Multiplexer anzubieten. Daher
erhöht sich die Eingangsleitungszahl des Multiplexers auf sechs und
wir benötigen drei Steuerleitungen (Maskierungsvariablen).

Die neue Speicherbelegung zeigt Tabelle 11.2. Die ersten drei Zustandsbereiche bleiben gegenüber Tabelle 10.5 unverändert. Im Zustandsbereich
0011 dagegen, sind in den Zeilen 4b, 7b, 7c, 11a und 13b die veränder-
ten Folgezustände eingetragen. Die zusätzliche Maskierungsvariable
heißt b'_1. Die Zuordnungen zwischen den Eingangsvariablen und den Multiplexerleitungen wurden so gewählt, daß die Belegungen der Variablen

189

b$_1$ bis b$_6$ gleich bleiben. Um den Zusammenhang zu Tabelle 10.5 offen-
sichtlicher zu machen, sind die Zustände in unveränderter Reihenfolge
angeordnet. Der ebenfalls angegebene Binärkode bestimmt die tatsächliche Ordnung im Speicher.

Aus den früher genannten Gründen braucht der Bereich $(f_1' f_2' f_3' f_4')$ = 1---
nicht abgespeichert zu werden. Die Adressen der Zustände im Bereich 0-0-
stimmen alle in der Stelle q$_1$ überein, die Adressen im Bereich 0-10
sind in den Stellen q$_2$ und q$_3$ nicht zu unterscheiden. So bleiben insgesamt 14 Stellen für die Zustände und eine zusätzliche Maskierungsvariable abzuspeichern. Deshalb ist für dieses Beispiel die Zählerbestimmung aufwendiger als die im Kapitel 10.3 vorgestellte Lösung.

<u>Tabelle 11.2.</u> Speicherbelegung bei Zählerbestimmung der Zustandsüber-
gänge im Bereich $(f_1' f_2' f_3' f_4')$ = 0111

Adresse		Folgeadressen für die Belegungen $(f_1' f_2' f_3' f_4')$ der maskierten Variablen				Belegung der Maskierungs-variablen	Ausgabe-belegung
s	q$_1$ q$_2$ q$_3$ q$_4$ q$_5$	1---	0-0-	0-10	0011	b$_1'$ b$_1$ b$_2$ b$_3$ b$_4$ b$_5$ b$_6$	Y
1	0 0 0 0 0	1	1	*	8	0 0 1 0 1 0 0	Y$_2$
2	0 0 0 0 1	1	*	*	*	0 0 0 0 0 0 0	Y$_3$
3	0 0 0 1 0	1	3	*	3	0 1 0 1 0 0 0	Y$_5$
4a	0 0 0 1 1	1	*	4a	6	1 1 1 0 0 0 1	Y$_6$
4b	0 0 1 0 1	1	*	4a	5	0 1 1 0 0 0 1	Y$_8$
5	0 0 1 0 0	1	*	*	*	0 0 0 0 0 0 0	Y$_7$
6	0 0 1 1 0	1	*	*	*	0 0 0 0 0 0 0	Y$_9$
7a	0 0 1 1 1	1	1	*	*	0 0 0 0 1 0 0	Y$_2$
7b	0 1 0 0 0	1	1	*	7b	1 0 0 0 1 0 0	Y$_{12}$
7c	0 1 1 1 1	1	1	*	7b	1 0 0 0 1 0 0	Y$_4$
8	0 1 0 0 1	1	*	*	*	0 0 0 0 0 0 0	Y$_{10}$
9	0 1 0 1 0	1	*	*	*	0 0 0 0 0 0 0	Y$_{10}$
10	0 1 0 1 1	1	10	*	10	0 1 0 1 1 0 0	Y$_{10}$
11a	0 1 1 0 0	1	11a	13a	12	1 1 1 1 0 1 0	Y$_{11}$
11b	0 1 1 1 0	1	11a	13a	12	0 1 1 1 0 1 0	Y$_{13}$
12	0 1 1 0 1	1	*	*	*	0 0 0 0 0 0 0	Y$_{12}$
13a	1 0 0 0 0	1	*	*	*	0 0 0 0 0 0 0	Y$_{12}$
13b	1 0 0 0 1	1	*	*	13b	1 0 0 0 0 0 0	Y$_{14}$

Die neue Beschaltung der Multiplexerbausteine und die Gewinnung des
Steuersignals für den Zähler findet man in Bild 11.6.

Die Zählerbestimmung bringt vor allem dann Vorteile, wenn viele Folgezustände in allen Zustandsbereichen vorgeschrieben sind. Dies ist bei
vollständiger Serialisierung der Eingangsabfrage die Regel, so daß
sich dieser Realisierungsvorschlag hierfür besonders empfiehlt. Dennoch wird der folgende Algorithmus allgemein gehalten und nicht auf diese spezielle Struktur beschränkt.

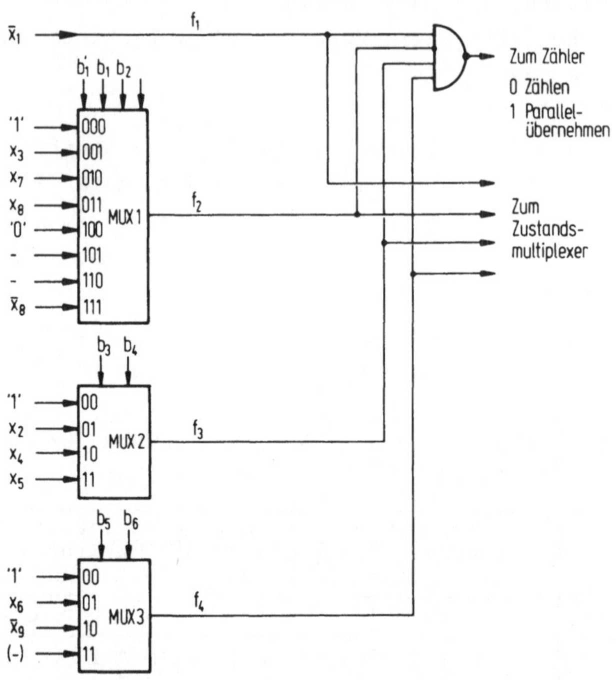

Bild 11.6. Multiplexerbeschaltung bei Zählerrealisierung des Bereichs $(f'_1 f'_2 f'_3 f'_4) = 0111$

Algorithmus 10: Zur Zählerbestimmung einer Folgeadresse

Schritt 1:

Man gehe von der Speicherbelegung eines Moore-Schaltwerks aus, wobei Zustandsbereiche so weit wie möglich zusammengefaßt sein sollen. Die Gültigkeit der Bereiche wird durch Belegungsblöcke (0, 1, -) der maskierten Variablen beschrieben.

Man ordne diese Belegungsblöcke nach steigender Anzahl der Striche (-) in deren Beschreibung. Besitzen mehrere Blöcke die gleiche Anzahl von Strichen, dann ist deren Ordnung beliebig.

Schritt 2:

Man suche zu jedem Belegungsblock diejenigen Blöcke, mit denen ein Austausch zugelassen ist. Ein Austausch zwischen zwei Blöcken B_i, B_j ist dann zugelassen, wenn

1. die Blockbeschreibungen von B_i und B_j dieselbe Anzahl an Strichen besitzen,

2. eine Umbenennung der maskierten Variablen möglich ist ($f'_k \leftrightarrow f_e$ oder $f'_k \leftrightarrow \bar{f}_e$), die

    a) den Block B_i in den Block B_j transformiert und umgekehrt,

    b) die restlichen Blöcke so transformiert, daß nach der Transformation genau dieselben Blöcke vorhanden sind wie zuvor.

    (Dann bleibt die ursprüngliche Blockstruktur erhalten).

Man notiere die für die zugelassenen Blockpaare festgelegten Umbenennungen der maskierten Variablen.

Die beschriebene Beziehung zwischen zwei Blöcken hat die Eigenschaft einer sogenannten Äquivalenzrelation, d.h. wenn ein Austausch zwischen B_i und B_j sowie zwischen B_i und B_k erlaubt ist, dann ist sicher auch ein Austausch zwischen B_j und B_k möglich. Damit ist aber ein beliebiger Austausch zwischen B_i, B_j und B_k zugelassen.

Alle Blöcke, zwischen denen ein Austausch zugelassen ist, bilden eine Klasse einer Zerlegung.

Schritt 3:

Man zeichne für jede Klasse der in Schritt 2 gefundenen Zerlegung einen Zustandsüberführungsgraphen. In diesem werden nur die Zustandsübergänge eingetragen, welche in den den Blöcken dieser Klasse zugeordneten Bereichen auftreten.

Schritt 4:

Man wähle einen beliebigen Überführungsgraphen aus, dessen Zustände mit den eingetragenen und eventuellen beliebigen Zustandsübergängen in eine Zählkette eingeordnet werden können. (Damit erfolgt die Auswahl von Bereichen, innerhalb derer ein Austausch durchgeführt wird.)

Schritt 5:

Die Kodierung der Zustände ergibt sich aus der Zählkette und dem Zählkode des einzusetzenden Zählers (z.B. Dualzahlenkode).

Schritt 6:

Man wähle unter den in Schritt 4 bestimmten Blöcken denjenigen aus, der die meisten Übergänge in der Zählkette veranlaßt. Der zugehörige Bereich wird nicht abgespeichert. Statt dessen beschaltet man das NAND-Glied zur Erzeugung des Signals "Zählen" so, daß für den ausgewählten Belegungsblock der Wert 0 entsteht.

Schritt 7:

Man führe den mit den Schritten 2 und 4 festgelegten Austausch zwischen Bereichen durch. Hierzu suche man alle Zustandsübergänge in der Zählkette, die nicht in dem in Schritt 6 ausgewählten Bereich enthalten sind. Man suche einen zugehörigen Bereich, der entweder diesen Übergang enthält, oder in welchen dieser Übergang eingetragen werden kann. Man führe den entsprechenden Austausch der Zustandsübergänge in der Speicherbelegung durch. Schritt 2 legt die hierzu notwendige Zuordnung der Variablen f'_i und f_j fest.

<u>Schritt 8:</u>

Man bestimme die Eingangsvariablen für diejenigen Multiplexerbausteine, bei denen nicht für <u>alle</u> Zustände $f'_j = f_j$ bleibt. Für jeden Zustand lassen sich die bisherigen Zuordnungen zwischen der Eingangsvariablen x_i und der maskierten Variablen f_j angeben. Ist kein Austausch von Folgezuständen zwischen verschiedenen Bereichen bei diesem Zustand erforderlich, dann ist $f'_j = f_j$. Andernfalls legt Schritt 2 eine andere Zuordnung fest. Es sind folgende vier Fälle zu unterscheiden:

1. $f'_j = f_j$; der Multiplexer j erhält die Variable x_i in der bisherigen Form, d.h. x_i oder $\bar{x}_i$ oder konstant 1 bzw. 0.

2. $f'_j = \bar{f}_j$, der Multiplexer j erhält die Variable x_i in der zur bisherigen komplementären Form, d.h. $\bar{x}_i$ statt x_i, x_i statt $\bar{x}_i$, 0 statt 1 und 1 statt 0.

3. $f'_j = f_k$; der Multiplexer j erhält die Variable x_i in der Form, in welcher sie bisher dem Multiplexer k zugeführt wurde, d.h. x_i oder $\bar{x}_i$ oder konstant 1 bzw. 0.

4. $f'_j = \bar{f}_k$; der Multiplexer j erhält die Variable x_i komplementär zu der Form, in welcher sie bisher dem Multiplexer k zugeführt wurde, d.h. $\bar{x}_i$ statt x_i, x_i statt $\bar{x}_i$, 0 statt 1 und 1 statt 0.

Jede Form der Variablen muß höchstens einmal auf einem Multiplexer geschaltet werden. Die Zuordnung zu den Multiplexerleitungen lege man willkürlich fest.

<u>Beispiel zu Algorithmus 10: Trommelspeichersteuerung</u>

<u>Schritt 1:</u>

<u>Tabelle 10.5</u> zeigt die Speicherbelegung für die Trommelspeichersteuerung. Ihr entnimmt man die fünf Belegungsblöcke der Variablen f_1, f_2, f_3 und f_4:

Belegungsblöcke	Striche in den Belegungsblöcken
f_1 f_2 f_3 f_4	
0 1 1 1 0 0 1 1	0
0 - 1 0	1
0 - 0 -	2
0 - - -	3

<u>Schritt 2:</u>

Ein Austausch ist nur zwischen den Blöcken 0111 und 0011 zugelassen.

Daraus folgt die Zuordnung zwischen den Variablen f_i' und f_j: $f_1'= f_1$, $f_2'= \bar{f}_2$, $f_3'= f_3$ und $f_4'= f_4$.

Block-nummer	alte Blöcke	neue Blöcke
	$f_1\ f_2\ f_3\ f_4$	$f_1'\ f_2'\ f_3'\ f_4'$
1	0 1 1 1	0 0 1 1
2	0 0 1 1	0 1 1 1
3	0 - 1 0	0 - 1 0
4	0 - 0 -	0 - 0 -
5	0 - - -	0 - - -

Diese Darstellung der alten und neuen Blöcke folgt unmittelbar aus den genannten Beziehungen zwischen den Variablen f_i und f_j. Man erkennt, daß dieselben Blöcke entstanden sind, die ursprünglich vorhanden waren. Es sind lediglich die beiden ersten Blöcke vertauscht. Die gesuchte Zerlegung lautet also: $\{\{1,2\}, \{3\}, \{4\}, \{5\}\}$.

Schritt 3:

Den Überführungsgraphen für die Klasse $\{1,2\}$ zeigt Bild 11.5. Aus Platzgründen wird auf die Darstellung der Graphen für die Klassen mit Einzelelementen verzichtet. Eine Zählerrealisierung dieser Übergänge ist ohnehin nicht möglich.

Schritt 4:

Die Einordnung der Zustände in eine Zählkette entnimmt man ebenfalls Bild 11.5.

Schritt 5:

Es wird die Verwendung eines Dualzählers vorausgesetzt. Daher ergibt sich im Zusammenhang mit der Zählkette in Bild 11.5 die folgende Zustandskodierung:

Zustand		Zustand		Zustand		Zustand	
s	$q_1\ q_2\ q_3\ q_4\ q_5$	s	$q_1\ q_2\ q_3\ q_4\ q_5$	s	$q_1\ q_2\ q_3\ q_4\ q_5$	s	$q_1\ q_2\ q_3\ q_4\ q_5$
1	0 0 0 0 0	4b	0 0 1 0 1	9	0 1 0 1 0	7c	0 1 1 1 1
2	0 0 0 0 1	6	0 0 1 1 0	10	0 1 0 1 1	13a	1 0 0 0 0
3	0 0 0 1 0	7a	0 0 1 1 1	11a	0 1 1 0 0	13b	1 0 0 0 1
4a	0 0 0 1 1	7b	0 1 0 0 0	12	0 1 1 0 1		
5	0 0 1 0 0	8	0 1 0 0 1	11b	0 1 1 1 0		

Schritt 6:

Vom Bereich $(f_1\ f_2\ f_3\ f_4) = 0111$ gehören 13 Zustandsübergänge der Zählkette an, vom Bereich 0011 sind es dagegen nur 2. Damit ergibt sich das Signal zur Steuerung des Zählers zu:

$$\text{Zählen} = \bar{f}_1 \cdot f_2 \cdot f_3 \cdot f_4$$

Schritt 7:

Der Austausch von Zustandsübergängen zwischen den Bereichen $(f_1\ f_2\ f_3\ f_4) = 0111$ und 0011 erfolgt für die Zustände 4a, 7b, 7c, 11a und 13b. Führt man die entsprechenden Änderungen in Tabelle 10.5 durch, dann gelangt man zur Tabelle 11.2. Dort ist allerdings der Bereich $(f_1\ f_2\ f_3\ f_4) = 0111$ bereits weggelassen, da die entsprechenden Zustandsübergänge vom Zähler ausgeführt werden.

Schritt 8:

Aus der Zuordnung der Variablen f_i' und f_j in Schritt 2 geht hervor, daß man lediglich die Beschaltung des Multiplexers 2 neu bestimmen muß. Aus der Tabelle 10.3 entnimmt man die ursprünglichen Zuordnungen zwischen f_2 und den Eingangsvariablen. Da nur Änderungen für die Zustände 4a, 7b, 7c, 11a und 13b notwendig sind, kommt für die übrigen Zustände nur die Fallgruppe 1 in Betracht. Da für die genannten Änderungen immer $f'_2 = \bar{f}_2$ gilt, entspricht dies Fallgruppe 2. Aus der Kenntnis der Fallgruppen und der bisherigen Zuordnung zwischen f_2 und den Eingangsvariablen erhält man die Zuordnungen zwischen f'_2 und den Eingangsvariablen:

Adresse (=Zustand)	bisherige Zuordnung zu f_2	Fallgruppe	neue Zuordnung zu f'_2
1	x_3	1	x_3
2	1	1	1
3	x_7	1	$\bar{x}_7$
4a	x_8	2	$\bar{x}_8$
4b	x_8	1	x_8
5	1	1	1
6	1	1	1
7a	1	1	1
7b	1	2	0
7c	1	2	0
8	1	1	1
9	1	1	1
10	x_7	1	$\bar{x}_7$
11a	x_8	2	$\bar{x}_8$
11b	x_8	2	$\bar{x}_8$
12	1	1	1
13a	1	1	1
13b	1	2	0

Die Variablen x_3, x_7, x_8 und $\bar{x}_8$ sowie die Konstanten 0 und 1 müssen dem Multiplexer 2 angeboten werden. Die Zuordnungen zu den Multiplexerleitungen entnimmt man Bild 11.6.

12. Serialisierung des Ausleseprozesses

In Kapitel 8 wurde erstmals die Möglichkeit näher untersucht, die von
der Problemstellung gegebenenfalls zugelassene geringe Verarbeitungsgeschwindigkeit in eine Verminderung der Bausteinkosten umzusetzen.
Dort verteilte man die Abfrage der für einen Zustand relevanten Eingangsvariablen auf mehrere Taktzeiten des Steuerwerks. Die nach der
Abarbeitung der jeweiligen Eingabebelegung interessierenden Informationen über den Folgezustand und die Ausgabebelegung blieben nach wie
vor in einem Speicherwort abgelegt.

In diesem Kapitel wollen wir dagegen umgekehrt vorgehen. Die ursprünglich in einem Speicherwort abgelegten Informationen werden nun auf mehrere Speicherwörter verteilt. Prinzipiell erfolgt die Abfrage der relevanten Eingangsvariablen jeweils parallel, wenn auch unter Umständen
mehrmals. Wir werden jedoch sehen, daß bei einer geschickten Speichereinteilung eine implizite Eingangsserialisierung mit der Ausleseserialisierung verbunden ist.

12.1 Die unterschiedlichen Adressierungstechniken bei der Ausleseserialisierung

Die Adressierungstechniken für die Ausleseserialisierung weichen von
den bisherigen ab. Legen wir zunächst den allgemeinsten Fall der Ausleseserialisierung (Bild 3.6) zugrunde, dann wählen die Zustands- und
Eingangsvariablen beim Mealy-Typ und die Zustandsvariablen beim Moore-
Typ nicht nur eine einzige Adresse aus, sondern einen Bereich von p
Adressen. Die Ansteuerung der einzelnen Adressen eines Bereichs kann
über einen Zähler erfolgen, da diese Adreßfortschaltung jeweils unabhängig vom gewählten Bereich ist. Die Adresse eines Speicherwortes
setzt sich also aus den Zustandsvariablen des Zählers und den bisherigen Adreßvariablen zusammen. Der Adressenbedarf ergibt sich damit zu
$2^{n+v+\lceil ld\ p\rceil}$ beim Mealy-Typ (v = Anzahl der maskierten Variablen) und

196

zu $2^{n'+\lceil ld\ p\rceil}$ beim Moore-Typ. Die Zahlen n und n' entstehen ebenfalls
durch eine Rundungsoperation ($\lceil ld\ N\rceil$ bzw. $\lceil ld\ N'\rceil$). Daher sind immer
dann "unbeschriebene" Speicherwörter vorhanden, wenn die Zahlen N oder
N' und/oder die Zahl p keine Zweierpotenzen darstellen. Natürlich wird
man versuchen, den Adressenbedarf durch Zusammendrängen der beschriebenen Speicherwörter zu vermindern.

Ein Beispiel soll die Vorgehensweise zunächst für ein Schaltwerk vom
Mealy-Typ verdeutlichen. Wir betrachten hierzu Bild 12.1. Das ursprüngliche Speicherwort bestehend aus Folgezustand, Maskierungsinformationen

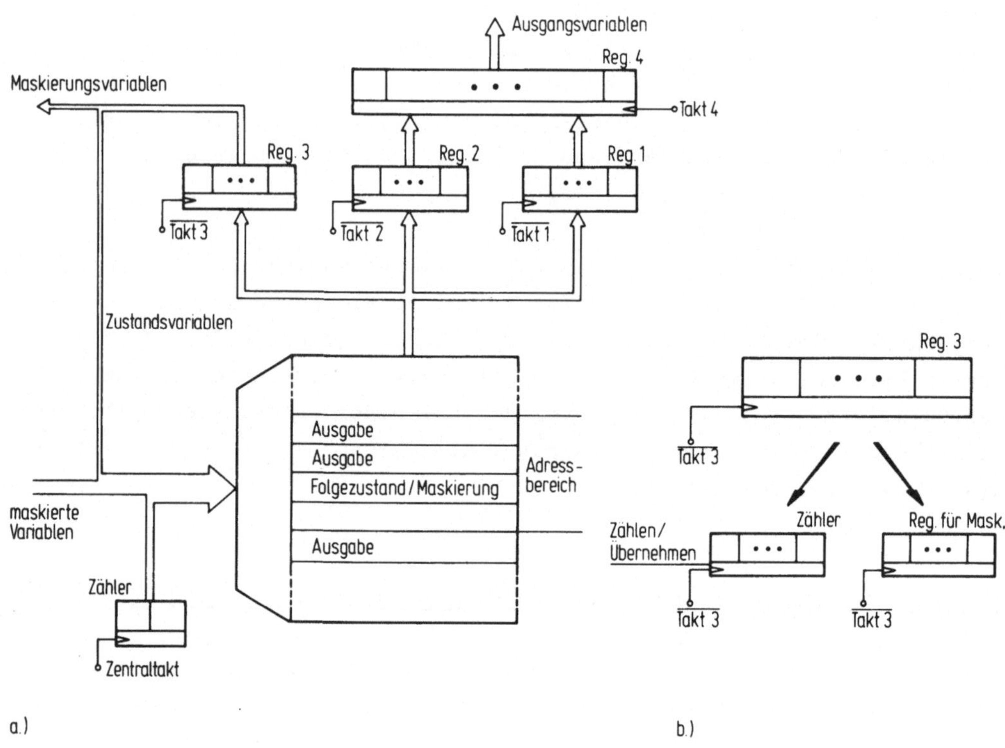

Bild 12.1. Beispiel für Ausleseserialisierung beim Mealy-Schaltwerk

und Ausgabebelegung ist dort in drei aufeinanderfolgenden Speicherwörtern abgelegt. Dabei wurde angenommen, daß die Ausgabebelegung auf zwei
Speicherwörter verteilt ist, während der Folgezustand und die Maskierungsinformation in das dritte Speicherwort passen. Zur Ansteuerung der
Adressen innerhalb eines Adreßbereichs benötigt man einen zweistelligen

Zähler ($\lceil$ld 3$\rceil$ = 2). Man sieht, daß in jedem Bereich ein Speicherwort
frei bleibt. Die Übernahme der Information in die Register 1 bis 4 erfolgt nach dem Impulsplan (g) in Bild 12.2. Die Takte 1 bis 4 (b bis e)
sind aus einem zentralen Takt (a) abgeleitet. Ihre Impulsbreite muß
größer sein als die Speicherauslesezeit. Der Takt 4 dient zusätzlich
als Takt für das gesteuerte Werk (Rückflanke). Die zeitliche Abhängigkeit der vom Zähler durchlaufenen Zustände entnimmt man Bild 12.2f. Die
Änderungen erfolgen jeweils mit der ansteigenden Taktflanke.

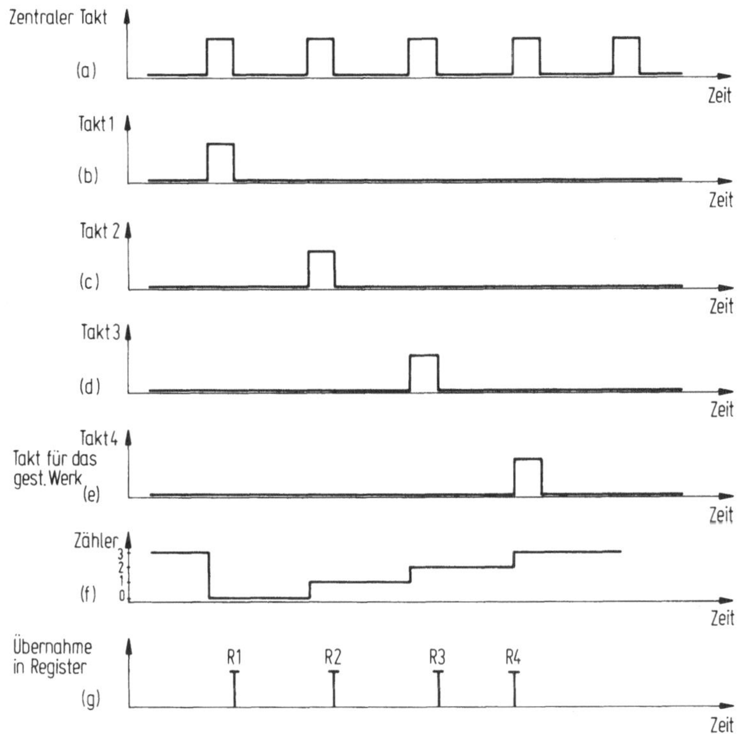

Bild 12.2. Taktungsschema für das Schaltwerk in Bild 12.1

Für die folgenden Betrachtungen teilen wir Register 3 in den Zustandsteil und den Teil für die Maskierungsinformation auf. Man kann nun den
in Bild 12.1 gezeigten Adreßbereich um ein Wort reduzieren, wenn man
den zweistelligen Zähler zur Unterteilung der Adreßbereiche und den Zustandsteil von Register 3 zu einem Zähler verschmilzt. Dieser Zähler besitzt allerdings außer dem Takteingang ein Steuersignal, das ihn veranlaßt, weiterzuzählen oder neue Informationen parallel zu übernehmen.

Nehmen wir für die Funktionsbeschreibung die folgende Ausgangsituation

an: Das Schaltwerk wartet auf den Impuls von Takt 1. Dies bedeutet, daß
die Maskierungsvariablen die Multiplexer für eine neue Adresse einge-
stellt haben. Zusammen mit der Belegung der maskierten Variablen ver-
weist der Zustand im Zähler auf das erste Wort eines Adreßbereichs.
Dieser beinhaltet einen Teil der Ausgabebelegung, der nun mit Takt 1
(ansteigende Flanke) in das Register 1 übernommen wird. Mit der abfallenden Flanke dieses Taktes soll nun der Zähler weiterzählen. Da die
übrigen Adreßvariablen konstant bleiben, steuert der Zähler das zweite
Wort in demselben Adreßbereich an. Auch dort ist ein Teil der Ausgabebelegung eingetragen, der nun in entsprechender Weise in Register 2 übernommen wird. Die Zähleradresse wird um Eins erhöht, sodaß in der nächsten Zeile des Adreßbereichs der Folgezustand und die neue Maskierungsinformation ausgelesen werden können. Die Übernahme in den Zähler und
in den Rest von Register 3 steuert die abfallende Flanke von Takt 3.
Mit Takt 4 erfolgt die Übernahme der Ausgabebelegung in Register 4 und
deren Verarbeitung im gesteuerten Werk. Diese Situation entspricht wieder der Ausgangssituation.

Die Steuerung des Zählers könnte durch zusätzliche Bauelemente erfolgen. Man kann aber auch eine zusätzliche Information in jedem Speicherwort vorsehen, die eine Aussage darüber macht, ob das Speicherwort Aus-
gabe- oder Zustandsinformationen enthält. Diese Zusatzinformation heißt
Zeilenidentifikationsbit. Dann entscheidet der jeweilige Wert des Zei-
lenidentifikationsbits darüber, ob der Zähler weiterzählen oder den
neuen Zustand parallel übernehmen soll.

Die vorgeschlagene Maßnahme bewirkt im allgemeinen eine Reduktion des
Adressenbedarfs. Die Anzahl der Adreßvariablen sinkt nämlich von $v +$
$\lceil ld\ N \rceil + \lceil ld\ p \rceil$ auf $v + \lceil ld\ (Np) \rceil$. Dafür steigt allerdings die Wortbreite gegenüber derjenigen in Bild 12.1. Die Anzahl der abzuspeichernden
Zustandsvariablen erhöht sich nämlich von $\lceil ld\ N \rceil$ auf $\lceil ld\ (Np) \rceil$, und zudem ist in jeder Zeile das Identifikationsbit anzufügen.

Aus diesem Grunde ist die vorgestellte Ausleseserialisierung für Mealy-
Schaltwerke nicht besonders vorteilhaft. Wenden wir die vorgestellten
Maßnahmen dagegen auf Moore-Schaltwerke an, dann können zusätzliche
Einspareffekte erzielt werden.

12.2 Ausleseserialisierung bei Moore-Schaltwerken

12.2.1 Grundstruktur

In der Grundstruktur eines Moore-Schaltwerks enthält jedes Speicherwort eine Reihe von Folgezuständen, die Maskierungsinformation und die Ausgabebelegung. Sucht man eine zweckmäßige Aufteilung dieses Speicherwortes in Teilwörter, so gelangt man zunächst zu einer ähnlichen Aufteilung wie in Bild 12.1. Nur enthält das Zustandswort mehrere Folgezustände zur Auswahl. Die endgültige Entscheidung über den gewünschten Folgezustand erhielte man dann wieder über Zustandsmultiplexer.

Wir wollen jedoch eine andere Aufteilung untersuchen, die erhebliche Vorteile gegenüber der bereits beschriebenen besitzt. Hierzu betrachten wir Bild 12.3.

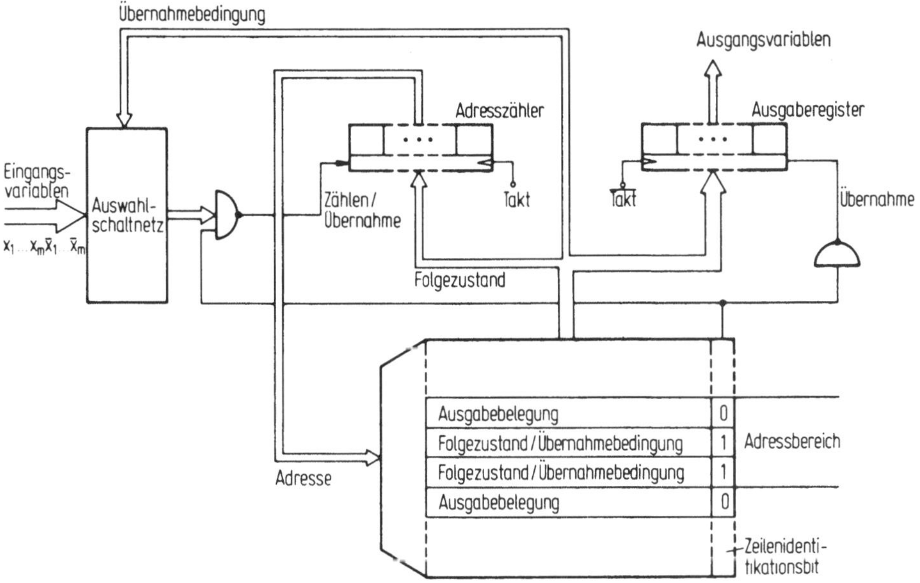

Bild 12.3. Zur Erläuterung der Grundstruktur eines Moore-Schaltwerks mit Ausleseserialisierung

Der Einfachheit halber ist dabei zunächst vorausgesetzt, daß die Ausgabebelegungen jeweils in einem Speicherwort abgelegt werden. An jedes sog. Ausgabewort schließen sich soviele sog. Zustandswörter an, wie der zugehörige Zustand Folgezustände besitzt. Jedes Zustandswort enthält also einen Folgezustand. Außerdem fügen wir jeweils eine Information hinzu, die über die reine Maskierungsinformation hinausgeht und die wir Übernahmebedingung nennen. Jedem Speicherwort der Grund-

struktur und damit jedem Zustand ist nunmehr ein Adreßbereich zugeordnet.

Gehen wir von der Situation aus, daß im Adreßzähler die Adresse eines
Ausgabewortes steht. Dann ist das Zeilenidentifikationsbit 0, und mit
der nächsten abfallenden Taktflanke wird die Ausgabebelegung in das
Ausgaberegister übernommen. (Falls dies einen unmittelbaren Einfluß
auf die Eingangsvariablen hätte, müßte, wie in Bild 12.1, ein zweites
Ausgaberegister nachgeschaltet werden.) Da das Identifikationsbit den
Wert 0 besitzt, soll der Zähler mit der nächsten ansteigenden Taktflanke die Adresse um Eins erhöhen. Das angesteuerte Zustandswort enthält
einen der möglichen Folgezustände des betreffenden Adreßbereichs und
eine Bedingung, die angibt, ob dieser Folgezustand in den Zähler übernommen werden soll oder nicht. Für den Übergang von einem Zustand zu
einem bestimmten Folgezustand ist es ja erforderlich, daß ein Teil der
Eingangsvariablen bestimmte Werte annimmt. Die Übernahmebedingung ist
daher so zu gestalten, daß das Signal Zählen/Übernahme beispielsweise
0 wird, wenn die ausgewählten Eingangsvariablen diese bestimmten Werte annehmen. In allen anderen Fällen bleibt das Signal Zählen/Übernah-
me dann 1 und die Adresse erhöht sich bei der nächsten ansteigenden
Taktflanke um Eins. Unter dieser Adresse finden wir das nächste Zustandswort mit dem entsprechenden Folgezustand und der Übernahmebedingung. Falls kein fehlerhafter Entwurf vorliegt, ist die Übernahmebedingung spätestens beim jeweils letzten Folgezustand eines Adreßbereichs erfüllt, sodaß der Zählvorgang immer unterbrochen wird.

Unter derjenigen Adresse, die in einem Zustandswort ausgelesen wird,
findet man stets die dem betreffenden Folgezustand zugehörige Ausgabebelegung. Die Ausgangssituation ist also wieder erreicht.

Durch ein entsprechendes Taktschema muß man dafür sorgen, daß während
der Abarbeitung eines Adreßbereichs der relevante Belegungsteil der
Eingangsvariablen unverändert bleibt. Dies erreicht man durch ähnliche Maßnahmen wie bei der Serialisierung der Eingangsabfrage. Die Zusatzvariable y_z ist nur jeweils durch das Zeilenidentifikationsbit zu
ersetzen.

Hebt man die bisher getroffene Voraussetzung auf, daß jeder Zustandsbereich nur ein Wort mit einer Ausgabebelegung enthält, dann muß man
lediglich das Taktsystem um zusätzliche Takte erweitern. Diese verteil-
len dann die Teile der Ausgabebelegungen auf die entsprechenden Regi-

ster. Die Taktausblendung aus einem zentralen Takt kann man durch zusätzlich im Speicher abgelegte Informationen steuern.

12.2.2 Transformation der Ablauftabelle in die Speicherbelegung für die Ausleseserialisierung

Im vorigen Abschnitt 12.2.1 wurde die Struktur eines Moore-Schaltwerks
bei Anwendung der Ausleseserialisierung vorgestellt. Es bleibt nun die
Frage, wie man von der in Kapitel 4 ermittelten Moore-Ablauftabelle
die Speicherbelegung für Bild 12.3 gewinnen kann. Hierzu betrachten wir
zunächst Tabelle 12.1. Diese zeigt im Teil a einen Ausschnitt aus der
Moore-Tabelle für die Trommelsteuerung (Beispiel zu Algorithmus 1 in
Kapitel 4). Der Zustand 1 wird für bestimmte Werte der Variablen x_1, x_2

Tabelle 12.1. Übergang von der Ablauftabelle (Moore) zur Speicherbelegung bei der Ausleseserialisierung
a. Ausschnitt aus der Ablauftabelle für die Trommelspeichersteuerung
b. Zugehöriger Ausschnitt aus der Speicherbelegung

derzeitiger Zustand	Eingabebelegung		Folgezustand	Ausgabe- belegung
s^ν	$x_1\ x_2\ x_3\ x_4\ x_5\ x_6\ x_7\ x_8\ x_9$		$s^{\nu+1}$	Y
1	1 - - - - - - - - 0 0 - - - - - - - 0 1 1 - - - - - - 0 1 0 - - - - - -		1 1 2 8	Y_2

a.

Adresse	Zeilen- identi- fikation	Folge- adresse	(zustand)	Ausgabe- belegung	(derzeitiger Zustand)	Übernahme- bedingung
0	0			Y_2	(1)	
1	1	0	(1)			$\bar{x}_1$
2	1	0	(1)			$\bar{x}_1 \cdot x_2$
3	1	5	(2)			$\bar{x}_1 \cdot x_2 \cdot x_3$
4	1		(8)			$\bar{x}_1 \cdot x_2 \cdot \bar{x}_3$
5	0				(2)	

b.

und x_3 in die Folgezustände 1, 2 oder 8 überführt. Unabhängig hiervon
hat das Schaltwerk im Zustand 1 die Ausgabebelegung Y_2 zu erzeugen.
Tabelle 12.1b bereitet die Festlegung der Speicherbelegung vor. Wir ordnen zunächst willkürlich dem Zustand 1 die Adresse O zu. Unter dieser

Adresse legen wir die zum Zustand 1 gehörende Ausgabebelegung Y_2 ab. Um deutlich zu machen, daß diese Ausgabebelegung dem Zustand 1 zugehört, tragen wir in diese Tabelle $Y_2(1)$ ein. An das Ausgabewort schließen sich die vier Zustandswörter an, entsprechend den vier unterschiedlichen Eingabebelegungen in Tabelle a. Wir ordnen ihnen in beliebiger Reihenfolge die nächsten vier Adressen zu. Der Übersichtlichkeit wegen sind die Folgeadressen und die Übernahmebedingungen versetzt gegenüber den Ausgaben geschrieben.

Betrachten wir zunächst den Übergang zum Zustand 1 unter der Bedingung $x_1=1$. Dies bedeutet, daß unter der Adresse 1 der Folgezustand 1 einzutragen ist. Diesem ist, wie wir bereits wissen, die Adresse 0 zugeordnet. Die Übernahmebedingung wird durch einen konjunktiven Ausdruck dargestellt, der immer dann den Wert 1 annimmt, wenn die zugehörige Belegung der Eingangsvariablen vorliegt. Bei der Adresse 1 besteht dieser Ausdruck nur aus der Variablen x_1.

Unter der Adresse 2 finden wir denselben Folgezustand, allerdings mit einer anderen Übernahmebedingung.

Der Eintrag in Adresse 3 ermöglicht den Übergang zum Zustand 2, dessen zugehörige Adresse vorläufig noch unbekannt ist und daher erst später eingetragen wird. Als letzten Folgezustand erreichen wir unter Adresse 4 schließlich den Zustand 8. Nun sind alle Folgezustände des Zustands 1 aufgeführt und man kann die nächste freie Adresse willkürlich einem anderen Zustand zuordnen. In Tabelle 12.1b folgt der Zustand 2, dessen zugehörige Ausgabebelegung wir in Tabelle 12.1a nicht finden und daher vorläufig nicht eintragen. Dafür können wir aber unter der Adresse 3 die Folgeadresse 5 vermerken.

Wie früher bereits beschrieben wurde, erhält das Zeilenidentifikationsbit in einer Speicherzeile mit Ausgabeinformation den Wert 0, in Zeilen mit Folgeadressen dagegen den Wert 1.

In entsprechender Weise kann man alle Zustände so den Adreßbereichen zuordnen, daß keine unbeschriebenen Speicherworte zwischen den Bereichen liegen. Die Größe eines Bereichs bestimmt also nicht der Zustand mit den meisten Folgezuständen, sondern die Anzahl der Folgezustände des zum Bereich gehörenden Zustandes.

Wir können daher direkt aus der Moore-Tabelle den Adressenbedarf er-

mitteln. Jeder der 18 Zustände benötigt eine Adresse für die Ausgabe.
Hinzu kommen die Adressen für die Verzweigungszustände. Diese ergeben
sich aus der Zeilenzahl der Ablauftabelle zu 55, was zu einem Adressenbedarf von 73 führt. Nach den bisherigen Überlegungen wären vier Multiplexerbausteine in Auswahlschaltnetzen einzusetzen, welche die maximal
für einen Zustand relevanten Eingangsvariablen auf das NAND-Glied schalten können. Wir wollen nun drei Maßnahmen diskutieren, von welchen zwei
den Adressenbedarf vermindern und die dritte den Aufwand an Multiplexerbausteinen senkt.

12.2.3 Reduktion des Adressenbedarfs ohne weitere Erhöhung der Ver-
arbeitungsdauer

Die Reihenfolge der den einzelnen Zuständen zugeordneten Adreßbereichen
haben wir bisher willkürlich festgelegt. Durch Auswahl einer günstigen
Reihenfolge kann man jedoch den Adressenbedarf senken, wenn man gleichzeitig von der Annahme abrückt, daß beim Durchlaufen der Zustandsworte
eines Bereichs genau einmal die Übernahmebedingung erfüllt sein muß.
Wir wollen also den Zähler auch beim Übergang von einem Adreßbereich in
den folgenden ausnutzen. Betrachten wir dazu nochmals Tabelle 12.1. Vertauschen wir beispielsweise die Inhalte der Adressen drei und vier. Nehmen wir weiter an, der Adreßzähler sei über die Adressen 0 bis 3 zur
Adresse vier gelangt. Keine der bisherigen Übernahmebedingungen ist also erfüllt. Dann __muß__ die Bedingung $\bar{x}_1 x_2 x_3$ erfüllt sein. Der Zustand 2
bildet also den neuen Zustand, der durch Parallelübernahme in den Zähler gelangt. Dieselbe Wirkung hätte man erreicht, wenn die Adresse vier
bereits dem Zustand 2 zugewiesen worden wäre. Tabelle 12.2 zeigt die
neue Situation.

Bei jedem Zustand, bei dem eine Überführung in einen Folgezustand statt
durch eine Parallelübernahme durch einen Zählvorgang erfolgen kann, läßt

__Tabelle 12.2.__ Ausnutzen der Zählereigenschaft beim Übergang von einem
Zustandsbereich zum nächsten

Adresse	Zeilen- identi- fikation	Folge- adresse	(zustand)	Ausgabe- belegung	(derzeitiger Zustand)	Übernahme- bedingung
0	0			Y_2	(1)	
1	1	0	(1)			x_1
2	1	0	(1)			$\bar{x}_1\,\bar{x}_2$
3	1		(8)			$\bar{x}_1\,x_2\,\bar{x}_3$
4	0				(2)	

sich eine Adresse einsparen. Ziel eines Optimierungsvorgangs ist es, auf
diese Weise möglichst viele Adressen einzusparen. Eine ähnliche Problemstellung trat bereits im Kapitel 11 auf, wo möglichst viele der durch
die Ablauftabelle festgelegten Zustandsübergänge in eine Zählkette einzupassen waren. Der Unterschied besteht darin, daß wir nunmehr im gesamten Zustandsüberführungsgraphen nach einer Zählkette suchen dürfen.
In Bild 12.4 sind dieser Graph und eine ausgewählte Zählkette für das
Beispiel der Trommelsteuerung dargestellt. Allerdings wurde beim Überführungsgraphen darauf verzichtet, jeweils die Rückführung in den Zustand 1 zu zeichnen.

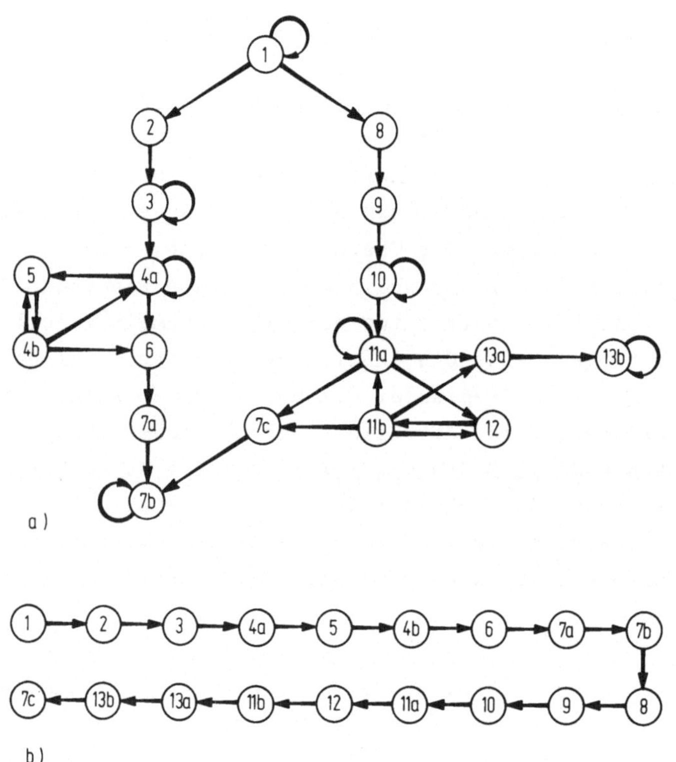

Bild 12.4. Bestimmung der günstigsten Reihenfolge der Adreßbereiche
a. Überführungsgraph für die Trommelsteuerung
b. Ausgewählte Zählkette

Wir ordnen nunmehr die Adreßbereiche nicht mehr willkürlich hintereinander an, sondern in der durch die Zählkette festgelegten Reihenfolge.
Tabelle 12.3 zeigt die entsprechende Übertragung der Moore-Ablauftabelle für das Beispiel der Trommelsteuerung in die Speicherbelegung (nicht

in Klammern aufgeführte Informationen). Die neben der Ausgabe in Klammern aufgeführten Zustände ergeben von oben nach unten gelesen die Zählkette von Bild 12.4. Die Belegung der ersten fünf Adressen entspricht Tabelle 12.2. Die dort noch unbekannte Adresse von Zustand 8 ergibt sich zu 29. Beim Aufstellen der Tabelle geht man also so vor, daß in den Zustandswörtern zunächst nur die Folgezustände in Klammern eingetragen werden. Erst wenn alle Adreßbereiche festliegen, holt man die Angaben der zugehörigen Folgeadressen nach.

Der Adressenbedarf sinkt aufgrund der gewählten Anordnung von 73 auf 58 und damit reduziert sich die Anzahl der notwendigen Adreßvariablen von 7 auf 6.

Da wir bei diesem Vorgang lediglich die Reihenfolge der Adreßbereiche vertauscht haben, geht die Verminderung des Adressenbedarfs nicht auf Kosten einer zusätzlichen Verlängerung der Verarbeitungsdauer. Bei der Abarbeitung der Zustandsbereiche, die durch einen Zählvorgang in den jeweiligen folgenden Zustandsbereich überführt werden, spart man im Gegenteil jeweils eine Taktperiode. Läßt man jedoch eine weitere Verlängerung der Verarbeitungsdauer zu, dann ist eine weitere Senkung des Adressenbedarfs möglich.

12.2.4 Reduktion des Adressenbedarfs mit weiterer Erhöhung der Verarbeitungsdauer

Der Inhalt von Tabelle 12.3 ist in der Sprache der Softwaretechnik ein Programm. Der Adreßzähler heißt dort Programmzähler. Der Inhalt des Ausgabewortes entspricht einer Zuweisung. Der Programmzähler steuert "normalerweise" nacheinander die Adressen 0 bis 57 an. Abweichungen hiervon sind möglich und werden als Sprünge bezeichnet. Ein Sprung zu einer anderen als der normalen Folgeadresse erfolgt dann, wenn eine sogenannte Sprungbedingung (Übernahmebedingung) erfüllt ist. Man spricht von bedingten Sprüngen. Es gibt aber auch unbedingte Sprünge. Das sind solche, die unabhängig vom Wert einer oder mehrerer Eingangsvariablen erfolgen müssen. Solche unbedingten Sprünge wollen wir ausnutzen, um den weiteren Adressenbedarf zu vermindern. Allerdings ist für einen solchen Sprung stets eine Taktzeit erforderlich, um welche die Verarbeitungsdauer dann verlängert wird. Die Übernahmebedingung für einen unbedingten Sprung kennzeichnen wir durch einen Strich (-). Betrachten wir in Tabelle 12.3 beispielsweise die Adressen 37 bis 41 und 44 bis 48. Diese Bereiche sind den gesplitteten Zuständen 11a und 11b zuge-

Tabelle 12.3. Aufbereitung der Speicherbelegung für das Beispiel der Trommelspeichersteuerung bei Ausleseserialisierung

Adresse	Zeilen-identifikation	Folge-adresse	(zustand)	Ausgabe-belegung	(derzeitiger Zustand)	Übernahme-bedingung
0	0			Y_2	(1)	
1	1	0	(1)			$\overline{x}_1$
2	1	0	(1)			$\overline{x}_1\,\overline{x}_2$
3	1	29	(8)			$x_1\,x_2\,\overline{x}_3$
4	0			Y_3	(2)	
5	1	0	(1)			x_1
6	0			Y_5	(3)	
7	1	0	(1)			$\overline{x}_1$
8	1	6	(3)			$\overline{x}_1\,\overline{x}_4$
9	1	6	(3)			$x_1\,x_7$
10	0			Y_6	(4a)	
11	1	0	(1)			$\overline{x}_1$
12	1	20	(6)			$\overline{x}_1\,\overline{x}_6\,x_8$
13	1	10	(4a)			$x_1\,x_6$
14	0			Y_7	(5)	
15	1	0	(1)			x_1
16	0			Y_8	(4b)	
17	1	0	(1)			$\overline{x}_1$
18	1	14	(5)			$\overline{x}_1\,\overline{x}_6\,\overline{x}_8$
19	1	10	(4a)			$x_1\,x_6$
20	0			Y_7	(6)	
21	1	0	(1)			x_1
22	0			Y_9	(7a)	
23	1	0	(1)			$\overline{x}_1$
24	1	0	(1)			$\overline{x}_1\,\overline{x}_2$
25	0			Y_2	(7b)	
26	1	0	(1)			$\overline{x}_1$
27	1	25	(7b)			$\overline{x}_1\,x_2$
28	1	0	(1)			$x_1\,x_2$
29	0			Y_4	(8)	
30	1	0	(1)			x_1
31	0			Y_{10}	(9)	
32	1	0	(1)			x_1
33	0			Y_{10}	(10)	
34	1	0	(1)			$\overline{x}_1$
35	1	33	(10)			$\overline{x}_1\,\overline{x}_5$
36	1	33	(10)			$x_1\,x_7$
37	0			Y_{11}	(11a)	
38	1	0	(1)			$\overline{x}_1$
39	1	54	(7c)			$\overline{x}_1\,x_4\,x_8\,\overline{x}_9$
40	1	49	(13a)			$\overline{x}_1\,x_4\,x_9$
41	1	37	(11a)			$x_1\,x_4$
42	0			Y_{12}	(12)	
43	1	0	(1)			x_1
44	0			Y_{13}	(11b)	
45	1	0	(1)			$\overline{x}_1$
46	1	54	(7c)			$\overline{x}_1\,x_4\,x_8\,\overline{x}_9$
47	1	42	(12)			$\overline{x}_1\,x_4\,x_8\,x_9$
48	1	37	(11a)			$x_1\,x_4$
49	0			Y_{12}	(13a)	
50	1	0	(1)			x_1
51	0			Y_{14}	(13b)	
52	1	0	(1)			$\overline{x}_1$
53	1	51	(13b)			x_1
54	0			Y_{12}	(7c)	
55	1	0	(1)			$\overline{x}_1$
56	1	25	(7b)			$\overline{x}_1\,x_2$
57	1	0	(1)			$x_1\,x_2$

wiesen. Wir wissen, daß beide Zustände sich lediglich im Ausgabeverhalten unterscheiden, nicht aber hinsichtlich ihrer Folgezustände und der Bedingungen, unter welchen diese zu erreichen sind. Daß die Eintragungen in den Adressen 38 bis 41 und 45 bis 48 nicht identisch sind, liegt daran, daß beide Zustände an unterschiedlichen Stellen der Zählkette liegen. Dennoch machen wir keinen Fehler, wenn wir das Programm in der Adresse 45, ohne die Eingangsvariablen zu beachten, auf die Adresse 38 umsteuern. Der Unterschied besteht lediglich darin, daß wir die Adresse 49 nicht durch einen Zählvorgang, sondern durch einen Sprung von der Adresse 40 erreichen. In Tabelle 12.4 ist der Vorgang verdeutlicht. Da sich die Folgeadressen von 7c und 13a wegen des nunmehr geringeren Adressenbedarfs von Zustand 11b verschieben, sind sie in diesem Ausschnitt nicht eingetragen.

Tabelle 12.4. Ausschnitt aus der Speicherbelegung bei Verwendung unbedingter Sprünge

Adresse	Zeilen-identifikation	Folge-adresse	(zustand)	Ausgabe-belegung	(derzeitiger Zustand)	Übernahme-bedingung
37	0			Y_{11}	(11a)	
38	1	0	(1)			x_1
39	1	?	(7c)			$\bar{x}_1\, x_4\, x_8\, \bar{x}_9$
40	1	?	(13a)			$\bar{x}_1\, x_4\, x_9$
41	1	37	(11a)			$\bar{x}_1\, \bar{x}_4$
42	0			Y_{12}	(12)	
43	1	0	(1)			x_1
44	0			Y_{13}	(11b)	
45	1	38				-

Im übrigen sieht man, daß für den unbedingten Sprung nur eine Folgeadresse, aber kein Folgezustand mehr angegeben werden kann, da ja kein Ausgabewort als nächstes angesteuert wird.

Ein häufiges Springen innerhalb des Programms hat den Nachteil, daß der Ablauf sehr unübersichtlich wird. Man sollte daher auf diese Maßnahme nur dann zurückgreifen, wenn man dadurch die Bausteinkosten erheblich reduzieren kann.

Obwohl ein unbedingter Sprung auch in anderen Situationen zur Verminderung des Adressenbedarfs führen kann, wollen wir ihn hier nur für den bereits geschilderten Fall der gesplitteten Zustände einsetzen. Hierfür ist er nämlich grundsätzlich einführbar, so daß kein aufwendi-

Tabelle 12.5. Speicherbelegung für das Beispiel der Trommelspeichersteuerung bei Einführung unbedingter Sprünge zur Reduktion des Adressenbedarfs

Adresse	Zeilen-identi-fikation	Folge-adresse	(zustand)	Ausgabe-belegung	(derzeitiger Zustand)	Übernahme-bedingung
0	0			$\bar{Y}_2$	(1)	
1	1	0	(1)			$\bar{x}_1$
2	1	0	(1)			$x_1\,\bar{x}_2$
3	1	25	(8)			$x_1\,x_2\,\bar{x}_3$
4	0			Y_3	(2)	
5	1	0	(1)			x_1
6	0			$\bar{Y}_5$	(3)	
7	1	0	(1)			$\bar{x}_1$
8	1	6	(3)			$x_1\,\bar{x}_4$
9	1	6	(3)			$x_1\,x_7$
10	0			Y_6	(4a)	
11	1	0	(1)			$\bar{x}_1$
12	1	18	(6)			$x_1\,\bar{x}_6\,x_8$
13	1	10	(4a)			$x_1\,x_6$
14	0			Y_7	(5)	
15	1	0	(1)			x_1
16	0			Y_8	(4b)	
17	1	11				–
18	0			Y_7	(6)	
19	1	0	(1)			x_1
20	0			Y_9	(7a)	
21	1	0	(1)			$\bar{x}_1$
22	1	0	(1)			$x_1\,\bar{x}_2$
23	0			$\bar{Y}_2$	(7b)	
24	1	21				–
25	0			$\bar{Y}_4$	(8)	
26	1	0	(1)			x_1
27	0			Y_{10}	(9)	
28	1	0	(1)			x_1
29	0			Y_{10}	(10)	
30	1	0	(1)			$\bar{x}_1$
31	1	29	(10)			$x_1\,\bar{x}_5$
32	1	29	(10)			$x_1\,x_7$
33	0			Y_{11}	(11)	
34	1	0	(1)			$\bar{x}_1$
35	1	47	(7c)			$x_1\,x_4\,x_8\,\bar{x}_9$
36	1	42	(13a)			$x_1\,\bar{x}_4\,x_9$
37	1	33	(11a)			$x_1\,\bar{x}_4$
38	0			Y_{12}	(12)	
39	1	0	(1)			x_1
40	0			Y_{13}	(11b)	
41	1	34				–
42	0			Y_{12}	(13a)	
43	1	0	(1)			x_1
44	0			Y_{14}	(13b)	
45	1	0	(1)			$\bar{x}_1$
46	1	44	(13b)			x_1
47	0			Y_{12}	(7c)	
48	1	21				–

ger Suchprozeß nach solchen Sprungmöglichkeiten notwendig ist. Von allen aus einem Mealyzustand gesplitteten Zuständen wird immer der kleinste Bereich angesprungen. Beispielsweise umfaßt der Bereich für den Zustand 7a drei Adressen, der für 7b dagegen vier Adressen. Daher wird vom Bereich 7b in den Bereich 7a gesprungen. Sind die Bereiche gleich groß, dann ist die Auswahl beliebig.

Eine Ersparnis ist nur dann durch einen unbedingten Sprung möglich, wenn der Bereich aus dem gesprungen wird, mehr als zwei Adressen besitzt. Nach diesen Erläuterungen versteht man den Aufbau von Tabelle 12.5. Der Adressenbedarf sinkt von 58 auf 49. Aus diesem Grunde können keine weiteren Bausteine eingespart werden. Die folgenden Überlegungen schließen daher wieder an Tabelle 12.3 an.

12.2.5 Ausnutzung der impliziten Serialisierung der Eingangsabfragen zur Verminderung des Multiplexerbedarfs

Die Einpassung der Adreßbereiche in eine geeignete Reihenfolge ermöglichte es, den Adressenbedarf zu vermindern. Die Reihenfolge der Zustandswörter innerhalb eines Bereichs blieb dabei willkürlich. Dieser Freiheitsgrad kann zur Optimierung des Multiplexeraufwandes ausgenutzt werden.

Hierzu muß man zunächst auf die vorhandene implizite Serialisierung der Eingangsabfrage hinweisen. Betrachten wir dazu in Tabelle 12.3 den Adreßbereich des Zustands 1. Der Adreßzähler steuert als erstes Zustandswort die Adresse 1 an. Sofern die Eingangsvariable x_1 den Wert 1 besitzt, wird die Adresse 0 in den Zähler übernommen. Nur wenn $x_1=0$ ist, kann daher das zweite Zustandswort dieses Bereichs adressiert werden. Es erübrigt sich daher, in dieser Übernahmebedingung nach dem Wert von x_1 zu fragen; x_1 ist sicher 0. Die Übernahme der Folgeadresse 0 hängt also nur noch vom Wert der Variablen x_2 ab. Sofern er 1 ist, wird die Adresse 3 angesteuert. Die Bedingung dafür, daß wir die Adresse 3 überhaupt erreichen, ist damit $\bar{x}_1 \cdot x_2 = 1$. Wir müssen also nur nach x_3 abfragen. In jeder der drei Wortadressen entscheidet also jeweils eine Eingangsvariable über die Steuerung des Zählers.

Allerdings verdanken wir diesen Umstand der zufällig gewählten Reihenfolge der Eintragungen in diesen Adressen. Würden wir beispielsweise die Inhalte der Adressen 1 und 3 vertauschen, was vom Ablauf her gesehen zulässig ist, dann hätten wir eine andere Situation. Wir müßten

unter der Adresse 1 nach dem Wert dreier Variablen abfragen. Es stellt
sich nun die Frage, wie man jeweils die günstigste Reihenfolge findet.
Offensichtlich ist es zweckmäßig, die Übernahmebedingungen entsprechend
der Variablenzahl zu ordnen. Die Variablenzahl im ersten Zustandswort
eines Bereichs bestimmt ja, nach wievielen Variablen wir mindestens
gleichzeitig abfragen müssen. Die Variablenzahl der Übernahmebedingung
soll auch unser einziges Kriterium für die Anordnung der Zustandswörter bleiben.

Natürlich liegen die Verhältnisse nicht immer so einfach wie im Adreßbereich des Zustands 1, bei dem sich die serialisierten Übernahmebedingungen leicht ermitteln ließen. In komplizierteren Fällen hilft das Karnaugh-Veitch-Diagramm (KV-Diagramm) bei der Suche nach dem Einfluß der
Serialisierung auf die Übernahmebedingungen. Betrachten wir dazu in
Bild 12.5 den Adreßbereich des Zustandes 11b (Tabelle 12.3). Die Übernahmebedingungen seien nach der Variablenzahl geordnet. An erster Stelle befindet sich die Übernahmebedingung x_1. Insgesamt müssen wir im
Adreßbereich die Variablen x_1, x_4, x_8 und x_9 berücksichtigen. Wir zeichnen in Bild 12.5 daher ein KV-Diagramm für die vier genannten Variablen und tragen im Bereich $x_1=1$ den Funktionswert 1 ein, im Breich
$x_1=0$ den Funktionswert 0. Die nächste Übernahmebedingung lautet $\bar{x}_1\bar{x}_4$.
In Bild 12.5b zeichnen wir nun ein KV-Diagramm für die genannten vier
Variablen. Wir tragen in die durch den Ausdruck $\bar{x}_1\bar{x}_4$ bestimmten Felder den Funktionswert 1 ein. Die im vorigen Schritt abgefragten Felder
($x_1=1$) erhalten nun einen redundanten Eintrag. Die restlichen Felder
sind mit 0 zu füllen. Wir suchen jetzt den größten Primimplikanten der
definierten Funktion. Er ergibt sich zu $\bar{x}_4$. Die Parallelübernahme der
Adresse 37 erfolgt also nur noch abhängig von x_4 ($\bar{x}_4=1$ bedeutet Parallelübernahme).

Die Reihenfolge der beiden übrigen Übernahmebedingungen ist beliebig.
Wir wählen zunächst den Übergang zu Adresse 54. Die Eintragungen im
KV-Diagramm zeigt 12.5c. Als Primimplikanten erhalten wir $x_8\bar{x}_9$. Es
sind daher die Werte zweier Variablen zu berücksichtigen.

In Bild 12.5d ist schließlich der Übergang zur Adresse 42 behandelt.
Wie man sieht, genügt als Übernahmebedingung $\bar{x}_9$ anzugeben, wenn man
die vorgeschlagene Reihenfolge der Abfragen einhält.

Die vorgeschlagene Methode ist auf alle Adreßbereiche getrennt anzu-
wenden. Im Adreßbereich des Zustandes 3 sei noch auf einen Sonderfall

aufmerksam gemacht. Dort führen zwei verschiedene Übernahmebedingungen zu derselben Folgeadresse. Das besondere ist, daß sich die Felder
beider Bedingungen im KV-Diagramm überlappen. Man würde nach der obigen
Vorgehensweise daher unterschiedliche Eintragungen in dieselben Felder
vorzunehmen haben. In dieser Situation setzt sich dann der redundante
Eintrag durch, da diese Felder ja bereits berücksichtigt wurden.

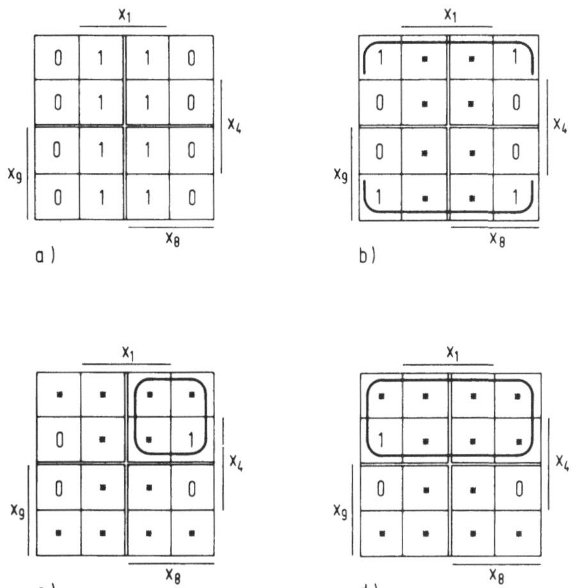

Bild 12.5. Zur Bestimmung der serialisierten Übernahmebedingungen
a. Abfrage nach $x_1=1$
b. Abfrage nach $\bar{x}_1\bar{x}_4=1$ unter der Gewißheit, daß $x_1=0$ ist
c. Abfrage nach $\bar{x}_1x_4x_8\bar{x}_9=1$ unter der Gewißheit, daß $x_1=0$ und $x_4=1$
   ist
d. Abfrage nach $\bar{x}_1x_4\bar{x}_8\bar{x}_9=1$ unter der Gewißheit, daß $x_1=0$, $x_4=1$ und
   $x_0 \cdot \bar{x}_9=0$ ist

Dabei geht man allerdings von der Annahme aus, daß Übernahmebedingungen, welche zum selben Folgezustand führen, zu möglichst wenigen Bedingungen zusammengefaßt sind. Dies sollte bei jeder Ablauftabelle gewähr-
leistet sein.

Wendet man die vorgeschlagene Methode (Algorithmus 11) auf die gesamte
Tabelle 12.3 an, dann erhält man Tabelle 12.6. Man sieht, daß außer in
der Adresse 47 die Übernahmebedingung stets durch eine einzige Variable ausgedrückt werden kann.

Tabelle 12.6. Mit Algorithmus 11 aufbereitete Speicherbelegung für die Trommelspeichersteuerung

Adresse	Zeilen-identi-fikation	Folge-adresse	(zustand)	Ausgabe-belegung	(derzeitiger Zustand)	Übernahme-bedingung
0	0			Y_2	(1)	
1	1	0	(1)			$\underline{x}_1$
2	1	0	(1)			$\underline{x}_2$
3	1	29	(8)			x_3
4	0			Y_3	(2)	
5	1	0	(1)			x_1
6	0			Y_5	(3)	
7	1	0	(1)			$\underline{x}_1$
8	1	6	(3)			$\underline{x}_4$
9	1	6	(3)			x_7
10	0			Y_6	(4a)	
11	1	0	(1)			$\underline{x}_1$
12	1	10	(4a)			$\underline{x}_6$
13	1	20	(6)			x_8
14	0			Y_7	(5)	
15	1	0	(1)			x_1
16	0			Y_8	(4b)	
17	1	0	(1)			$\underline{x}_1$
18	1	10	(4a)			$\underline{x}_6$
19	1	14	(5)			x_8
20	0			Y_7	(6)	
21	1	0	(1)			x_1
22	0			Y_9	(7a)	
23	1	0	(1)			$\underline{x}_1$
24	1	0	(1)			x_2
25	0			Y_2	(7b)	
26	1	0	(1)			$\underline{x}_1$
27	1	0	(1)			x_2
28	1	25	(7b)			-
29	0			Y_4	(8)	
30	1	0	(1)			x_1
31	0			Y_{10}	(9)	
32	1	0	(1)			x_1
33	0			Y_{10}	(10)	
34	1	0	(1)			$\underline{x}_1$
35	1	33	(10)			$\underline{x}_5$
36	1	33	(10)			x_7
37	0			Y_{11}	(11a)	
38	1	0	(1)			$\underline{x}_1$
39	1	37	(11a)			x_4
40	1	49	(13a)			x_9
41	1	54	(7c)			$\underline{x}_8$
42	0			Y_{12}	(12)	
43	1	0	(1)			x_1
44	0			Y_{13}	(11b)	
45	1	0	(1)			$\underline{x}_1$
46	1	37	(11a)			x_4
47	1	54	(7c)			$\underline{x}_8\ \overline{x}_9$
48	1	42	(12)			x_9
49	0			Y_{12}	(13a)	
50	1	0	(1)			x_1
51	0			Y_{14}	(13b)	
52	1	0	(1)			x_1
53	1	51	(13b)			-
54	0			Y_{12}	(7c)	
55	1	0	(1)			$\underline{x}_1$
56	1	0	(1)			$\underline{x}_2$
57	1	25	(7b)			-

In einigen Speicherwörtern ist ein unbedingter Sprung eingetragen. Dies ist überall dort der Fall, wo der anschließende Bereich nicht durch einen Zählvorgang erreicht werden kann.

Die maximale Anzahl der Variablen, die eine Sprungbedingung beschreiben, bestimmt auch die Anzahl der einzusetzenden Multiplexerbausteine. Jede Variable muß in der Form, in welcher sie in der Bedingung auftritt, auf ein NAND-Glied geschaltet werden (Bild 12.3).

Nach Tabelle 12.6 wären also zwei Multiplexerbausteine erforderlich. Da der zweite Multiplexerbaustein nur für einen einzigen Übergang benötigt wird, sucht man nach einer Möglichkeit, diesen Baustein einzusparen.

Dies gelingt beispielsweise durch die Einführung eines unbedingten Sprungs von der Adresse 45 zur Adresse 38, wie es im Abschnitt 12.2.4 beschrieben wurde. Dann entfallen die Inhalte der Adressen 45 bis 48. Eine zweite Möglichkeit besteht darin, den Übergang vom Bereich 11b zum Bereich 13a nicht durch den Zählvorgang, sondern durch eine Parallelübernahme ausführen zu lassen. Dann muß zwischen die Eintragungen in den Adressen 46 und 47 der Übergang zum Bereich 13a unter der Bedingung $x_9=1$ festgelegt werden. Der Adressenbedarf wird hierdurch um Eins erhöht.

Eine dritte Alternative besteht in einer Kombination der Ausleseserialisierung mit der Serialisierung der Eingangsabfrage. In denjenigen Fällen, in welchen die Ausleseserialisierung keine vollständige Reduktion der Übernahmebedingungen auf die Entscheidung durch eine Variable liefert, kann man jeweils Serialisierungszustände einführen. Unter der Adresse 47 würde man zunächst nach der Variablen x_8 abfragen. Ist $x_8=0$, dann folgt mit $x_9=0$ der Sprung zum Folgezustand 12. Ist $x_8=1$, dann wird das Schaltwerk mit $x_9=0$ zum Zustand 7c geleitet. Die Adresse 48 würde jetzt den Sprung nach dem Zustand 7c, die Adresse 49 den Sprung nach dem Zustand 12 aufnehmen. Unter der Adresse 47 tragen wir als Sprungziel die Adresse 49 ein und die Bedingung $\bar{x}_8$. Der Adressenbedarf wird auch bei dieser Alternative um Eins erhöht, zudem erhöht sich bei diesem Zustandswechsel die Verarbeitungsdauer.

Die benötigte Wortlänge in den Zustandswörtern setzt sich aus sechs Stellen für die Adresse, vier Stellen für die Multiplexersteuerung und dem Zeilenidentifikationsbit zusammen. Die Ausgabebelegung ist jeweils für 10 Ausgangsvariablen festzulegen, nachdem in Abschnitt 7.1 die Va-

214

riablen y_1 und y_2, sowie y_3 und y_8 jeweils zusammengefaßt wurden. Sowohl für die Zustands- als auch die Ausgabewörter benötigt man daher jeweils 11 Stellen.

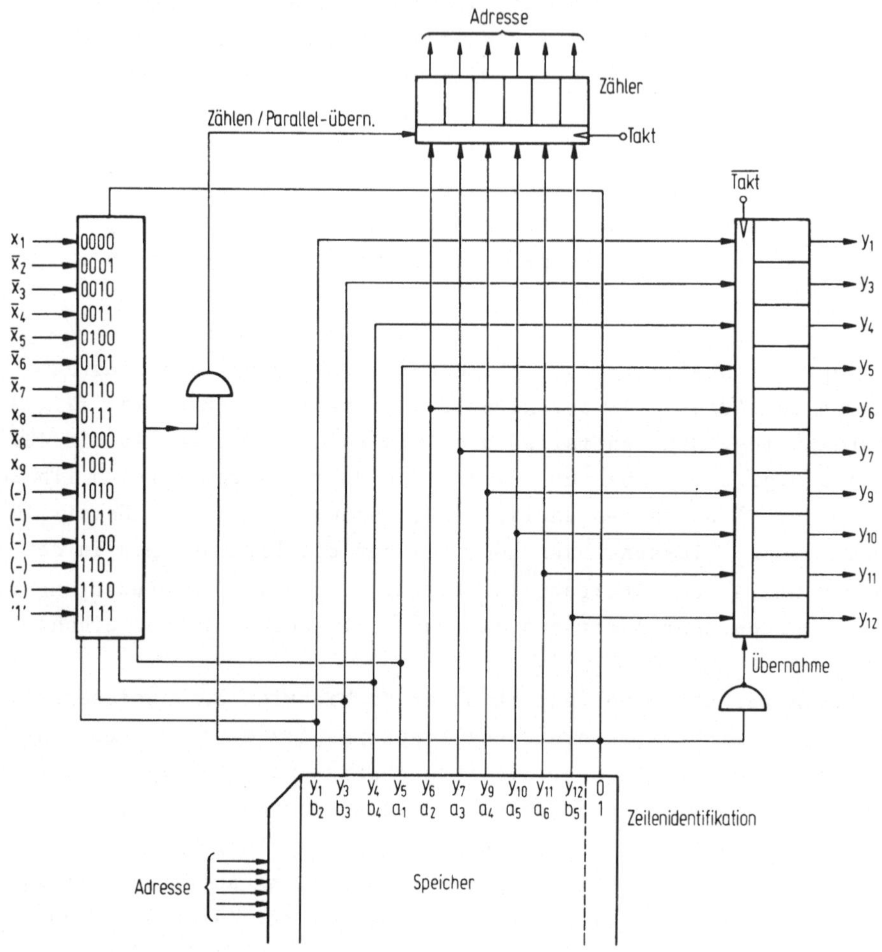

Bild 12.6. Struktur des Trommelsteuerwerks bei Ausleseserialisierung

Die vier Stellen für die Multiplexersteuerung benötigt man zur Auswahl zwischen drei bejahten Variablen (x_1, x_8 und x_9), sieben negierten Variablen ($\bar{x}_2$, $\bar{x}_3$, $\bar{x}_4$, $\bar{x}_5$, $\bar{x}_6$, $\bar{x}_7$ und $\bar{x}_8$) sowie der Konstanten 1. Die zugehörige Struktur zeigt Bild 12.6. Man sieht, daß diese Struktur gegenüber der Moore-Grundstruktur wesentlich vereinfacht ist, vor allem deshalb, weil man auf Zustandsmultiplexer verzichten kann.

Algorithmus 11: Zur Serialisierung des Ausleseprozesses für Moore-
Darstellungen

Schritt 1:
Man gehe von der Moore-Ablauftabelle eines Schaltwerks aus und zeichne
den Zustandsüberführungsgraphen. In diesem Graphen bestimme man eine
Zählkette, sodaß möglichst wenige zusätzliche Zustandsüberführungen
eingetragen werden müssen. Die ausgewählte Zählkette bestimmt die Reihenfolge der den Zuständen zugewiesenen Adreßbereiche (Zustandsbereiche).

Schritt 2:
Man führe eine Laufvariable i ein und weise ihr den Wert 0 zu.

Schritt 3:
Man erhöhe den Wert der Laufvariablen um Eins. Für den i-ten Zustand
der Zählkette bestimmt man die Eintragungen im zugehörigen Adreßbereich i.
In das erste Wort des Adreßbereichs i wird die dem i-ten Zustand der
Zählkette zugehörige Ausgabebelegung eingetragen. (Zur besseren Kennzeichnung fügt man in Klammern den zugehörigen Zustand bei.) Man führe ein Zeilenidentifikationsbit ein und gebe ihm in diesem ersten Wort
des Bereichs den Wert 0. Die folgenden Wörter erhalten Informationen
über die Folgezustände des betrachteten Zustandes und die Bedingungen,
unter denen sie erreicht werden. In jedes Wort wird genau ein Folgezustand mit seiner Übernahmebedingung eingetragen. Die Reihenfolge ergibt sich aus der steigenden Anzahl der für diesen speziellen Übergang relevanten Eingangsvariablen. Bei gleicher Anzahl ist die Reihenfolge beliebig.
Die Übernahmebedingung schreibt man in Form eines konjunktiven Ausdrucks der jeweils relevanten Eingangsvariablen. Die für den gerade
betrachteten Zustandsübergang verantwortliche Eingabebelegung setzt
diesen konjunktiven Ausdruck zu 1. Beispiel: $(x_1x_2x_3x_4) = 01\text{--}$; der
zugehörige konjunktive Ausdruck lautet $\bar{x}_1x_2$).
Der zugehörige Folgezustand wird in das Speicherwort in Klammern eingetragen. Für den i+1-ten Zustand der Zählkette wird kein Speicherwort
innerhalb des Zustandsbereichs i vorgesehen.
Das Identifikationsbit erhält in diesen Wörtern mit Folgezustandseintrag den Wert 1.

Schritt 4:
Falls noch nicht alle Zustandsbereiche bearbeitet sind, wiederhole man
Schritt 3. Andernfalls bestimme man zu den Folgezuständen die Folge-
adressen. Zum Folgezustand s_k gehört die Adresse des ersten Wortes des

zum Zustand s_k gehörenden Adreßbereichs. Man setze im entsprechenden
Wort vor den Zustand s_k die ermittelte Folgeadresse.

Schritt 5:

Man ermittle die serialisierten Übernahmebedingungen. Hierzu bearbeite
man jeden Adreßbereich getrennt. Die Übernahmebedingung im ersten Folgezustandswort bleibt unverändert.

Man lege ein Karnaugh-Veitch-Diagramm für diejenigen Eingangsvariablen
an, die an mindestens einer Übernahmebedingung im gerade betrachteten
Adreßbereich bejaht oder negiert beteiligt sind. Man trage in allen
Feldern, die durch die Übernahmebedingung im ersten Folgezustandswort
beschrieben sind, eine Eins ein. Die restlichen Felder erhalten eine
Null.

Schritt 5.1:

Man setze die Laufvariable i zu Eins.

Schritt 5.2:

Man erhöhe die Laufvariable i um Eins. Das i-te Folgezustandswort (das
ist das i+1-te Wort des Bereichs) wird betrachtet. Man ersetze alle
im KV-Diagramm bisher eingetragenen Einsen durch Redundanzen (*). Die
Felder, die durch die Übernahmebedingung im betrachteten Wort beschrieben werden, erhalten statt der bisher eingetragenen O eine 1. War dort
bisher eine Redundanz vermerkt, dann bleibt diese. Man minimiere die
so definierte disjunktive Funktion im KV-Diagramm. Man erhält einen
konjunktiven Term, der die serialisierte Übernahmebedingung bildet.

Schritt 5.3:

Sind noch nicht alle Übernahmebedingungen des Bereichs abgearbeitet,
dann wiederhole man Schritt 5.2. Andernfalls arbeite man die übrigen
Adreßbereiche ab (Schritt 5). Sind alle Adreßbereiche abgearbeitet,
führe man Schritt 6 aus.

Schritt 6:

Auf alle serialisierten Übernahmebedingungen wende man Algorithmus 4
zur Optimierung des Multiplexeraufwandes an. Treten Variablen gemeinsam in einer serialisierten Übernahmebedingung auf, dann sind sie unverträglich. Dabei sind bejahte und negierte Variablen wie verschiedene Variablen anzusehen.

Schritt 7:

Man ermittle die Speicherbelegung. Diese besteht bei einer mit O identi-
fizierten Zeile aus der zugehörigen Ausgabebelegung und der O des Zei-
lenidentifikationsbits. In eine mit 1 identifizierte Zeile trage man
die entsprechende Folgeadresse und die auszuwählende Maskierungsinformation (Steuerung der Multiplexer) ein. Hinzu kommt der Wert 1 für das
Zeilenidentifikationsbit.

Beispiel zu Algorithmus 11: Trommelspeichersteuerung

Schritt 1:

Die Moore-Ablauftabelle entnimmt man dem Beispiel zu Algorithmus 1.
Den Überführungsgraphen und die ausgewählte Zählkette zeigt Bild 12.4.

Schritt 2:

Die Laufvariable i hat zunächst den Wert 0.

Schritt 3 und Schritt 4:

Das Ergebnis der wiederholten Anwendung beider Schritte ist in Tabelle 12.3 dargestellt. Lediglich die Reihenfolge der Folgeadressen in den Adreßbereichen für die Zustände 4a, 4b, 11a und 11b muß gegenüber der Darstellung in Tabelle 12.3 noch geändert werden. Diese Adreßbereiche werden daher nochmals in der richtigen Anordnung aufgeführt:

$\vdots$

$i = 4$

Adresse	Zeilen-identifikation	Folge-adresse	(zustand)	Ausgabe-belegung	(derzeitiger Zustand)	Übernahme-bedingung
10	0			Y_6	(4a)	
11	1	0	(1)			x_1
12	1	10	(4a)			$\bar{x}_1\ \bar{x}_6$
13	1	20	(6)			$\bar{x}_1\ x_6\ x_8$

$\vdots$

$i = 6$

Adresse	Zeilen-identifikation	Folge-adresse	(zustand)	Ausgabe-belegung	(derzeitiger Zustand)	Übernahme-bedingung
16	0			Y_8	(4b)	
17	1	0	(1)			x_1
18	1	10	(4a)			$\bar{x}_1\ \bar{x}_6$
19	1	14	(5)			$\bar{x}_1\ x_6\ \bar{x}_8$

$\vdots$

$i = 13$

Adresse	Zeilen-identifikation	Folge-adresse	(zustand)	Ausgabe-belegung	(derzeitiger Zustand)	Übernahme-bedingung
37	0			Y_{11}	(11a)	
38	1	0	(1)			x_1
39	1	37	(11a)			$\bar{x}_1\ \bar{x}_4$
40	1	49	(13a)			$\bar{x}_1\ x_4\ x_9$
41	1	54	(7c)			$\bar{x}_1\ x_4\ x_8\ \bar{x}_9$

$\vdots$

$i = 15$

Adresse	Zeilen-identifikation	Folge-adresse	(zustand)	Ausgabe-belegung	(derzeitiger Zustand)	Übernahme-bedingung
44	0			Y_{13}	(11b)	
45	1	0	(1)			x_1
46	1	37	(11a)			$\bar{x}_1\ \bar{x}_4$
47	1	54	(7c)			$\bar{x}_1\ x_4\ x_8\ \bar{x}_9$
48	1	42	(12)			$\bar{x}_1\ x_4\ x_8\ x_9$

$\vdots$

Schritt 5:

Bild 12.5 erläutert die Serialisierung der Übernahmebedingungen im Adreßbereich für den Zustand 11b. In entsprechender Weise sind die übrigen Adreßbereiche zu behandeln. Das Ergebnis der Serialisierung ist schließlich in Tabelle 12.6 dargestellt.

Schritt 6:

Da nur x_8 und $\bar{x}_9$ unverträglich sind, erhält man die folgenden zwei maximalen Verträglichkeitsklassen:

$\{x_1, \bar{x}_2, \bar{x}_3, \bar{x}_4, \bar{x}_5, \bar{x}_6, x_7, x_8, \bar{x}_8, x_9\}$ und

$\{x_1, \bar{x}_2, \bar{x}_3, \bar{x}_4, \bar{x}_5, \bar{x}_6, \bar{x}_7, \bar{x}_8, x_9, \bar{x}_9\}$.

Daher sind zwei Multiplexer erforderlich, die beispielsweise mit den folgenden Eingangssignalen und Konstanten beschaltet werden können:

Multiplexer 1: $x_1, \bar{x}_2, \bar{x}_3, \bar{x}_4, \bar{x}_5, \bar{x}_6, \bar{x}_7, x_8, \bar{x}_8, x_9$, 1

Multiplexer 2: $\bar{x}_9$, 1.

Schritt 7:

Die Speicherbelegung ergibt sich unmittelbar aus Tabelle 12.6. Lediglich die Zuordnung der Eingangssignale zu den Multiplexerleitungen muß noch definiert werden. Hierfür gibt es keine Einschränkungen, sie kann also beliebig definiert werden. Zur Steuerung von Multiplexer 1 benötigt man vier Binärstellen, Multiplexer 2 kommt dagegen mit einer Maskierungsvariablen aus.(Der Multiplexer 2 kann aus einem UND-Glied aufgebaut werden.).

13. Entwurfsstrategien

13.1 Eingliederung der vorgestellten Entwurfsschritte in den gesamten
Entwurfsprozeß

Nachdem in den vorausgegangenen Kapiteln Optimierungsvorschläge für
einzelne Entwurfsschritte vorgestellt wurden, ist nun die Strategie
für den Gesamtentwurf zu diskutieren. Dabei bieten RAM-Schaltwerke
die Möglichkeit, ähnlich wie bei Mikrorechnern, den Hardwareaufbau zu
standardisieren. Für die Lösung einer konkreten Problemstellung müssen
dann nur noch die Speicherbausteine ausgewählt und entsprechend pro-
grammiert werden. Wegen der vielfältigen Alternativen, die der Entwurf
von RAM-Schaltwerken bietet, wäre es unzweckmäßig, eine Standardstruktur für alle denkbaren Problemstellungen anzugeben. Vielmehr sollte
die Auswahl der Standardstruktur aufgrund einer Analyse der typischen
Problemstellungen innerhalb eines Entwicklungsbereichs erfolgen.

Die Trommelsteuerung sollte beispielsweise als Mealy-Steuerwerk mit
paralleler Abfrage aller jeweils relevanten Eingangsvariablen realisiert werden. Entsprechend den früher gegebenen Hinweisen ist das Taktschema bei anderen Realisierungen zu unübersichtlich. Sollen dagegen
mechanische oder elektromechanische Steuerungen durch solche RAM-Steuer-
werke ersetzt werden, dann wird man alle Möglichkeiten nutzen, um den
Bedarf an Bausteinen im Austausch gegen eine längere Verarbeitungsdauer
so weit wie möglich zu senken. In solchen Anwendungsfällen wird man ein
Moore-Schaltwerk mit Ausleseserialisierung und vollständiger Serialisierung der Eingangsabfrage entwerfen.

Für andere Anwendungsbereiche ist die in [21] unterbreitete Grundstruktur zweckmäßig. Sie geht von einer Moore-Darstellung mit vollständiger
Serialisierung der Eingangsabfrage aus und läßt jeweils eine der möglichen Folgeadressen durch einen Zähler bestimmen.

Zur Festlegung einer standardisierten Hardware gehören aber nicht nur die Auswahl einer Grundstruktur, sondern auch Angaben über die verfügbare Speicherkapazität, die Größe der Register oder Zähler sowie der Multiplexer und Dekodierer. Aufgabe des Entwurfsprozesses ist dann nicht mehr, die vorgestellten Algorithmen in jedem Fall vollständig auszureizen. Vielmehr geht es nur noch darum, mit möglichst wenig Arbeitsaufwand die festgelegten Grenzen zu unterschreiten. Wenn also beispielsweise die Speicherbausteine 10 Adreßleitungen besitzen, dann lohnt es sich nicht, die Problemstellung so zu transformieren, daß man mit weniger als 10 Adreßleitungen auskommt. Es ist auch uninteressant den Bedarf an Wortlänge, beispielsweise aufgrund des Einsatzes von Dekodiernetzen, zu senken, wenn damit keine Reduktion des Bedarfs an Speicherbausteinen verbunden ist.

Von großer Bedeutung für den Entwerfer, der auf keine Rechnerunterstützung zurückgreifen kann, sind daher Abschätzungen darüber, welchen Erfolg mit welchen der vorgestellten Maßnahmen er bestenfalls oder näherungsweise erwarten kann. Solche Abschätzungen ersparen ihm unter Umständen einen langwierigen Entwurfsprozeß, der keinen zählbaren Erfolg einbringt.

13.1.1 Einspareffekte bei Mealy-Schaltwerken

Die folgenden Überlegungen gehen davon aus, daß die Ablauftabelle eines Steuerwerks in Mealy-Form vorliegt. Dabei nehmen wir an, daß jeder Übergang von einem Zustand s_i zum Folgezustand s_j nur mit den tatsächlich relevanten Eingangsvariablen spezifiziert ist. Aus Bild 3.1 entnehmen wir die den Adressenbedarf 2^{n+m} und die notwendige Wortlänge n+r.

Als erste Maßnahme haben wir die Maskierung von Eingangsvariablen diskutiert, die mit dem Einsatz von Multiplexerbausteinen verbunden ist. Der Adressenbedarf kann dadurch gesenkt werden.

Der minimal notwendige Gesamtadressenbedarf ergibt sich aus dem Adressenbedarf der einzelnen Zustände. Sind für einen Zustand v_i Eingangsvariablen relevant, dann benötigt er 2^{v_i} Adressen. Für alle Zustände zusammen ist mindestens ein Adressenbedarf von

$$\sum_{i=1}^{N} 2^{v_i} \qquad (N = \text{Anzahl der Zustände})$$

anzusetzen. Typisch ist allerdings, daß man für jeden Zustand den gleichen Adressenbedarf $v = \text{Max}\ \{v_1,\ v_2,\ \ldots,\ v_N\}$ vorsieht. Dann kann man die Adreßvariablen aus $\lceil ld\ N \rceil$ Zustandsvariablen und v maskierten Variablen zusammensetzen.

Steuert man die Multiplexerbausteine nicht mit den Zustandsvariablen sondern mit zusätzlichen Maskierungsvariablen, dann erhöht sich die benötigte Wortlänge. Aus der Anzahl m der Eingangsvariablen und der Anzahl $e \geq v$ der maskierten Variablen kann man abschätzen, in welchen Bereich die Erhöhung liegen wird.

Die günstigste Situation ist gegeben, wenn e-1 Eingangsvariablen direkt als Adreßvariablen eingesetzt werden. Die restlichen m-(e-1) Eingangsvariablen führen dann über einen Multiplexer, der durch mindestens $\lceil ld(m-e+1) \rceil$ Maskierungsvariablen gesteuert werden muß.

Die ungünstigste Situation liegt dann vor, wenn die zur Auswahl stehenden Variablen gleichmäßig auf soviele Multiplexer verteilt werden, wie maskierte Variablen vorliegen. Dann können ungefähr $e \cdot \lceil ld\ \frac{m}{e} \rceil$ Maskierungsvariablen erforderlich sein. Schaltet man auch Zustandsvariablen über die Multiplexer, dann sind m durch n+m und e durch e+n in den Ausdrücken zu ersetzen.

Bei der Darstellung der Ausgangsfunktion kann man hinsichtlich der Zusammenfassung von gleichartigen Funktionen keine Abschätzung angeben. Von der Umkodierung der gespeicherten Ausgabeinformation über Dekodiernetze, weiß man, daß mindestens soviele Dekodiernetze erforderlich sind, wie die maximale Anzahl a_e von Einsen in einer Ausgabebelegung angibt. Bei r Ausgangsfunktionen braucht man für die Ausgabe mindestens $a_e -1+ \lceil ld\ (r-a_e +2) \rceil$ abzuspeichernde Stellen. Die Überlegung entspricht der bei der Steuerung von Multiplexerbausteinen (günstige Situation).

Da die Zustandskodierung und die Überlappung von Wortbereichen bei Mealy-Schaltwerken ohne größere praktische Bedeutung sind, genügen die angegebenen Grenzen für eine grobe Abschätzung des Speicherbedarfs bei Parallelverarbeitung.

Läßt man eine Serialisierung der Eingangsabfrage zu, dann erhöht sich die Anzahl der Zustände, während die maximale Anzahl gleichzeitig relevanter Eingangsvariablen sinkt. In Gleichung 8.4 wurde bereits der maximale Zuwachs durch die Serialisierungszustände angegeben. (Dabei bedeuten p die Anzahl gleichzeitig abgefragter Eingangsvariablen und $q_{i_{min}} = \lceil \frac{v_i}{p} \rceil$):

$$N^Z_{max} = \sum_{i=1}^{N} \frac{2^{v_i}}{2^p-1} \left(1-2^{(1-q_{i_{min}}) \cdot p}\right). \qquad (8.4)$$

Die minimale Anzahl an Serialisierungszuständen läßt sich ebenfalls bestimmen. Wenn v_i Eingangsvariablen für den Zustand s_i relevant sind, dann
braucht man mindestens $\left\lceil \frac{v_i}{p} \right\rceil$-1 Serialisierungszustände, welche jeweils eine Belegung von jeweils p Variablen festhalten. Damit ergibt sich:

$$N^Z_{min} = \sum_{i=1}^{N} \left(q_{i_{min}}-1\right). \qquad (13.1)$$

In den Abschätzungen für den Adressenbedarf und für den Zuwachs an Wortlänge durch die Maskierungsvariablen muß nun jeweils N durch $N+N^Z$ ersetzt und die Anzahl der relevanten Eingangsvariablen neu bestimmt werden.

Tabelle 13.1 faßt nochmals alle Maßnahmen zusammen, die bei Mealy-Schaltwerken eingesetzt werden können und zeigt, auf welche der interessierenden Größen die jeweilige Maßnahme Einfluß nimmt.

In Bild 13.1 ist ein Graph dargestellt, der die zweckmäßigste Reihenfolge für den Entwurfsprozeß angibt. Dieses Diagramm ist wie folgt zu
interpretieren:

Wir beginnen mit der Beschreibung des Problems durch eine Ablauftabelle.
Eventuell (je nach den Zeitbedingungen) wandeln wir die Tabelle in eine
serialisierte Form um. Danach bearbeiten wir die Eingangsmaskierung
und untersuchen anschließend die Ausgangsfunktionen auf mögliche Zusammenfassungen. Falls es uns zweckmäßig erscheint, wenden wir den Algorithmus an zur Zusammenfassung von Ausgangsvariablen, die nie gleichzeitig den Wert 1 annehmen. Daran schließt sich eine der alternativen Möglichkeiten der Zustandskodierung an: additive Relativadressierung, Abspeichern der zu ändernden Variablen und Überlappung von Wortbereichen.

Die einzelnen Schritte werden jeweils nur so lange ausgeführt, wie man
aufgrund der Schätzwerte noch eine Verminderung des Bausteinaufwandes
erwarten kann.

Tabelle 13.1. Einfluß verschiedener Maßnahmen auf den Bausteinbedarf und die Verarbeitungsdauer von Mealy-Schaltwerken

Maßnahme	vergrößernder Einfluß auf	verkleinernder
Maskierung von Eingangsvariablen		
a) Zustandssteuerung	Multiplexerbedarf	Adressenbedarf
b) Steuerung durch zusätzliche Maskie- rungsstellen	Multiplexerbedarf Wortlänge	Adressenbedarf
Darstellung der Ausgangsfunktionen		
a) Zusammenfassung von Ausgangsfunktionen		Wortlänge
b) Umkodierung durch Dekodiernetze	Bedarf an Dekodier- netzen	Wortlänge
Zustandskodierung		
a) additive Relativadressierung	Bedarf an Addier- netzen	Wortlänge
b) Abspeichern der zu ändernden Variablen	Bedarf an Dekodier- netzen	Wortlänge
c) Überlappung von Wortbereichen		Wortlänge
Serialisierungen		
a) Serialisierung der Eingangsabfrage	Registerbedarf Verarbeitungsdauer Taktungsprobleme	Multiplexerbedarf Adressenbedarf Wortlänge
b) Ausleseserialisierung	Registerbedarf Adressenbedarf Verarbeitungsdauer Taktungsprobleme	Wortlänge

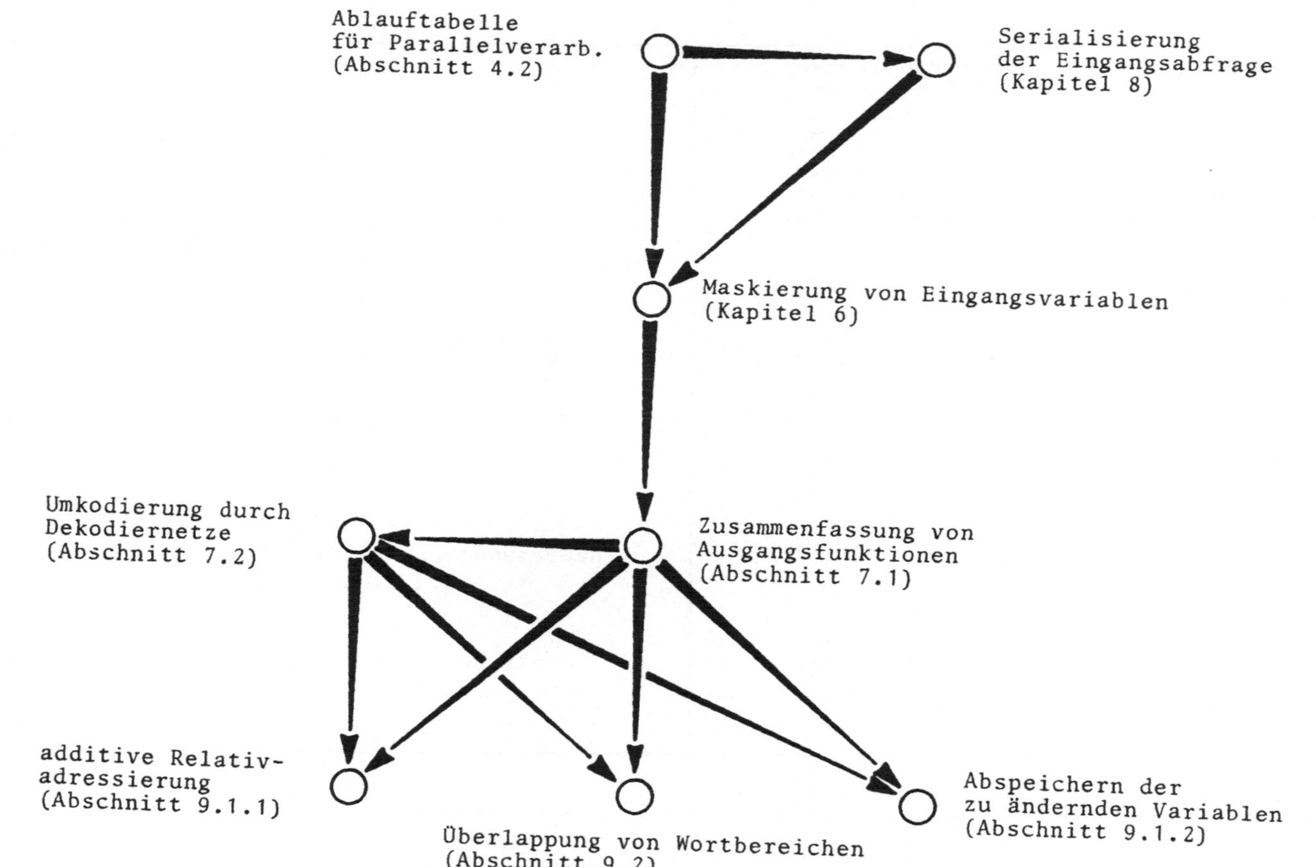

Bild 13.1. Entwurfsablauf für Mealy-Schaltwerke

13.1.2 Einspareffekte bei Moore-Schaltwerken

Beim Moore-Schaltwerk gehen wir von der Grundstruktur in Bild 3.5 aus. Auch wenn ein Schaltwerksproblem zunächst in Mealy-Form gegeben sein sollte, läßt sich die Anzahl der notwendigen Moore-Zustände leicht ermitteln. Auf die Angabe einer Abschätzung kann daher verzichtet werden.

Bei der Eingangsmaskierung wollen wir gleich die Möglichkeit vorsehen, bejahte und negierte Eingangsvariablen zuzulassen. Hierdurch kann man die Zustandsbereiche häufig auf die maximale Anzahl g unterschiedlicher Folgezustände für einen Zustand beschränken. Bei N Zuständen (in der Moore-Tabelle) muß man dann höchstens $g \cdot \lceil ld\ N \rceil$ Stellen für den Zustandsbereich bereitstellen.

Wenn man versucht, die Folgezustände eines Zustandes in möglichst vielen Stellen gleich zu kodieren, dann kann man dies höchstens in $\lceil ld\ N \rceil - \lceil ld\ g \rceil$ Stellen tun. Dies vermindert die Stellenzahl im Zustandsbereich bestenfalls auf

$$\lceil ld\ N \rceil - \lceil ld\ g \rceil + g \cdot \lceil ld\ g \rceil$$

oder $\qquad \lceil ld\ N \rceil + (g-1) \cdot \lceil ld\ g \rceil .$

Der Aufwand an Eingangsmultiplexern und an Stellen für die Maskierungsinformationen ist der gleiche wie beim Mealy-Schaltwerk.

Die Zustandsmultiplexer müssen mindestens $\lceil ld\ g \rceil$ und höchstens $\lceil ld\ N \rceil$ Variablen auf das Register durchschleusen.

Was die Darstellung der Ausgangsfunktion betrifft, so gelten dieselben Grenzen, die bereits bei der Diskussion des Mealy-Schaltwerks genannt wurden.

Bei der Serialisierung der Eingangsabfrage bleiben die Formeln für die Abschätzung der Anzahl an Serialisierungszuständen zwar dieselben, jedoch ist zu beachten, daß N jetzt die Anzahl der Zustände im Moore-Schaltwerk bedeutet. Die Wortlänge im Zustandsbereich sinkt im allgemeinen, da $g \leq 2^p$ und $p < v$ ist (p = Anzahl der gleichzeitig abgefragten Eingangsvariablen).

Für die Ausleseserialisierung wurden bereits im Kapitel 12 Grenzen für den Adressenbedarf genannt. Er beträgt maximal N + Z (Z = Zeilenzahl der Moore-Tabelle), falls für die Ausgangsinformation jeweils nur ein Wort vorgesehen ist. Ohne Einführung unbedingter Sprünge, jedoch bei Einglie-

Tabelle 13.2. Einfluß verschiedener Maßnahmen auf den Bausteinbedarf und die Verarbeitungsdauer von Moore-Schaltwerken

Maßnahme	vergrößernder	verkleinernder
	Einfluß auf	
Maskierung von Eingangsvariablen		
a) Zustandssteuerung	Bedarf an Eingangs- multiplexern	Bedarf an Zustands- multiplexern
b) Steuerung durch zusätzliche Maskie- rungsstellen	Bedarf an Eingangs- multiplexern Wortlänge	Bedarf an Zustands- multiplexern
Darstellung der Ausgangsfunktionen		
a) Zusammenfassung von Ausgangsfunktionen		Wortlänge
b) Umkodierung durch Dekodiernetze	Bedarf an Dekodier- netzen	Wortlänge
Adressierungstechniken		
a) teilweise gleichkodierte Folgezustände ohne Mehrfachzuweisung		Bedarf an Zustands- multiplexern Wortlänge
b) teilweise gleichkodierte Folgezustände mit Mehrfachzuweisung	Adressenbedarf	Bedarf an Zustands- multiplexern Wortlänge
c) Adreßbestimmung mit Zähler	Zählerbedarf	Wortlänge
Serialisierungen		
a) Serialisierung der Eingangsabfrage	Registerbedarf Adressenbedarf Verarbeitungsdauer Taktungsprobleme	Bedarf an Eingangs- und Zustandsmulti- plexern Wortlänge
b) Ausleseserialisierung	Registerbedarf Zählerbedarf Adressenbedarf Verarbeitungsdauer Taktungsprobleme	Bedarf an Eingangs- und Zustandsmulti- plexern Wortlänge

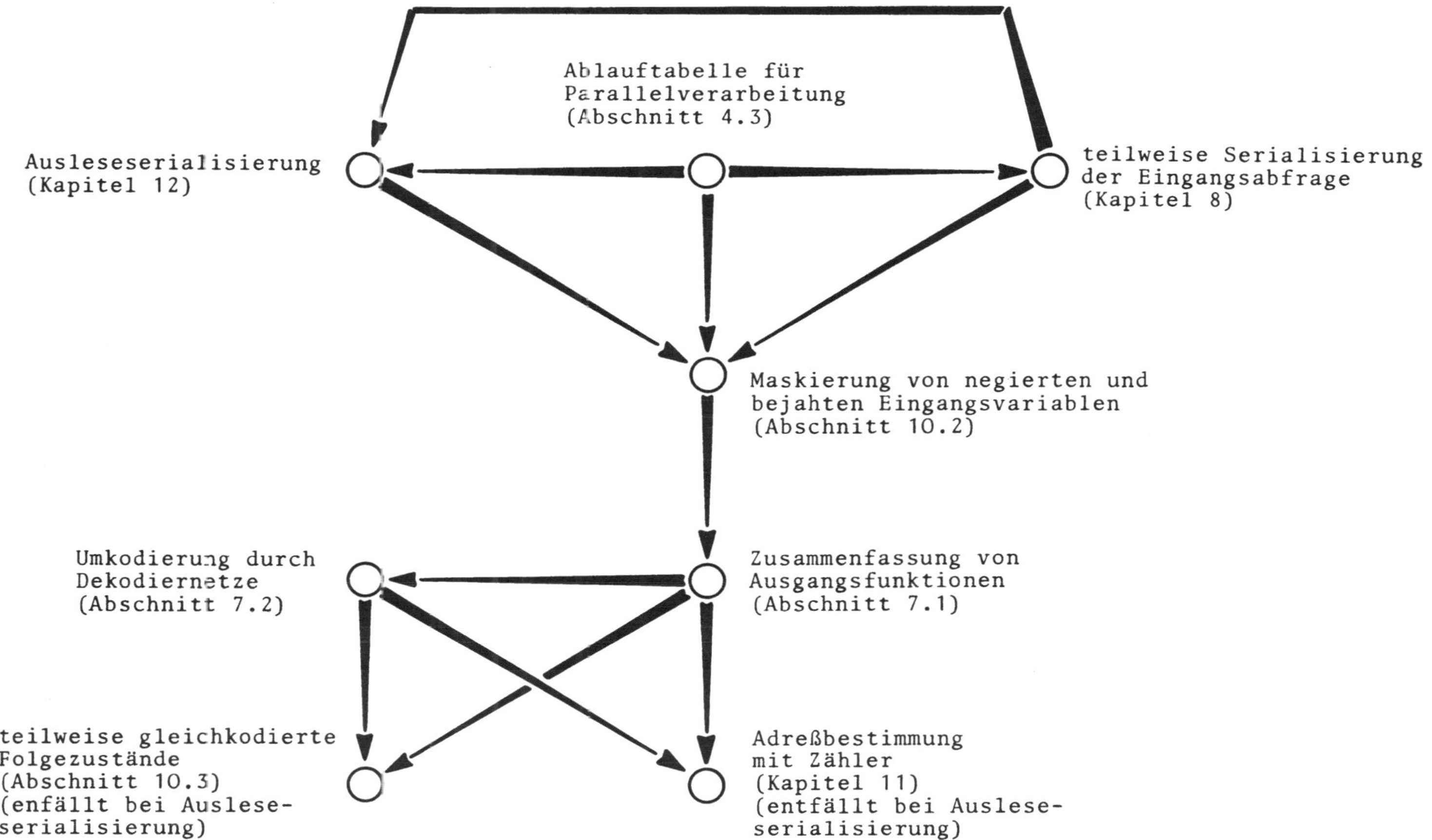

Bild 13.2. Entwurfsablauf für Moore-Schaltwerke

derung der Zustandsbereiche in eine Zählkette liegt der Adressenbedarf
normalerweise bei Z. Die benötigte Wortlänge richtet sich einmal nach de
Adressenbedarf und den Maskierungsstellen für die Multiplexer. Größen-
ordnungsmäßig hat man hier $\lceil$ld Z$\rceil$ + $\lceil$ld m$\rceil$ Stellen vorzusehen, da jeweil
die bejahten und negierten Eingangsvariablen auf den oder die Multiplexe
führen.

Zusätzlich wurde im Kapitel 12 vorausgesetzt, daß die Ausgabeinformation
jeweils nur ein Wort beansprucht. Eine Verteilung auf mehrere Wörter wür
de den Adressenbedarf entsprechend erhöhen.

Sollen die Ausgangsfunktionen über Dekodiernetze gewonnen werden, dann
gilt wieder die bereits vorgestellte Abschätzung über die minimal notwendige Stellenzahl.

Tabelle 13.2 faßt noch einmal die Möglichkeiten und Einflußnahmen für
Moore-Schaltwerke zusammen. Den vorgeschlagenen Ablauf des Entwurfsprozesses findet man in Bild 13.2. Wir beginnen mit der Beschreibung des
Problems durch eine Ablauftabelle und wandeln (je nach den Zeitbedingungen) diese Tabelle in eine der serialisierten Formen. Danach bearbeiten
wir die Eingangsmaskierung und fassen anschließend Ausgangsfunktionen
zusammen, die in ihrer Wirkung gleichartig sind. Falls es zweckmäßig erscheint, untersuchen wir die Umkodierung durch Dekodiernetze. Außer für
den Fall der Ausleseserialisierung schließt sich nun eine der alternativen Möglichkeiten der Zustandskodierung an.

Die einzelnen Schritte im Entwurfsablauf werden nur solange durchgeführt
wie man aufgrund der Schätzwerte noch eine Verminderung des Bausteinauf-
wands erwarten kann.

13.2 Steuerwerkssysteme

Wir waren bei allen Überlegungen davon ausgegangen, daß die Steueraufgab
in Form einer einzigen Ablauftabelle vorliegt. Bei komplexeren Problemstellungen ist es jedoch zweckmäßig, diese durch mehrere miteinander ver
bundene Steuerwerke zu lösen. Ein sogenanntes Hauptsteuerwerk übernimmt
dann die Verteilung der Aufgaben an die sogenannten Untersteuerwerke.
Ein einfaches Beispiel soll das Zusammenspiel solcher Steuerwerke verdeutlichen. In Bild 13.3 ist das Steuerwerk in ein Haupt- und ein Untersteuerwerk aufgeteilt. Das Untersteuerwerk besteht nur aus einem Zähler.
Das Hauptsteuerwerk delegiert zu gegebener Zeit die Steuerung an den Zäh

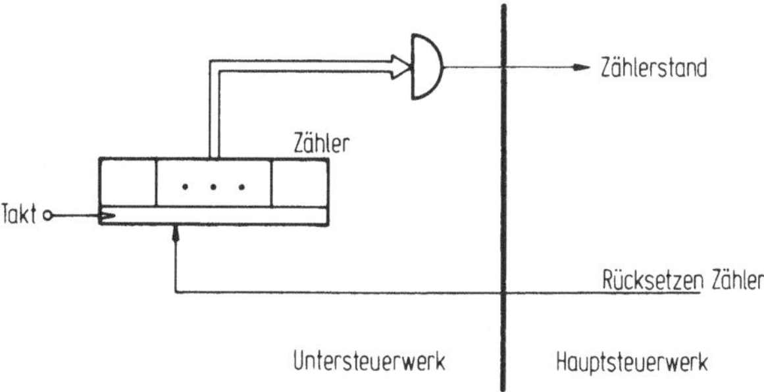

Bild 13.3. Aufteilung eines Steuerwerks in Untersteuerwerk (Zähler)
und Hauptsteuerwerk

ler, indem es die Rückstellung des Zählers in den Grundzustand veranlaßt. Der Zähler meldet nun dem Hauptsteuerwerk den laufenden Zählerstand oder aber wie in Bild 13.3 über ein UND-Glied das Erreichen eines
bestimmten Zählerstandes. Während des Zählvorgangs verharrt das Hauptsteuerwerk solange in seinem ursprünglichen Zustand bis der gewünschte
Zählerstand erreicht ist. Dann übernimmt das Hauptsteuerwerk wieder
die Zuständigkeit für die Steuerung.

Dieses Prinzip kann ausgebaut werden, so daß man beispielsweise eine
Steuerwerkshierarchie entsprechend Bild 13.4 erhält. Das Hauptsteuer-

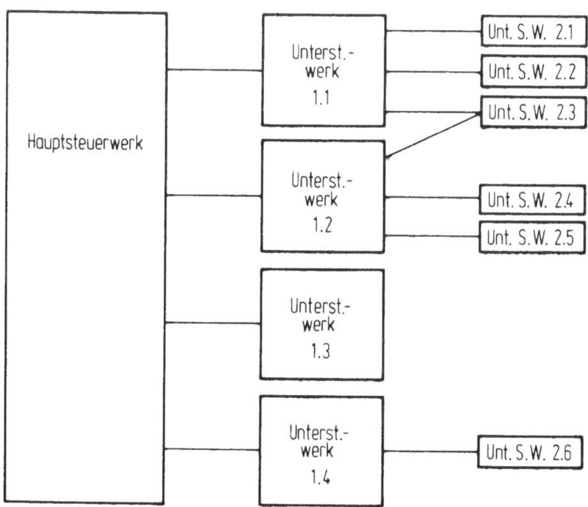

Bild 13.4. Strukturbeispiel für eine Steuerwerkshierarchie

werk kann eines der vier Untersteuerwerke 1.1 bis 1.4 starten. Diese
wiederum können entsprechend den eingetragenen Verbindungslinien auf
die Untersteuerwerke 2.1 bis 2.6 zurückgreifen. Umgekehrt soll jedes
Untersteuerwerk die Zuständigkeit für die Steuerung immer nur an das-
jenige Steuerwerk zurückgeben können, von welchem es diese Zuständigkeit erhalten hat. Diese Vorschrift entspringt dem Bestreben, den Aufbau solcher Steuerwerkshierarchien möglichst übersichtlich zu gestalten. Damit verbunden ist ein Vorteil, auf den wir noch zurückkommen
wollen.

Die Aufgaben der einzelnen Steuerwerke kann man jeweils durch Ablauftabellen beschreiben. Die Schnittstellen zwischen den Steuerwerken
sind wie andere Eingangs- und Ausgangssignale der einzelnen Steuerwerke zu betrachten.

Entsprechend kann man für jedes Steuerwerk einen getrennten Hardwareaufbau vorsehen, wie es bei klassischen Schaltwerken grundsätzlich der
Fall ist.

Jedes Untersteuerwerk besitzt dann sein eigenes Zustandsregister und
die notwendigen Schaltnetze. Keine Probleme entstehen dabei, wenn die
Steuerwerke alle vom Mealy-Typ und das gesteuerte Werk vom Moore-Typ
ist. Baut man dagegen alle Steuerwerke vom Moore-Typ, dann benötigt
man im allgemeinen, entsprechend den Überlegungen in Kapitel 5 mindestens soviele Takte, wie die Tiefe der Steuerwerkshierarchie angibt.
Ist für diese Annahme das gesteuerte Werk vom Mealy-Typ, dann benötigt
man für Bild 3.4 drei Takte. Ist es dagegen vom Moore-Typ, dann sind
vier Takte erforderlich.

Ein anderes Vorgehen kennt man aus der Softwaretechnik bei der Behandlung von Haupt- und Unterprogrammen. Jedes Steuerwerk entspricht einem
solchen Programm, sodaß Bild 13.4 auch als Programmhierarchie betrachtet werden kann. Da zu einer bestimmten Zeit jeweils nur ein Programm
bzw. ein Steuerwerk arbeitet, benötigt man eigentlich nur ein Register,
das den Zustand dieses gerade arbeitenden Teils speichert (Arbeitsregister).

Das Hauptsteuerwerk möge beispielsweise die Zustandsfolge s_1^H, s_2^H, s_7^H,
s_9^H durchlaufen und im Zustand s_9^H das Untersteuerwerk 1.1 aufrufen. Dieses durchlaufe nun die Zustandsfolge $s_1^{1.1}$, $s_3^{1.1}$, $s_7^{1.1}$, $s_4^{1.1}$ und gibt
anschließend die Zuständigkeit an das Untersteuerwerk 2.3 ab. Das Unter-

steuerwerk 2.3 schließlich antworte mit der Zustandsfolge $s_1^{2.3}$, $s_2^{2.3}$, $s_3^{2.3}$, $s_4^{2.3}$, $s_5^{2.3}$. Dann sind im Arbeitsregister die drei Zustandsfolgen nacheinander abzuspeichern. Im Zustand $s_5^{2.3}$ möchte das Untersteuerwerk 2.3 die Zuständigkeit an das Untersteuerwerk 1.1 zurückgeben. Hierzu muß man aber wissen, in welchen der Zustände $s^{1.1}$ das Untersteuerwerk zuvor seine Zustandsfolge unterbrochen hatte. Von diesem Zustand aus soll ja das Untersteuerwerk weiterarbeiten. Sofern jedes Steuerwerk sein eigenes Zustandsregister besitzt, steht dieser Zustand im entsprechenden Register. Aus der Softwaretechnik wissen wir, daß es jedoch genügt, für jede Stufe der Hierarchie ein Register vorzusehen und jeweils den Zustand darin abzuspeichern, von dem aus das Steuerwerk der entsprechenden Stufe weiterarbeiten soll.

In unserem Beispiel müßte also im Register der Stufe 1 der Zustand $s_4^{1.1}$ stehen und im Register für das Hauptsteuerwerk (Stufe 0) der Zustand s_9^{H}.

Bild 13.5 zeigt eine entsprechende Anordnung. Jedesmal, wenn ein Steuerwerk ein nachgeordnetes Untersteuerwerk aufruft, wird der Zustand, in welchen das aufrufende Steuerwerk zurückkehren soll, in das zugehörige Register des sogenannten Kellerspeichers eingeschrieben. Das Arbeitsregister kann dann die Zustände des Untersteuerwerks aufnehmen.

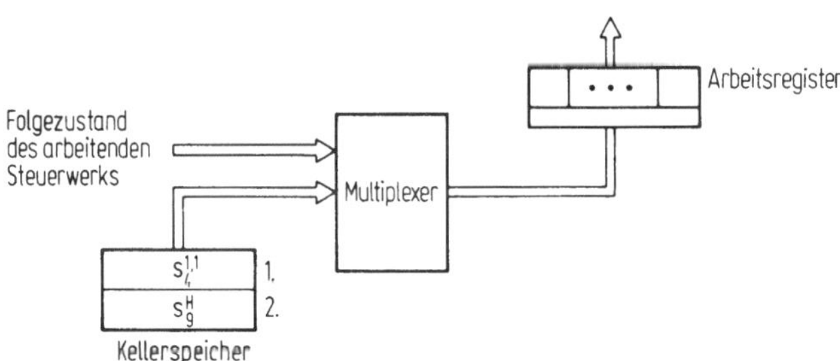

Bild 13.5. Einführung eines Kellerspeichers zur Realisierung von Steuerwerkshierarchien

Sobald die Rückkehr in ein übergeordnetes Steuerwerk erfolgen soll, wird der Inhalt des entsprechenden Kellerregisters in das Arbeitsregister übernommen. Diese Abarbeitung von Untersteuerwerken ist nur möglich, wenn wir die früher bereits genannte Einschränkung beachten, daß ein Steuerwerk die Zuständigkeit nur an das Steuerwerk zurückgeben darf, von dem es sie erhalten hat. Andernfalls wäre die eindeutige Zuordnung Stufenzahl und Nummer des Kellerregisters aufgehoben.

Ein anderer als der beschriebene Weg durch die Steuerwerkshierarchie hat lediglich zur Folge, daß andere Zustände in den Kellerspeicher eingetragen werden.

Die in Bild 13.5 vorgestellte Struktur gibt es in erweiterter Form als integrierte Bausteine. Sie werden als "Sequencer" bezeichnet. Setzt man daher statt der einfachen Arbeitsregister in den Grundstrukturen der RAM-Schaltwerke solche Sequencer ein, dann kann man Untersteuerwerkstechniken entsprechend der Unterprogrammtechnik einsetzen.

Dies hat den Vorteil, daß die Steuerwerke in überschaubaren Größenordnungen entworfen werden können und sich die Multiplexer-, Speicher- und Register- (bzw. Sequencer-) bausteine von allen Steuerwerken gemeinsam nutzen lassen. Bei Untersteuerwerken, die von mehreren Steuerwerken oder mehrfach von einem Steuerwerk aufgerufen werden können, erreicht man zusätzlich eine Verminderung des Gesamt-Adressenbedarfs.

Der Aufbau der Ablauftabellen zur Beschreibung einer Steuerwerkshierarchie hängt davon ab, welche der beiden alternativen Realisierungsformen man auswählt. Dies sei an einem einfachen Beispiel erläutert. Tabelle 13.3 zeigt im Teil a eine Ablauftabelle für ein Hauptsteuerwerk. Dieses soll mit dem Untersteuerwerk in Teil b zusammenarbeiten. Das Untersteuerwerk besteht aus einem Zähler, der durch $x_5=1$ in den Anfangszustand a zurückgesetzt wird. Sobald nach einem Aufruf des Untersteuerwerks vier Taktzeiten (die Taktzeit für die Rücksetzung mitgezählt) vergangen sind, erhält die Variable y_7 (Meldung des Zählerstandes) den Wert 1.

Die Verknüpfung mit dem Hauptsteuerwerk erkennt man aus den Gleichsetzungen $x_5 = y_6$ und $y_7 = x_4$. Nach dem Aufruf des Untersteuerwerks durch $y_6 = 1$ befindet sich das Hauptsteuerwerk im Zustand 3 oder im Zustand 5. Solange $x_4 = 0$ ist, bleibt das Hauptsteuerwerk im entsprechenden Zustand. Die Ausgangsvariablen y_1 bis y_5 behalten für diese Zeit ihre Werte.

Die beschriebene Arbeitsweise setzt zwei getrennte Hardwareaufbauten voraus. Will man diese Aufgabe dagegen in einem RAM-Schaltwerk unterbringen, dann müssen die Ablauftabellen entsprechend modifiziert werden.

Tabelle 11.3c zeigt zunächst die geringfügigen Änderungen in der Ablauftabelle des Hauptsteuerwerks. Die Tabelle ist um die Steuerung der

Tabelle 13.3. Einzelsteuerwerke und Steuerwerkssysteme
a. Ablauftabelle für das Hauptsteuerwerk bei getrennter Hardware
b. Ablauftabelle für das Untersteuerwerk (Zähler) bei getrennter Hardware
c. Zusammenfassung der beiden Ablauftabellen zu einer einzigen bei Einführung eines Kellerspeichers (Sequencer)

derzeitiger Zustand s^ν	Eingabebelegung $x_1\ x_2\ x_3\ x_4$	Folgezustand $s^{\nu+1}$	Ausgabebelegung $y_1\ y_2\ y_3\ y_4\ y_5\ y_6$
1	0 − − −	1	− 0 0 0 0 0
1	1 − − −	2	0 1 1 0 0 0
2	− 1 − −	3	1 0 1 0 0 1
2	− 0 − −	5	1 0 1 0 0 1
3	− − − 0	3	1 0 1 0 0 0
3	− − 0 1	4	− 0 0 0 0 0
3	− − 1 1	4	− 0 0 1 0 0
4	− − − −	5	1 0 1 0 0 0
5	− − − 0	5	1 0 1 0 0 0
5	− − − 1	1	0 0 0 0 1 0

a.

derzeitiger Zustand s^ν	Eingabebelegung $x_5 = y_6$	Folgezustand $s^{\nu+1}$	Ausgabebelegung $y_7 = x_4$
a	0	b	0
a	1	a	0
b	0	c	0
b	1	a	0
c	0	d	0
c	1	a	0
d	−	a	1

b.

derzeitiger Zustand s^ν	Eingabebelegung $x_1\ x_2\ x_3\ x_4\ x_5$	Folgezustand $s^{\nu+1}$	Ausgabebelegung $y_1\ y_2\ y_3\ y_4\ y_5\ y_6\ y_7$	Sequencer- ansteuerung
⋮	⋮	⋮	⋮	
3	− − − 0 −	a	1 0 1 0 0 0 0	⊙
3	− − 0 1 −	4	− 0 0 0 0 0 0	
⋮	⋮	⋮	⋮	
5	− − − 0 −	a	1 0 1 0 0 0 0	⊙
5	− − − 1 −	1	0 0 0 0 1 0 0	
a	− − − − −	b	1 0 1 0 0 0 0	
b	− − − − −	c	1 0 1 0 0 0 0	
c	− − − − −	d	1 0 1 0 0 0 0	
d	− − − − −	< >	1 0 1 0 0 0 1	⊗

c.

Sequencerbausteine erweitert. Sofern in dieser Spalte keine Eintragung aufgeführt ist, soll der normale Ablauf vonstatten gehen. Das Zeichen ⊙ bedeutet "Aufruf eines Untersteuerwerks". Der Zustand 3 oder Zustand 5 wird dann in das Kellerregister eingeschrieben. Als Folgezustand findet man in diesen Zeilen den Anfangszustand (a) des Untersteuerwerks. Die Eingangsvariablen und Ausgangsvariablen des Gesamtsteuerwerks bestehen aus allen Eingangs- und Ausgangsvariablen der Einzelsteuerwerke.

Tabelle 11.3c zeigt außerdem die neue Ablauftabelle für den Zähler. Eine Rückstellung in den Anfangszustand von jedem beliebigen Zustand ist nicht mehr erforderlich. Vom Hauptsteuerwerk wurde ja bereits der richtige Anfangszustand (a) ausgewählt. Die allein vom Hauptsteuerwerk erzeugten Ausgangsvariablen y_1 bis y_6 behalten ihren ursprünglichen Wert. Der Folgezustand des Zustandes d ist entweder 3 oder 5 je nach dem, welcher Zustand im Kellerregister eingetragen worden ist. Die Sequencersteuerung ⊗ bedeutet: Rückkehr zum Steuerwerk, von dem der Aufruf erfolgt war.

Die Aufgaben der beiden Steuerwerke sind nun in einer einzigen Ablauftabelle festgelegt. Die bekannten Verfahren der Maskierung von Eingangsvariablen oder der kompakteren Kodierung der Ausgabebelegungen mit anschließender Dekodierung lassen sich nun beispielsweise auf diese Tabelle ansetzen, um den Speicherbedarf zu vermindern.

Der Umfang dieses Buches müßte beträchtlich erweitert werden, wenn auch die Ergänzungen der vorgestellten Entwurfsschritte für Einzelsteuerwerke auf Steuerwerkssysteme allgemein behandelt würden.

Aus diesem Grunde soll der Hinweis genügen, daß alle diese Entwurfsschritte auch auf Steuerwerkssysteme anwendbar sind, sofern man Modifikationen, ähnlich den gezeigten, in der Ablauftabelle durchführt. Besonders geeignet ist dabei die vorgestellte Methode der Ausleseserialisierung.

Literaturverzeichnis

1. Wendt, S.: Entwurf komplexer Schaltwerke. Berlin/Heidelberg/
   New York: Springer 1974
2. Wendt, S.: Zur Systematik von Mikroprogrammwerksstrukturen.
   Elektronische Rechenanlagen 13 (1971) 1
3. Wendt, S.: Eine Methode zum Entwurf komplexer Schaltwerke unter
   Verwendung spezieller Ablaufdiagramme. Elektronische Rechenanlagen 12 (1970) 6
4. Beister, J.: Entwurf digitaler Schaltungen IA: Formale Hilfs-
   mittel. (Vorlesungsskriptum) Institut für Nachrichtenverarbeitung,
   Universität Karlsruhe
5. Das, S.R. et al.: On control memory minimization in microprogrammed
   digital computers, IEEE Trans. Comput. C-22 (1973) H. 9 S. 845-848
6. Donath, W.E.: Equivalence of memory to "random logic". IBM Journ.
   Res. Dev. (1974) Sept. S. 401-407
7. Fleisher, H., Maissel, L.I.: An introduction to array logic. IBM
   Journ. Res. Dev. (1975) März S. 98-109
8. Grass, W.: Entwurfsverfahren für Schaltnetze und synchrone Schaltwerke. Skriptum zum Hochschulkolleg der Standard Elektrik Lorenz AG
   Stuttgart 1972
9. Grass, W.: Entwurfsverfahren für flanken- und pegelgesteuerte asyn-
   chrone Schaltwerke. Skriptum zum Hochschulkolleg der Standard Elektrik Lorenz AG Stuttgart 1973
10. Grass, W.: Schaltwerksrealisierungen unter Verwendung von Festwert-
    speichern. Skriptum zum Hochschulkolleg der Standard Elektrik Lorenz
    AG Stuttgart 1976
11. Grasselli, A., Montanari, U.: On the minimization of read-only-
    memories in microprogrammed digital computers, IEEE Trans. Comput.
    C-19 (1970) H. 9 S. 1111-1114
12. Jayasri, T., Basu, D.: An approach to organizing microinstructions
    which minimizes the width of control store words, IEEE Trans. Com-
    put. C-25 (1976) H. 5 S. 514-521

13. Kaestner, O.: Implementing branch instructions with polynomial
    counters. Computer design (1975) H. 1 S. 69-75
14. Lipp, H.M.: Array logic. Euromicro, Second Symp. on microprocessing
    and microprogramming, Venedig 1976
15. Logue, J.C. et al.: Hardware implementation of a small system im
    programmable logic arrays. IBM Journ. Res. Dev. (1975) März S. 11-119
16. Montangero, C.: An approach to the optimal specification of read-
    only-memories in microprogrammed digital computers. IEEE Trans.
    Comput. C-23 (1974) H. 4 S. 375-389
17. Schwartz, S.J. An algorithm for minimizing read-only memories for
    machine control. IEEE 10th Annual Symp. Switching and Automata
    Theory (1968) S. 28-33
18. Seitzer, D.: Arbeitsspeicher für Digitalrechner. Berlin/Heidel-
    berg/New York: Springer 1975
19. Sholl, H.A.: Direct transition memory and its application in com-
    puter design. IEEE Trans. Comput. C-23 (1974) H. 10 S. 1048-1061
20. Steinbuch, K., Rupprecht, W.: Nachrichtentechnik, Eine einführen-
    de Darstellung. Berlin/Heidelberg/New York: Springer 1973 (2. Auf-
    lage)
21. Timm, V.: TTL-Programmschaltwerk mit PROM. Elektronik, (1975) H. 1
    S. 53-58
22. Timm, V.: Im Blickpunkt: ROMs, PROMs und PLAs Technologien-Arten-
    Programmierung. Elektronik, (1976) H. 5 S. 38-47
23. Unger, S.H. Asynchronous sequential switching circuits. New York:
    Wiley-Interscience 1969

Sachverzeichnis

Ablaufdiagramm 3
additive Relativadressierung 140
Adreßumfang 11
Änderungsvariable 22
Auswahlvariable 62

bedecken 98
Belegungsblock 185
Bezugsterm 164
binäre Kodierung 138

Dekodiernetzbaustein 16
dominieren
    Spalten 65
    Zeilen 66

Entscheidungssignale 2
Erweiterung von
    Multiplexerbausteinen 15
    Speicherbausteinen 15

Funktionseinheit 1

Grundstellung 14
Grundstruktur eines RAM-Schaltwerks 17

Halbmatrix 54
Hardwaresteuerung 3
Hasards 14
Hauptsteuerwerk 228

implizite Serialisierung 209
irredundant 61

Kellerregister 230
Kernklasse 64
Klassenkodierung 169

maskierte Variablen 20
Maskierungsvariablen 20
maximale Verträglichkeitsklas-
se 53
Mealyschaltwerk 41
Mikroprozessor 6
Mooreschaltwerk 41, 43
Multiplexerbaustein 14

Operationswerk 31

Partybeispiel 53
Programmzähler 205

Redundanz 18
relative Adressierung 22, 139
relevante(r)
    Eingangsvariablen 19
    Term 164
    Zustandsvariablen 74

Schnittstellengröße 1
Sequencer 230
Serialisierungszustand 119
Softwaresteuerung 3
Spaltendominanz 65
Speicherbaustein 10
Speicherumfang 11
Sprung 205
Steuersignal 2
Steuerwerk 2
Steuerwerkshierarchie 228

Trommelspeichersteuerung
    Ablaufdiagramm 36
    Mealy-Ablauftabelle 42
    Moore-Ablauftabelle 51
    Operationswerk 32

Überdeckung 60
Überdeckungstabelle 61
Untersteuerwerk 227

Verkettung von Mengen 168
Vertauschen von Eintragungen in
unterschiedlichen Zustandsbereichen 183
verträgliche
    Ausgangsfunktionen 97, 105
    Folgezustandsbereiche 153
Verträglichkeitsklassen 53
Verzweigungsadresse 27

Wortlänge 11

Zählkette 180
Zeilendominanz 66
Zeilenidentifikationsbit 198
Zeitverhalten gekoppelter Moore-
Schaltwerke 46
Zerlegung 79
Zustandskodierung 139
Zustandssteuerung 75

J.Chinal

Design Methods for Digital Systems

Translated from French by A. Preston and
A. Sumner
130 figures and tables. XVII, 506 pages. 1973
Cloth DM 104,–; US $ 45.80
ISBN 3-540-05871-0

Vertriebsrechte für die sozialistischen Staaten:
Akademie-Verlag Berlin

W. Giloi, H. Liebig

Logischer Entwurf digitaler Systeme

Hochschultext
196 Abbildungen. IX, 307 Seiten. 1973
DM 32,–; US $ 14.10
ISBN 3-540-06067-7

H. W. Gschwind, E. J. McCluskey

Design of Digital Computers

An Introduction
2nd edition
364 figures. IX, 548 pages. 1975
Cloth DM 47,80; US $ 21.10
(Texts and Monographs in Computer Science)
ISBN 3-540-06915-1

E. Jessen

Architektur digitaler Rechenanlagen

Sammlung Informatik
97 Abbildungen. X, 246 Seiten. 1975
DM 17,80; US $ 7.90
(Heidelberger Taschenbücher, Band 175)
ISBN 3-540-07503-8

H. Liebig

Logischer Entwurf digitaler Systeme

Beispiele und Übungen
Hochschultext
92 Abbildungen. VIII, 175 Seiten. 1975
DM 24,–; US $ 10.60
ISBN 3-540-06912-7

H. Liebig

Rechnerorganisation

Hardware und Software digitaler Rechner
Unter Mitarbeit von T. Flik, K. Horn
Hochschultext
102 Abbildungen. X, 282 Seiten. 1976
DM 52,–; US $ 22.90
ISBN 3-540-07596-8

S. Wendt

Entwurf komplexer Schaltwerke

264 Abbildungen. XIII, 377 Seiten. 1974
Gebunden DM 78,–; US $ 34.40
ISBN 3-540-06178-9

Preisänderungen vorbehalten.

Springer-Verlag
Berlin
Heidelberg
New York